普通高等院校“十二五”规划教材

数据结构与算法实例教程

主　编　付学良　李宏慧

副主编　董改芳　亢汇涓

参　编　王艳芬　杨　婷　扈　华

中国铁道出版社

CHINA RAILWAY PUBLISHING HOUSE

内 容 简 介

本书是在教育部高等学校计算机科学与技术教学指导委员会关于“数据结构”课程的指导性大纲的指导下进行编写的。

本书结合内蒙古农业大学计算机与信息工程学院学生的实际情况，前半部分以案例驱动的方式引入每种数据结构，描述了它们的定义、抽象数据类型、存储结构和相关算法及应用；后半部分主要讨论查找和排序的各种实现方法及其综合分析比较。全书采用面向对象的C++作为数据结构和算法的描述语言，对于某种存储方式下的数据结构建立相应的类，类中成员函数就是对这种数据结构的操作，不涉及太多C++语言语法方面的知识，浅显易懂。

本书叙述清晰、语言简洁，注重基本知识的描述，既便于教学，又便于自学。

本书适合作为普通高等院校计算机相关专业本科、专科教材，也可以作为研究生入学考试和各类认证证书考试的复习参考书，还可供计算机应用工程技术人员学习参考。

图书在版编目（CIP）数据

数据结构与算法实例教程/付学良，李宏慧主编. —
北京：中国铁道出版社，2012.4
普通高等院校“十二五”规划教材
ISBN 978-7-113-14561-3

Ⅰ.①数…　Ⅱ.①付…　②李…　Ⅲ.①数据结构－高等学校－教材　②算法分析－高等学校－教材　Ⅳ.①TP311.12

中国版本图书馆CIP数据核字（2012）第072632号

书　　名：数据结构与算法实例教程
作　　者：付学良　李宏慧　主编

策　　划：吴宏伟　孟　欣　　**读者热线：**400-668-0820
责任编辑：孟　欣　徐盼欣
封面设计：刘　颖
封面制作：白　雪
责任印制：李　佳

出版发行：中国铁道出版社（100054，北京市西城区右安门西街8号）
网　　址：http://www.51eds.com
印　　刷：三河市华业印装厂
版　　次：2012年4月第1版　　2012年4月第1次印刷
开　　本：787mm×1092mm　1/16　**印张：**17.25　**字数：**415千
印　　数：1～3 000册
书　　号：ISBN 978-7-113-14561-3
定　　价：33.00元

前言

FOREWORD

“数据结构”是一门研究计算机的操作对象、操作对象之间关系和操作对象的操作的学科，是介于数学、计算机硬件和计算机软件三者之间的一门核心课程，属于计算机学科中的一门综合性专业基础课程。它不仅是一般程序设计的基础，而且是设计和实现编译程序、操作系统、数据库系统及其他系统程序和大型应用程序的重要基础。

本书主要介绍线性表、栈、队列、串、广义表和数组、树和二叉树、图等基本数据结构及其应用，以及查找和排序的原理与方法。通过本课程的学习，学生能较熟练地掌握数据结构的基本概念、特性、存储结构及相关算法；熟悉它们在计算机科学中最基本的应用；培养和训练运用高级程序设计语言编写结构清晰、可读性好的算法及初步评价算法的能力；为后续课程的学习，以及计算机软件的研制和开发打下一定的理论基础及实践基础。

本书具有以下特色：

1. 案例驱动。在介绍每一种数据结构前，采用案例引入的方式，确定该案例中用到的数据结构，分析案例中对这个数据结构需要进行哪些操作，怎样把现实中的例子转换成抽象的数据结构，并且实现这样的操作，给出大致的实现过程。案例取自现实生活，旨在一开始就引起学生的兴趣，避免在学习过程中理论与实际脱节。

2. “案例引入—数据结构—案例实现”层次清晰。书中第1章绪论比较特殊，第9章和第10章是两种不同操作，也比较特殊。除了这3章外，每一章都讨论一种数据结构，首先引入案例，通过对案例的分析引出相关数据结构的定义、术语、存储结构等知识，这些知识介绍完毕后，再讨论如何实现这个案例。这样组织章节内容，旨在既使学生学到理论知识，又使学生了解这种数据结构的应用实例。

3. C++描述。全书使用面向对象的C++语言描述数据结构和算法，特点是不涉及太多C++语言方面的知识，尽可能少地使用C++的特性。实现每一种数据结构时，首先考虑这种结构用什么存储方式存储。只需创建一个类，在类中定义私有成员和公有函数。公有函数就是这种结构对应的各种操作。实现该结构时，只需定义一个类变量，然后访问这个类变量的成员函数即可。将重点放在如何分析每种算法的思想和复杂度上，了解C++的读者只要了解了算法思想，也一定会灵活运用C++语言实现这样的算法。

本书编者于2009年将“数据结构”建设为校级精品课程，在课程网站上提供了丰富的教学资源。2012年成功申请内蒙古自治区精品课程。

本书适合作为普通高等院校计算机相关专业本科、专科教材，也可以作为研究生入学考试和各类认证证书考试的复习参考书，还可供计算机应用工程技术人员学习参考。

本书由付学良、李宏慧任主编，由董改芳、亢汇涓任副主编。其中第8章由付学良编写，第5章由李宏慧编写，第1、10章由亢汇涓编写，第7章由董改芳编写，第2章由杨婷编写，第3、4章由王艳芬编写，第6、9章由扈华编写。全书由付学良统稿。

由于编者知识水平有限，加上时间仓促，书中难免有不妥与疏漏之处，恳请专家和读者批评指正。

编者

2012年3月

目录

CONTENTS

第1章 绪　论

随着信息时代的到来，现实世界中的信息量急剧膨胀，很多实际应用问题使用手工方法已无法完成信息的管理，应运而生的计算机正好适合用于存储、处理数据量大、数据种类多的信息，而且处理速度快，可长久保存。在大量的信息中，通常有两种主要数据：一种是数值型数据，如整型、实型等；另一种是非数值型数据，如字符串、表、图形、图像、声音等。其中，非数值型数据占信息总量的一大部分，这些大量的非数值型数据是如何在计算机中存储及处理的呢？在计算机中进行存储及处理时又遵循什么规律、具备什么特点呢？这类问题，正是“数据结构”课程要介绍的主要内容。

1.1 引　言

利用计算机解决实际问题一般是将问题的解决步骤设计成算法，将算法设计成可执行程序，然后运行该程序得出结果。对于数值型问题，通常可以找到对应实际问题的数学公式，然后针对数学公式编写程序；而对于大多数的非数值型问题，如企业合同管理问题、职工信息管理问题、学生成绩管理问题等，处理的数据量很大，大部分是一些表格，如合同信息表、职工信息表、学生成绩表等，这些问题主要是对这些表格进行操作，如插入、删除、排序、查找、更新等，用单一的数学公式已经实现不了这些非数值型问题中的操作，对于这些大量的非数值型数据，在计算机中存储时不能是随意地堆放在存储器中，而应依据数据之间满足的关系特点将它们有规律地存储起来，然后设计出高效率的算法，这也是数据结构主要研究的问题。依据数据之间的关系特点，可以将数据结构分成4类，分别是：线性结构、树结构、图结构和集合。

【例1-1】学生成绩管理问题。

在学生信息管理系统中，学生成绩管理通常包含学号、姓名、班级、高等数学、外语、计算机、体育等信息，根据每个学生的相关信息，可建立学生成绩表，如表1-1所示。

表1-1　学生成绩表

	学　号	姓　名	班　级	高等数学	外　语	计算机	体　育
a_1	011012	赵明明	011005	98	89	80	70
a_2	011017	王乐	011009	87	90	77	85
a_3	011020	周小君	011004	80	88	90	75
a_4	011032	孙天乐	011005	90	73	60	65
…	…	…	…	…	…	…	…

在该表中，每一行作为一个完整的学生信息。当有新同学转入该校时，在该表中可完成新

学生信息的插入；有某同学转出时，要删除该学生的信息；还可以按给出的查找条件进行查询，或根据需要进行排序。在表 1-1 中，每一行之间逻辑上存在一种简单的线性关系。

【例 1-2】 域名树形空间。

在网络中，计算机之间的正确通信是基于 IP 地址实现的，每台计算机都配置有一个 IP 地址。为了解决 IP 地址难以记忆的问题，各计算机可以使用域名来进行通信，如 www.imau.edu.cn；DNS 服务器负责解析出域名对应的 IP 地址，整个 DNS 域名空间被划分成许多个区域，这些域呈现树形结构，如图 1-1 所示。

【例 1-3】 各个城市构成的通信网问题。

假设在 m 个城市之间要建立通信网，任何两个城市之间都有通信线路相连，如图 1-2 所示。

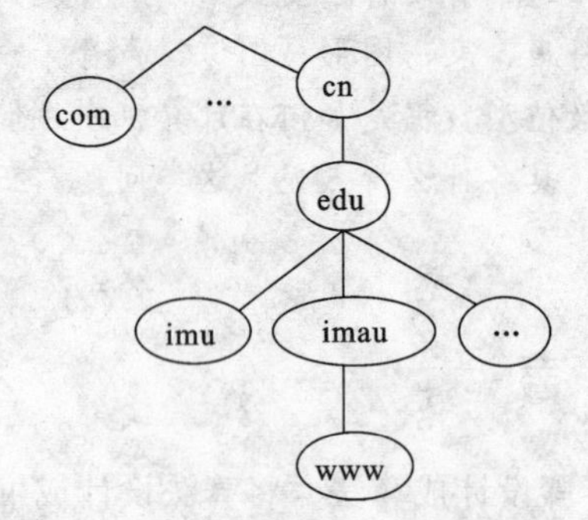

图 1-1 DNS 域名空间的树形结构

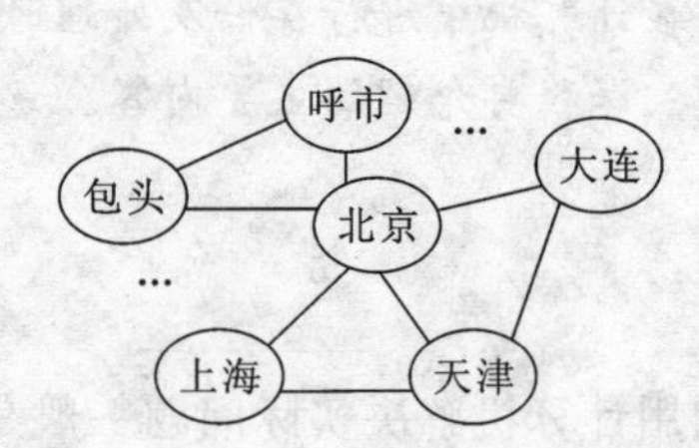

图 1-2 m 个城镇之间的通信网

在图 1-2 中顶点表示城市，顶点之间的连线表示两城市之间的通信线路。在计算机中描述这类问题时，需要描述清楚顶点以及顶点间的连线关系。这种关系不同于前面的线性结构和树结构，而是更复杂的结构，属于数据结构中的图。

由此可见，描述这类非数值问题的数学模型不再是数学方程，而是诸如表、树和图之类的数据结构。因此，简单说来，数据结构是一门研究非数值计算的程序设计问题中计算机操作对象以及它们之间的关系和操作等的学科。

“数据结构”于 1968 年由西方国家引入，在开始阶段包括图、表、树、集合代数、关系等内容，是计算机专业的一门专业基础课程，综合性、理论性、抽象性、复杂性均很突出，因此需要配合适量的实践才能很好地掌握。“数据结构”的研究不仅涉及计算机硬件的研究范围，特别是存储设备、编码、存取方法等，而且与计算机软件的关系也十分密切，在编译理论、操作系统等计算机专业课程中都有所应用。在“数据结构”课程不断发展、不断完善的历程中，抽象数据类型的观点是研究数据结构的一个重要切入点，采用目前广泛流行的面向对象程序设计语言来进行描述，在解决实际问题时可以恰当地反映现实事物的本质特征。

1.2 数据结构的主要概念与术语

本节将对一些基本概念、名词术语给出明确的定义，这些概念和术语在本书各章节中统一使用。

数据（data）：数据是对客观事物的符号表示，在计算机领域指所有能输入到计算机中被计算机程序处理的符号的总称。随着计算机处理能力的增强，图像、声音等多媒体数据都可以在计算机中进行加工处理，所以现在数据的含义已经非常广泛，不再局限于单一的数值类型。

数据元素（data element）：数据元素是数据的基本单位，在计算机程序中作为一个整体进行考虑和处理。如例 1-1 中表格的一横行就是一个数据元素，在表 1-1 中每个数据元素包括学号、姓名、班级、高等数学、外语、计算机、体育 7 个数据项（data item），数据项是数据的不可分割的最小单位。图 1-1 所示树形结构中的每一个域，如 cn 域、edu 域，以及图 1-2 中的每一个顶点都是一个数据元素。

数据对象（data object）：数据对象是性质相同的数据元素的集合，是数据的一个子集合。例如，字母数据对象是集合{'A','B','C',…,'Z'}，每个数据元素都是字符；表 1-1 所示学生成绩表也是一个数据对象，每个数据元素都具有学号、姓名、班级、高等数学、外语、计算机、体育 7 个数据项的值；整数数据对象包括{0, ±1, ±2, ±3,…}，每个数据元素都是整数。

数据结构（data structure）：数据结构是相互之间存在一种或多种关系的数据元素的集合。

下面从集合的概念出发说明什么是关系。要定义关系，需要先定义什么是笛卡儿积。

笛卡儿积和关系：假设已知两个集合 A、B，A 和 B 的笛卡儿积表示为 $A\times B$，为下面有序偶对的集合：$A\times B = \{ <x,y> | x\in A, y\in B \}$。将 $A\times B$ 的每一个子集都称为在 $A\times B$（或在 A 上，当 $A=B$ 时）上的一个关系。

设 r 是集合 M 上的一个关系，如果有 $<a,b>\in r$，则称 a 是 b 的直接前驱，b 是 a 的直接后继。

数据结构的形式：数据结构是一个二元组 Data_Structure=(D,S)，其中 D 是数据元素的有限集合，S 是 D 上关系的有限集合。

【例 1-4】已知数据结构二元组 $B = (K, R)$，其中：数据元素集合 $K = \{ k_1,k_2,k_3,k_4,k_5 \}$，关系集合 $R = \{ <k_1,k_2>,<k_2,k_3>,<k_3,k_4>,<k_4,k_5> \}$，如图 1-3 所示。

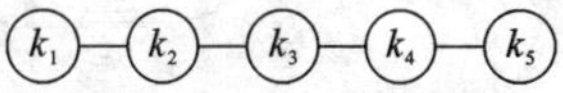

k_1 — k_2 — k_3 — k_4 — k_5

图 1-3　例 1-4 图

可以看出，该数据结构中数据元素之间呈现线性关系。

结构（structure）：数据元素相互之间的关系称为结构。根据数据元素之间关系的不同特性，将结构分为 4 类，如图 1-4 所示。

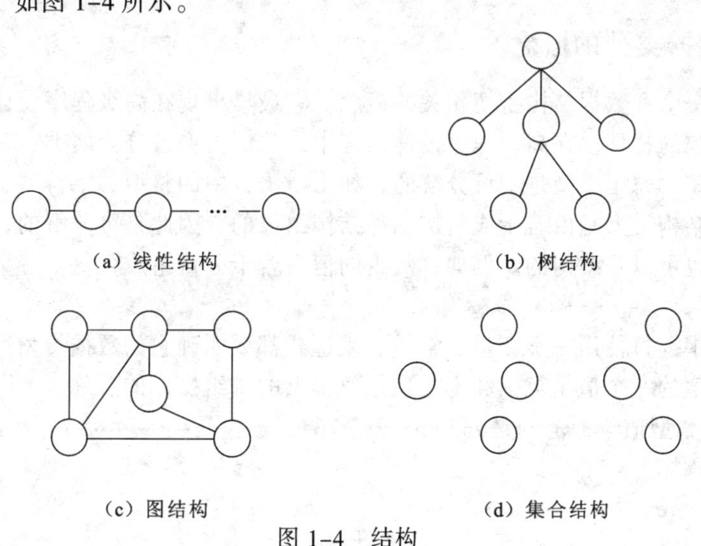

图 1-4　结构

（1）线性结构：数据元素之间存在一对一的关系。

（2）树结构：数据元素之间存在一对多的关系。

（3）图结构（或网状结构）：数据元素之间存在多对多的关系。

（4）集合结构：数据元素堆放在一个集合中，没有其他关系。

数据结构研究的是带结构的数据元素，上述 4 种结构描述的是数据元素之间的逻辑关系。讨论数据结构的目的是要在计算机中实现数据结构上的操作，因此还需研究数据结构在计算机中的存储表示方法。

数据结构在计算机中的存储表示称为数据的物理结构，也称为存储结构。既然数据结构中的数据元素之间是具有某种关系的，那么在存储数据结构时，一方面要存储数据元素本身，另一方面要表示关系。数据元素之间的关系在计算机中有两种不同的表示方法，因此存在两种不同的存储结构：顺序存储结构和链式存储结构。

顺序存储结构的特点是依据数据元素在存储器中的相对位置来表示数据元素之间的逻辑关系，并采用一组地址连续的存储单元依次存储各个数据元素。例 1-4 线性结构中的元素 k_1、k_2、k_3、k_4、k_5 采用顺序存储结构，如图 1-5 所示。

链式存储结构的特点是通过存储元素地址来表示数据元素之间的逻辑关系，并且每个数据元素在存储器中的存储地址可以是不连续的。例 1-4 线性结构中的元素 k_1、k_2、k_3、k_4、k_5 采用链式存储结构，如图 1-6 所示。

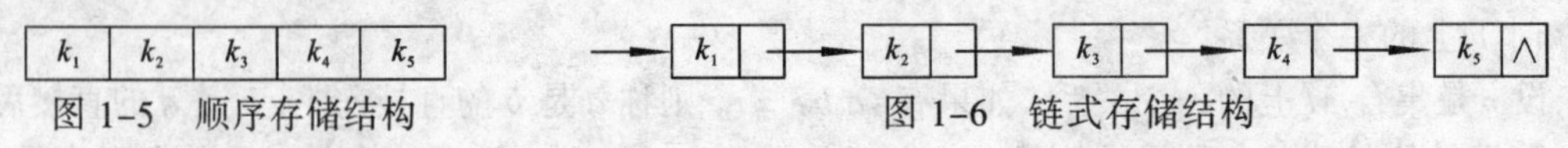

图 1-5　顺序存储结构　　　　图 1-6　链式存储结构

数据的逻辑结构与存储结构密切相关，在算法设计过程中都有很重要的作用。

1.3　抽象数据类型的概念与描述

要想深入理解抽象数据类型的概念，必须先掌握基本数据类型的概念及其使用方法。下面介绍高级语言中使用的基本数据类型。

1.3.1　基本数据类型的概念

数据类型是一个和数据结构密切相关的概念。它最早出现在高级程序设计语言中，用于描述程序中操作对象的特性。在高级程序设计语言中，数据类型可分为两类：一类是原子类型，另一类是结构类型。原子类型是不可分解的，如 C++语言中的整型、字符型、浮点型、双精度型等基本类型。结构类型是由若干成员按某种结构组成的，因此是可分解的，并且它的成分可以是非结构的，也可以是结构的。例如，数组的值由若干分量组成，每个分量可以是整数，也可以是数组。

在高级语言中，每使用一个变量、常量、表达式都要明确它的数据类型，每一种数据类型都规定了可以取值的一个值集范围和定义在该值集上的一组操作的总称。

例如，16 位整型值集的范围是-32 768～32 767，操作是+、-、*、/、%。又如，定义日期类型为下面的结构体：

```
Typedef struct {
    int  year;                    //年号
    int  month;                   //月号
    int  day;                     //日号
} DateType;                       //日期类型
```

该结构体类型定义后，就可以用来声明变量。在某种意义上，数据结构可以看成是“一组具有相同特性、相同结构的值集”，然后在数据结构上再定义一组操作的集合，如常见的插入操作、删除操作等，这样就形成一种数据类型，这种类型不是高级语言中具有的，需要用抽象数据类型的方式来加以描述和定义。

1.3.2 抽象数据类型

抽象数据类型（abstract data type，ADT）是指一个数学模型以及定义在该模型上的一组操作。抽象数据类型和数据类型概念实质是相同的，但抽象数据类型的范畴更广，常用于用户在设计软件系统时自定义的数据类型。数据结构可看作具有某种逻辑关系的一组值集，然后在此基础上定义一组操作，每一种数据结构当成一个抽象数据类型来定义，并且可以用三元组（D,S,P）来表示，其中 D 是数据对象，S 是 D 上的关系集，P 是对 D 的基本操作集。

抽象数据类型定义格式为：

```
ADT 抽象数据类型名 {
                 ┌数据对象：<数据对象的定义>
   数据结构的定义<
                 └数据关系：<数据关系的定义>
            ┌操作名称<参数表>
   基本操作< 初始条件
            └操作结果
}ADT 抽象数据类型名
```

对于抽象数据类型的实现，本书采用面向对象的程序设计方法来实现抽象数据类型。在这种方法中，将抽象数据类型封装在一个类中，数据结构定义为类的数据部分，操作定义为类的方法部分。下面举例说明抽象数据类型的两种实现方法。

【例 1-5】抽象数据类型四元组的 ADT 方式的定义。

```
ADT  Four {
   数据对象：D={v1,v2,v3,v4∈ElemSet}(假设 ElemSet 为 int 类型)
   数据关系：R={<v1,v2>,<v2,v3>,<v3,v4>}
   基本操作：
   InitFour(&S,k1,k2,k3,k4)
   操作结果：构造一个四元组 S，元素 v1,v2,v3,v4 分别被赋予参数 k1,k2,k3,k4 的值。
   DestroyFour(&S)
   操作结果：销毁四元组 S。
   Get(S,i,&e)
   初始条件：四元组 S 存在，1≤i≤4。
   操作结果：用参数 e 返回 S 的第 i 个元素的值。
   Put(&S,i,e)
   初始条件：四元组 S 存在，1≤i≤4。
   操作结果：将参数 e 作为 S 的第 i 个元素的值。
   Max(S,&e)
   初始条件：四元组 S 存在。
   操作结果：用参数 e 返回 S 的 4 个元素中的最大值。
   Min(S,&e)
   初始条件：四元组 S 存在。
   操作结果：用参数 e 返回 S 的 4 个元素中的最小值。
}ADT Four
```

以下是抽象数据类型四元组的面向过程的实现。

```
#include <iostream.h>
#include <stdlib.h>
```

```
#define OVERFLOW  -2
#define OK  1
#define ERROR  0
typedef  int  Status;
typedef  int  * Four;
Status  InitFour(Four  &s,int  k1,int  k2,int  k3,int  k4){
    //构造四元组s，依次给s赋予4个元素的值为k1，k2，k3，k4
    s=new int[4];                             //分配4个元素的存储空间
    if(!s)  exit(OVERFLOW);                   //分配存储空间失败
    s[0]=k1;s[1]=k2;s[2]=k3;s[3]=k4;
    return  OK;
}
Status  DestroyFour(Four &s){                 //销毁四元组s
    delete s;s=NULL;
    return OK;
}
Status  Get(Four  s,int  i,int  &e){          //1≤i≤4，用e返回s的第i个元素的值
    if(i<1||i>4)  return  ERROR;
    e=s[i-1];                                 //第i个元素的下标为i-1
    return  OK;
}
Status  Put(Four  &s,int  i,int  e){          //1≤i≤4，设置s的第i个元素的值为e
    if(i<1||i>4)  return  ERROR;
    s[i-1]=e;                                 //第i个元素的下标为i-1
    return  OK;
}
Status  Max(Four  s,int  &e){         //用e返回四元组s的最大值
    e=s[0];
    if(s[1]>e)  e=s[1];
    if(s[2]>e)  e=s[2];
    if(s[3]>e)  e=s[3];
    return  OK;
}
Status  Min(Four  s,int  &e){         //用e返回四元组s的最小值
    e=s[0];
    if(s[1]<e)  e=s[1];
    if(s[2]<e)  e=s[2];
    if(s[3]<e)  e=s[3];
    return  OK;
}
    void main(){
    int a1,a2,a3,a4,m,n,s1,s2;
    Four  T;
    cin>>a1>>a2>>a3>>a4;
    InitFour(T,a1,a2,a3,a4);
    Get(T,3,m);
    cout<<"T的第3个元素的值为: "<<m<<endl;
```

```
    cin>>n;
    Put(T,2,n);
    Max(T,s1);
    Min(T,s2);
    cout<<"T的最大值为: "<<s1<<endl;
    cout<<"T的最小值为: "<<s2<<endl;
    DestroyFour(T);
}
```

程序采用顺序存储结构存储四元组的各个元素的值，然后在程序中采用先定义、后调用的原则，先定义出抽象数据类型Four中的各个函数（即各个操作），如InitFour()、DestroyFour()、Get()、Put()、Max()、Min()等函数，在主函数中，给实在参数a1,a2,a3,a4赋值以后，对自定义函数加以调用。请读者观察该程序的运行结果。

【例1-6】抽象数据类型“复数”的定义。

ADT Complex {
  数据对象：$D=\{x_1, x_2 \mid x_1, x_2 \in \text{RealSet}\}$
  数据关系：$R_1=\{<x_1, x_2> \mid x_1$ 是复数的实数部分，x_2 是复数的虚数部分$\}$
  基本操作：
  AssignComplex(v_1, v_2)
  操作结果：构造复数，其实部和虚部分别被赋以参数 v_1 和 v_2 的值。
  GetReal()
  初始条件：某复数已存在。
  操作结果：返回复数的实部值。
  GetImag()
  初始条件：某复数已存在。
  操作结果：返回复数的虚部值。
  Add(a_1, b_1)
  初始条件：已知某复数存在。
  操作结果：将参数 a_1 与已知某复数的实部相加，将参数 b_1 与已知某复数的虚部相加。
} ADT Complex

抽象数据类型“复数”面向对象的实现。

```
#include <iostream.h>
class  Complex{
private:
    float  a;
    float  b;
public:
    void  AssignComplex(float v1,float v2);
    float  GetReal(){return a;}
    float  GetImag(){return b;}
    void  Add(float a1,float b1);
};
void Complex::AssignComplex(float v1,float v2){
    a=v1;
    b=v2;
}
void  Complex:: Add(float a1,float b1){
    a+=a1;
    b+=b1;
```

```
}
void main(){
    Complex c1,c2;
    c1.AssignComplex(3.2,5.6);
    c2.AssignComplex(4.1,7.6);
    c1.Add(3.0,3.0);
    c2.Add(1.1,4.4);
    cout<<c1.GetReal()<<c1.GetImag()<<endl;
    cout<<c2.GetReal()<<c2.GetImag()<<endl;
}
```

在该程序中，首先定义了一个“复数”类，该类的数据部分就代表复数的实部与虚部，然后定义了类的成员函数，在主函数中分别调用了所定义的复数类的各个成员函数。请读者观察该程序的运行结果。

1.4 算法的度量

为了解决实际问题而设计的算法常常存在时间效率的高低与算法所占存储空间的大小两个方面的因素，两者往往不可兼得。下面介绍衡量算法效率的方法与概念。

1.4.1 算法的定义

算法（algorithm）是为解决某特定问题所采取的方法和步骤，是指令的有限序列，其中每一条指令表示一个或多个操作。

算法应该具有下列特性：

（1）**有穷性**：一个算法必须在有穷步之后结束，即必须在有限时间内完成。

（2）**确定性**：算法的每一步必须有确切的定义，无二义性。算法的执行对于相同的输入仅有相同的结果，在任何条件下仅有唯一的可执行流程。

（3）**可行性**：算法中定义的操作都是可以通过已经实现的基本运算的有限次执行得以实现的。

（4）**输入**：一个算法具有零个或多个输入，这些输入取自特定的数据对象集合。

（5）**输出**：一个算法具有一个或多个输出，这些输出同输入之间存在某种特定的关系。

在数据结构中，算法是用来描述操作步骤的方法，主要体现运算的设计思路、设计方法。为解决某一特定问题可以设计出不同的算法，一个好的算法通常要达到以下目标：

（1）**正确性**（correctness）：算法的执行结果应当满足具体问题的需求，对于实际问题应事先给出功能和性能的要求，至少应指出需要什么样的输入、输出，需要进行什么样的处理或计算。

（2）**可读性**（readability）：一个算法应当思路清晰、层次分明、简单明了、易读易懂，便于大家交流，晦涩难懂的算法容易隐藏错误。

（3）**健壮性**（robustness）：当输入不合法数据时，应能做出适当处理，不至于引起严重后果。

（4）**高效性**（efficiently）：算法应尽量占用较少的存储空间和较少的运行时间，以提高算法的空间与时间效率。

1.4.2　算法效率的度量

由算法转换的程序在计算机上运行时都要占有一定的存储空间与机器运行时间，这两个因素是计算机的宝贵资源，因此应该尽量提高算法的时间效率与空间效率。下面将采用算法的时间复杂度与空间复杂度来评价算法的优劣。

一个算法的绝对运行时间应该是将算法转换成程序并在计算机上执行时所用的时间，其运行所需要的时间与计算机的软硬件因素有关。经过总结，一个用高级语言编写的程序在计算机上运行时所消耗的时间取决于下列因素：

（1）硬件执行指令的速度。

（2）书写程序的语言。实现语言的级别越高，其执行效率就越低。

（3）编译程序所生成目标代码的质量。代码优化较好的编译程序所生成的程序质量较高。

（4）算法的策略与问题的规模。例如，求 10 个数据的乘积与求 100 个数据的乘积其执行时间必然是不同的。

显然，在各种因素都不能确定的情况下，很难比较出算法的执行时间。也就是说，使用执行算法的绝对时间来衡量算法的效率是不合适的。为此，可以将上述各种与计算机相关的软硬件因素都撇开，这样一个特定算法的运行时间只依赖于问题的规模（通常用正整数 n 表示），或者说它是问题规模的函数。

1．时间复杂度

一个程序的运行时间是指程序运行从开始到结束所需要的时间。

算法是由控制结构和原操作构成的，其执行时间取决于两者的综合效果。为了便于比较同一问题的不同算法，通常的做法是：从算法中选取一种对于所研究的问题来说是基本运算的原操作，该原操作的重复执行次数应该和算法的执行时间成正比，以该原操作重复执行的次数作为算法的时间度量。一般情况下，算法中原操作重复执行的次数是规模 n 的某个函数 $f(n)$。

许多时候要精确地计算 $f(n)$是困难的，因此引入渐进时间复杂度在数量上估计一个算法的执行时间，也能够达到分析算法的目的。

定义（大 O 记号）：假设 $f(n)$是正整数 n 的一个函数，则 $x_n=O(f(n))$表示如果存在两个正常数 K 和 n_0，使得对所有的 n，当 $n \geqslant n_0$时，有$|x_n| \leqslant K|f(n)|$。

算法中基本操作重复执行的次数依据算法中的最大语句频度来估算，它是问题规模 n 的某个函数 $f(n)$，算法的时间量度记作 $T(n)=O(f(n))$，表示随问题规模 n 的增大，算法执行时间的增长度和 $f(n)$的增长率相同，称为算法的渐近时间复杂度（asymptotic time complexity）。

由于算法的时间复杂度考虑的只是对于问题规模 n 的增长率，在难以精确计算基本操作执行次数的情况下，只需求出它关于 n 的增长率或阶即可。

例如，一个程序的实际执行时间为 $T(n) = 2.7n^3+3.8n^2+5.3$。关于 n 的增长率为 n^3,它是语句频度表达式中增长最快的项，记为 $T(n) = O(n^3)$。

【例 1-7】设 n 为正整数，利用大 O 记号，将下列程序段的执行时间表示为 n 的函数。

（1）
```
i=1;k=0;
while(i<n)
{k=k+10*i;i++;}
```

该程序段的时间复杂度为 $T(n)=O(n)$，称为线性阶。

（2）以下是计算两个 n 阶方阵乘积的程序段：

```
for(i=1;i<=n;++i)
    for(j=1;j<=n;++j){
        c[i,j]=0;
        for(k=1;k<=n;++k)
            c[i,j]+=a[i,k]*b[k,j]
    }
```

“乘法”运算是该程序段的基本操作，该算法的执行时间与其基本操作（乘法）重复执行次数 n^3 成正比，该程序段的时间复杂度为 $T(n)=O(n^3)$。

（3）下面是起泡排序算法：

```
void bubble_sort(int x[],int n){
    //采用起泡排序算法，将x中整数序列重新排列成自小至大有序的整数序列
    for(i=n-1,flag=TRUE;i > = 1&&flag;--i)
        flag=FALSE;
        for(j=0;j<i;++j)
            if(x[j]>x[j+1]){x[j] ← → x[j+1];flag=TRUE;}
    }
} //bubble_sort
```

该算法的时间效率与它的初始数据有关，如果给出的初始数据为由大到小有序，则算法效率为最差的情况。有时可以采取计算算法时间效率平均值的办法来确定算法的时间效率，有时也采取以最坏的情况来确定算法的时间效率。起泡排序算法在最坏的情况下，其时间效率为 $T(n)=O(n^2)$。

常见的渐进时间复杂度还有 $O(1)$,$O(\log_2 n)$,$O(n)$,$O(2^n)$,分别称为常量阶、对数阶、线性阶、指数阶，如图 1-7 所示。

2．空间复杂度

一个算法的空间复杂度（space complexity）记作 $S(n)=O(f(n))$，其中 n 为问题的规模。

一个运行中的程序除需要存储空间来存储本身所用的指令、常量、变量、输入数据以外，还需要一部分辅助存储空间。

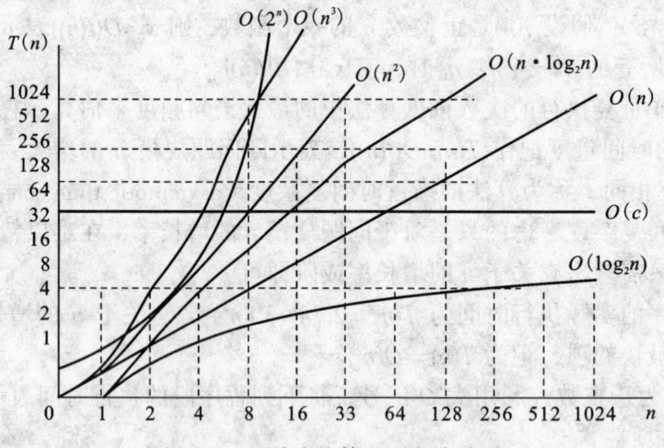

图 1-7 不同阶的算法时间复杂度

算法可以使用各种不同的方法来描述。最简单的方法是使用自然语言，用自然语言来描述算法的优点是简单且便于人们对算法进行阅读，缺点是不够严谨。也可以使用程序流程图、N-S 图等算法描述工具，其特点是描述过程简洁、明了。用以上两种方法描述的算法不能够直接在

计算机上执行，若要将其转换成可执行的程序，还有一个编写程序的过程。

可以直接使用某种程序设计语言来描述算法，但是当算法复杂而且语句数量大的时候不便于交流，也不灵活，不能突出表达算法的主要思路，常常需要借助注释才能使人看明白。为了解决理解与执行之间的矛盾，人们常常使用一种称为伪码语言的描述方法来进行算法描述。伪码语言介于高级程序设计语言和自然语言之间，它忽略高级程序设计语言中一些严格的语法规则与描述细节，因此比程序设计语言更容易使用、容易理解，而比自然语言更接近程序设计语言。它虽然不能直接执行，但很容易被转换成高级语言。下面介绍本书采用的描述算法的工具——面向对象 C++描述工具。

1.5 面向对象 C++描述工具简介

面向对象方法是一种运用对象、类及其特性来构造系统的软件开发方法。其基本思想是从对象出发来设计软件，对象即类的实体，作为系统的基本构成单位。面向对象的编程方法（object-oriented programming，OOP）是 20 世纪 90 年代流行的一种软件编程方法，它强调对象的“抽象”、“封装”、“继承”、“多态”等特征。软件是由“数据结构+算法”组成的。OOP 下的编程是以对象为中心的，对象是对现实世界实体的定义。传统的软件设计方法难以适应大批量软件的开发设计需求，软件的扩充和复用能力很差。面向对象开发方法与实际问题联系紧密、贴切，具有很强的软件扩充能力与软件复用性，因而能更容易地满足需求，能更贴近实际事物的处理过程进行程序设计。

1.5.1 函数的定义格式

函数的定义格式为：

```
<类型><函数名>([形式参数表]){
    语句序列
}
```

【例 1-8】利用自定义函数求出 3 个数中的最大值。

```
#include <iostream.h>
int maximum(int x,int y,int z){
    int max=x;
    if(y>max)max=y;
    if(z>max)max=z;
    return z;
}//函数原型
void main(){
    int a,b,c;
    cout<<"Enter three integers:";
    cin>>a>>b>>c;
    cout<<"Maximum is:"<<maximum(a,b,c)<<endl;
}
```

该程序中自定义函数名为 maximum，函数返回类型为整型，函数有 3 个整型参数。

1.5.2 函数模板

此处举例说明。例如，如果要进行两个整数的交换，可以设计一个函数来完成这两个整数的交换；如果还要进行两个双精度数的交换，可以再设计一个函数来完成这两个双精度数的交换。上述两个函数体是一样的，但是编写了两次，造成代码冗余。基于此种情况，可以采用函数模板来解决。函数模板的定义格式为：

```
template <参数化类型名表><返回类型><函数名>([形式参数表]){
    语句序列
}
```

template 是关键字，<参数化类型名表>可以包含基本数据类型，也可以包含类类型。如果是类类型，必须加关键字 class。有如下两种格式：

```
<类型说明符><标识符> 或者 class  <标识符>
```

后一种格式应用得比较多，其中<标识符>是函数中参数化的类型。<参数化类型名表>中有多个项时，各项之间使用逗号分隔开，各个项称为模板参数。<参数化类型名表>又称模板参数表。

【例 1-9】 两个数交换的函数模板。

```
#include <iostream>
using namespace std;
template <typename T>
T change(T& a,T& b){
  T temp;
  temp=a;
  a=b;
  b=temp;
  return 0;
}
void main(){
  double a1=4.4,b1=6.2;
  change(a1,b1);
  cout<<"a1="<<a1<<";"<<"b1="<<b1<<endl;
  int a2=3,b2=5;
  change(a2,b2);
  cout<<"a2="<<a2<<";"<<"b2="<<b2<<endl;
}
```

运行结果如图 1-8 所示。

```
"C:\Documents and Setting
a1=6.2; b1=4.4
a2=5; b2=3
Press any key to continue
```

图 1-8　例 1-9 运行结果

1.5.3　类的定义

在面向对象程序设计中，对象由属性和方法两个主要因素构成。其中：

（1）属性：用来描述对象静态特性的数据成员。

（2）方法：用来描述对象动态特性（行为）的操作。

类是具有相同属性和操作的一组对象的集合，是一种复杂的数据类型，包括属性和方法两个主要部分。

对象是类的实例，任何一个对象都是属于某个类的，它是属性和对这些属性进行操作的封装体。

下面是定义类的基本格式：

```
class <类名>{
private:
    私有成员 1;
       …
public:
    公有成员 1;
       …
```

```
protected:
    保护成员1;
    …
}
```

关于类定义的说明：

（1）class是定义类的关键字，<类名>是一个标识符。

（2）类的定义分为两部分：第一部分是类的声明部分，第二部分是类的实现部分。

（3）在类外对类成员函数的定义必须在函数名前加类名和运算符“::”，符号“::”称为作用域运算符（也称作用域分辨符）。它是用来表示某个成员函数属于哪个类的。

（4）存储控制：public（公有）、private（私有）和protected（保护）3个关键字用来确定类成员的访问权限，具体说明如下：

① 公有的成员用public说明，这部分往往是一些操作（即成员函数），作为类与外界的接口。

② 私有成员用private说明，这部分通常是一些数据成员，这些成员用来描述类的属性。只有成员函数和特殊说明的函数（友元）才可以来引用它们，类外无法访问它们。

③ 保护成员用protected说明，其权限介于私有和公有之间。

定义成员函数的两种方法：

（1）在类中实现（规模较小，一般为内联函数）。

（2）在类中定义函数原型，类外实现。将类定义和其成员函数定义分开，是目前开发程序的通常做法。将类定义看成是类的外部接口，将类的成员函数定义看成是类的内部实现。通常声明对象的方法是：先定义类的类型，再声明对象。

例如，要描述一个人，可以使用类：

```
class PERS{
private:
    char name[8];           //姓名
    char sex[1];            //性别
    int age;                //年龄
    void pname();           //输出姓名
public:
    float gongzi;           //工资
    void getin();           //输入人的资料
    void print();           //把人的资料打印出来
};
```

在这个类中，定义了两组不同存取类型的成员（成员既可以是数据也可以是函数），第一组是私有的，在类中各成员函数可以直接使用，但类外不能直接使用；第二组是公有的，类中的成员和类外都可以使用。

```
void PERS::pname(){
    cout<<"Name:"<<name;
}
void PERS::getin(){
    cout<<endl<<"Name:";
    cin>>name;
    cout<<endl<<"Sex:";
    cin>>sex;
```

```
    cout<<endl<<"Age:";
    cin>>age;
    cout<<endl<<"Gz:";
    cin>>gongzi;
}
void PERS::print(){
    printname();    //cout<<"Name:"<<name;
    cout<<"Sex:"<<sex;
    cout<<"Age:"<<age;
    cout<<"Gz:"<<gongzi;
}
```

定义类中的成员函数，必须有作用域运算符“::”。在实现这些成员函数时，可以使用定义在类中的所有成员，包括公有、私有、保护类型。如果成员函数比较短，也可以把代码写在类的声明中。这时，该函数是内联函数。

封装性：封装有两个含义，一个就是把对象的全部属性和全部方法结合在一起，形成一个不可分割的独立单位（即对象）。另一个含义也称为“信息隐蔽”，即尽可能隐蔽对象的内部细节，对外只保留有限的接口使之与外部发生联系。

继承性：特殊类的对象拥有其一般类的全部属性与方法，称为特殊类对一般类的继承。

通过继承机制，可以利用已有的数据类型来定义新的数据类型。所定义的新的数据类型不仅拥有新定义的成员，还同时拥有旧的成员。称已存在的用来派生新类的类为基类，又称为类。由已存在的类派生出的新类称为派生类，又称子类。

继承关系的特点：

（1）一个派生类可以有一个或多个基类。只有一个基类时，称为单继承；有多个基类时，称为多继承。

（2）继承关系可以是多级的。

（3）不允许继承循环。

派生类的继承方式：

（1）公有继承（public）：公有继承的特点是基类的每个成员在派生类中都保持原有的状态。

（2）私有继承（private）：私有继承的特点是基类的公有成员和保护成员都作为派生类的私有成员，并且不能被这个派生类的子类所访问。

（3）保护继承（protected）：保护继承的特点是基类的所有公有成员和保护成员都作为派生类的保护成员，基类的私有成员仍然是私有的。

多态性：同一个消息（消息就是对类的成员函数的调用）为不同的对象所接收时，可导致完全不同的行为，这种现象称为多态性。函数重载与运算符重载是多态性的一般内容，动态联编和虚函数是多态性的重要内容。

构造函数：构造函数的功能是在创建对象时，为对象分配空间和进行初始化工作。构造函数的特点是：

（1）构造函数的名字必须与类名相同。

（2）构造函数可以有任意类型和任意个数的参数，故构造函数可以重载。

（3）构造函数是特殊的成员函数。构造函数多用于创建对象时系统自动调用。

析构函数：析构函数的功能是释放一个对象。析构函数的特点是：

（1）析构函数是成员函数，函数体可写在类体内，也可以写在类体外。

（2）析构函数也是一个特殊的函数，它的名字同类名，并在前面加“～”字符。

（3）析构函数没有参数，没有返回值，显然不能重载，通常被系统自动调用。

内联成员函数：定义在类体内的成员函数，即该函数的函数体放在类体内。若定义在类外，则其前面需加上关键字 inline。

内联函数在调用时不转去执行被调用函数的函数体，而是在编译时在调用函数处用内联函数体代码来替换，这样将会节省调用开销，提高运行速度。

内联函数与带参数的宏定义相似，但遵循函数的类型和作用域规则。

外联成员函数：是指函数原型定义在类体内，函数定义声明在类体外的成员函数。其变成内联成员函数的方法很简单，只要在函数头前面加上关键字 inline 就可以了。

友元：友元不是成员函数，但是它可以访问类中的私有成员。友元可以是一个函数，称为友元函数；友元也可以是一个类，称为友元类。下面分别介绍这两种友元。

定义友元函数的方式是在类定义中用关键字 friend 说明该函数。

其格式如下：

```
friend <类型><友元函数名>([参数表]);
```

一个类可以作为另一个类的友元，友元类的所有成员函数都是另一个类的友元函数。

友元类的定义：

```
friend class <类名>
```

类模板：类是对一组对象的公共性质的抽象，而类模板则是对不同类的公共性质的抽象。与函数模板相似，程序中可以首先定义一个模板类，然后用不同的实参生成不同类的对象。类模板允许用户将类定义成一种模式，使得类中的某些数据成员、某些函数成员中的参数或返回值的类型可以灵活地进行选择。

类模板的一般定义形式为：

```
template <类型形参表>
class 类名{
    //类的接口定义部分
};
```

类成员声明的方法：类成员声明的方法与普通类的定义基本相同，只是在它的各个成员（包括数据成员和函数成员）中要用到模板的类型参数 T。

类模板中的成员函数的一般定义形式为：

```
template  <类型形参表> 返回类型 类名<类型名表>::成员函数名([形参表]){
      //成员函数定义体
}
```

下面以三元组为例，其源程序实现如例 1-10 所示。

【例 1-10】三元组源程序的实现。

该程序完成一个三元组的初始化与求出有值三元组中的最大值。

```
#include <iostream>
#include <typeinfo>
using namespace std;
#define OVERFLOW  -2
#define OK  1
#define ERROR  0
```

```
typedef  int  Status;
typedef  int  * Triplet;
template <class Type>
Status  InitTriplet(Type  &T,int  v1,int  v2,int  v3){
    T=new int[3];
    if(!T) exit(OVERFLOW);
    T[0]=v1;T[1]=v2;T[2]=v3;
    return  OK;
}
template <class Type>
Status  Max(Type T,int  &e){
  e=T[0];
  if(T[1]>e)  e=T[1];
  if(T[2]>e)  e=T[2];
  return  OK;
}
void main(){
    int a1,a2,a3,s;
    Triplet  T1;
    cin>>a1>>a2>>a3;
    InitTriplet(T1,a1,a2,a3);
    Max(T1,s);
    cout<<T1[0]<<" "<<T1[1]<<" "<<T1[2]<<endl;
    cout<<"Max="<<s;
}
```

该程序运行结果如图 1-9 所示。

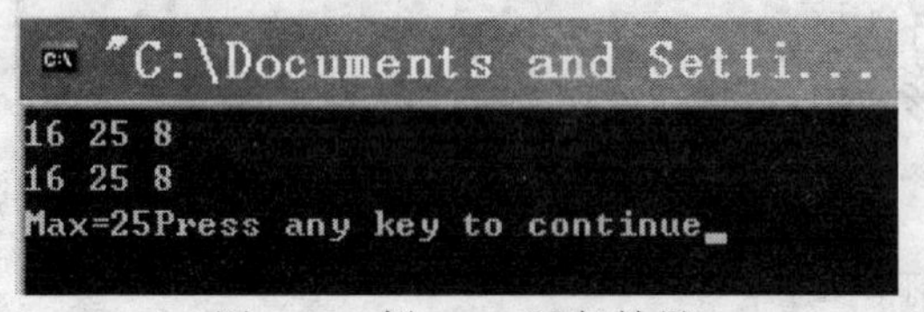

图 1-9　例 1-10 运行结果

小　结

本章首先采用 3 个例子介绍了主要种类数据结构的关系特点，定义了本书主要使用的基本概念与术语，从整体上概述了数据结构的逻辑概念与物理存储结构，综述了数据结构要研究与解决的主要问题。采用定义抽象数据类型的方式，从面向对象基本概念出发介绍了数据结构的描述方法，并对算法效率的定义与衡量方法进行了介绍，使读者可以比较透彻地掌握数据结构的基本概念，从而打下一个良好的基础。最后对读者必备的面向对象的基本知识进行了简要的总结与介绍，使读者可以对基本的类的定义、面向对象的主要特性以及类模板、函数模板等功能有一个很好的了解，对掌握数据结构的整体内容有很大的帮助。面向对象知识目前已经成为描述数据结构的工具，读者应该对它的主要语法、语言结构有熟练的掌握。限于篇幅，在此不再多加叙述，请读者参考其他面向对象的书籍。

习 题

1. 什么是数据结构？什么是数据对象？
2. 什么是数据？什么是数据元素？
3. 简述两种存储结构的特点。
4. 什么是抽象数据类型？
5. 什么是算法？算法的 5 个特性是什么？
6. 设有数据结构(D,R)，其中 $D=\{x_1,x_2,x_3,x_4,x_5\},R=\{r\},r=\{(x_1,x_2),(x_2,x_3),(x_3,x_4),(x_4,x_5)\}$。请画出其逻辑结构图。
7. 编写一个算法，输出输入的 3 个整数 a,b,c 中的最大值。
8. 设有数据结构 $S=(V,K)$，其中 V 集合表示什么内容？K 集合表示什么内容？

第2章 线 性 表

本章所描述的线性表是非常简单、非常基本、也是非常常用的一种数据结构。在现实中存在着大量可以用线性表进行描述的实例，如学生基本信息表、列车时刻表、书籍目录以及职工工资表等。本章通过案例的方式讨论线性表的基本概念、基本操作及存储结构，进而学习线性表的相关知识以及线性表在实际生活中的应用。线性表最主要的两个应用是队列和堆栈，学好线性表将为队列和堆栈的学习打下良好的基础。

2.1 案例引入及分析

在各大、中、小学校，用计算机管理学校的信息已经越来越普遍了。用计算机不仅可以提高工作效率，而且可以节省许多人力物力，同时还可以提高学校的管理能力。下面应用数据结构中的线性表算法来实现学校学生基本信息管理，从而提高对学生基本信息管理的效率。

2.1.1 学生基本信息管理

【案例引入】

本项目是对学生基本信息管理的最简单模拟，通过使用菜单的方式选择下列功能：生成学生基本信息表；插入学生基本信息；修改学生基本信息；删除学生基本信息；查询学生基本信息；输出学生基本信息。

【案例分析】

所创建学生信息表如表 2-1 所示。

表 2-1 学生基本信息

学 号	姓 名	年 龄	生 源 地	联 系 电 话
0001	王军	20	呼和浩特	15381289012
0002	李明	19	北京	13424821345
0003	汤晓影	20	上海	13697987900

表 2-1 由一组学生的基本信息所构成，每条学生的基本信息由学号、姓名、年龄、生源地和联系电话组成。这组学生的基本信息具有相同特性，属于同一数据对象，相邻数据元素之间存在序偶关系。学生基本信息表所具有这些特性正符合线性表中数据元素性质。对于线性表的定义及相关操作将在下面几节中给出详细介绍。

2.1.2 线性表的定义

线性表作为一种最为简单的数据结构，其特点是：在数据元素的非空有限集合中，必存在唯一的一个“第一元素”和唯一的一个“最后元素”；除第一个元素之外，其余的数据元素均有唯一的直接前驱元素；除最后一个元素之外，其余的数据元素均有唯一的直接后继元素。本书用一种图形化的方式来描述线性表的这一特征，如图 2-1 所示。

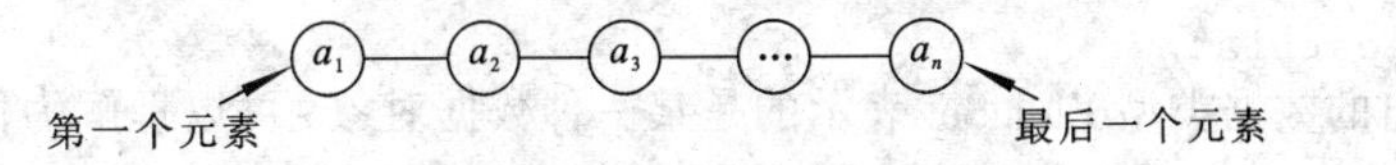

图 2-1　线性表结构特点示意图

线性表（Linear List）是具有 n（$n\geqslant 0$）个元素的一个有限序列。线性表中元素个数 n 定义为线性表的长度，当 $n=0$ 时称为空表，用空括号表示；当 $n\neq 0$ 时，该线性表表示为$(a_1,a_2,\cdots,a_n)$，其中 a_1 称为表头元素，a_n 称为表尾元素，a_{i-1} 称为 a_i（$i\geqslant 2$）的直接前驱，a_{i+1} 称为 a_i（$i\leqslant n-1$）的直接后继。

在日常生活中，有各种各样的线性表的例子，如学生名册、列车时刻表、工厂的生产计划安排表、电话号码簿等。下面给出几个线性表的例子，让大家更进一步地了解线性表的概念。

例如，L_1=('a','8','b','4','c','+','\','$','*')，是由 9 个字符构成的线性表，长度为 9，其数据元素类型是字符型。

L_2=(2.5,44,4.35,4.9,55,18,34,47)，是由 8 个十进制的实型数构成的线性表，长度为 8，其数据元素类型是实型。

L_3=("BASIC","PASCAL","FORTRAN","COBOL","VC++","JAVA")，是一个由 6 个名称构成的线性表，长度为 6，其数据元素类型是字符串。

这里以 L_1 为例，其中表头元素是线性表 L_1 中的第一个元素 a（'a'），它的后继是 a_2（'8'），而 a_2 的前驱是 a_1（'a'）。同理，a_2 的后继是 a_3（'b'），a_3 的前驱是 a_2（'8'），依此类推。该线性表的长度是 9。**线性表长度**指线性表中所含元素个数，如果表中元素为空，则表长度是 0。

$L_4=(a_1,a_2,a_3,a_4,\cdots,a_n)$，$L_4$ 是由一种复杂的类型构成（数组或者结构体），这里用 a_1、a_2、a_3 等标识符表示，其目的是便于一般性的讨论。以学生基本信息表为例（见表 2-1）。每个学生信息记录包括学号、姓名、年龄、生源地和联系电话。每一条记录就是一个数据元素（数据元素是用户自定义的复合类型）。全体学生记录就构成了一个线性表。

事实上，线性表是一种线性结构，任何线性数据都可以用线性表的形式表示出来。其中，线性表中的数据元素可以是一个数，一个符号，也可以是一个复杂类型，但同一线性表中的数据元素必须具有相同的属性。下面给出线性表的抽象数据定义：

```
ADT LinearList {
数据对象 D: D={a_i|a_i∈ElemSet,i=1,2,…,n,n≥0}
数据关系 R: R={<a_{i-1},a_i>|a_{i-1},a_i∈D,i=2,…,n}
基本操作: 初始化线性表;
          求表的长度;
          创建顺序表;
          求已分配线性表的空间;
          将线性表置为空表;
          求线性表中指定位置的元素;
          求某元素在线性表中的位置;
          在线性表的指定位置处插入元素;
          删除线性表中指定位置的元素;
          判断线性表是否为空;
          遍历输出所有的元素;
          查找并返回元素;
```

```
        更新数据元素;
        对所有元素重新按给定的条件排序;
        等等。
} ADT LinearList;
```

上面所给出的数据类型 ElemSet 表示的是某一种数据对象，可以理解为任何一种数据类型，可以表示整型、浮点型、字符型或更复杂的数据类型。

2.1.3 线性表的存储结构

在计算机内，线性表可以用不同的方式表示，即有多种存储结构可供选择。在实现线性表数据元素的存储方面，一般可用**顺序存储结构**和**链式存储结构**两种方法。对于完成某种运算来说，不同的存储方式，其执行效果不一样。为了使所要进行的运算得以有效地执行，在选择存储结构时，必须考虑采用的是哪些运算，对选定的存储结构，应估计这些运算执行时间的量级，以及它对存储容量的要求。

1．顺序存储结构

顺序存储结构是计算机内存储信息的最简单的方法，也称其为**向量存储**。**向量**是内存中一块地址连续的存储单元。其特点是：逻辑上相邻的数据元素，它们的物理次序也是邻接的。如果线性表采用顺序存储结构来进行存储数据，通常称该线性表为**顺序表**。

假设每个数据元素占用 k 个存储单元，则相邻的两个数据元素 a_i 与 a_{i+1} 在机器内的存储地址 $LOC(a_i)$与 $LOC(a_{i+1})$将满足下面的关系，如图 2-2 所示。

单元地址	下标位置	存储空间	单元编号
$LOC(a_1)$	0		1
$LOC(a_1)+k$	1		2
$LOC(a_1)+2k$	2		3
$LOC(a_1)+3k$	3		4
...	...		...
$LOC(a_1)+(i-1)k$	$i-1$		i
...	...		...
$LOC(a_1)+(n-1)k$	$n-1$		n

图 2-2 线性表的顺序存储结构示意图

$$LOC(a_{i+1}) = LOC(a_i)+k$$

注意：在 C++中使用 sizeof(ElemType)来获得 k 所占的字节数。

而存储地址 $LOC(a_i)$为：

$$LOC(a_i)=LOC(a_1)+(i-1)\times k=LOC(a_1)+(i-1)\times \text{sizeof(ElemType)} \quad (1\leqslant i\leqslant n)$$

由于 C++语言中数组的下标是从 0 开始的，所以在逻辑上所指的“第 k 个位置”实际上对应的是顺序表的“第 k-1 个位置”。

在顺序表中，每个结点 a_i 的存储地址是该结点在表中的位置 i 的线性函数。只要知道基地址和每个结点的大小，就可在相同时间内求出任一结点的存储地址。因此该存储结构是一种**随机存取结构**。

2．链式存储结构

采用顺序存储结构的线性表要求数据存储是连续的存储空间。在实际工作中，如果线性表的长度变化很大，或者对于长度的估计很难把握时，应该采用线性表的另一种存储结构——**链式存储结构**来实现。这种存储结构的特点是：逻辑上相邻的数据元素不要求其物理存储位置相邻。

数据的链接存储表示被称为**链接表**。当链接表中的每个结点只含有一个指针域时，则称为**单链表**，否则称为**多链表**。链表由一系列**结点**（链表中每一个元素称为**结点**）组成，结点可以在运行时动态生成。每个结点包括两个部分：一部分是存储数据元素的**数据域**，另一部分是存储下一个结点地址的**指针域**。指针域中存储的信息称为**指针或链**。

线性表的链式存储结构采用一组任意的存储单元来存放线性表中的数据元素，这些存储单元可以是连续的，也可以是不连续的。数据元素的逻辑顺序是通过链表中的指针链接次序实现的。

当采用链接存储时，一种最为简单、常用的方法是采用线性单向链表即单链表，其存储方式是：在每个结点中除了包含数值域外，只设置一个指针域，用以指向其后继结点。单向链表结点结构如图 2-3 所示，其中包含存储数据信息的**数据域**，该域用来存放结点的值，以及存储直接后继存储位置的**指针域**。

链表的具体存储表示为：

data	next

图 2-3 链式存储结点结构

（1）用一组任意的存储单元来存放线性表的结点。这组存储单元既可以是连续的，也可以是不连续的。

（2）链表中结点的逻辑次序和物理次序不一定相同。为了能正确表示结点间的逻辑关系，在存储每个结点值的同时，还必须存储指示其后继结点的地址（或位置）信息，该地址称为指针（pointer）或链（link）。

注意：链式存储是最常用的存储方式之一，下面通过例 2-1 描述非空单链表的链接方式。

【例 2-1】线性表(r,p,b,o,u,g)，根据上面对单链表的定义，可得出一个非空的单链表，该单链表存储结构示意图如图 2-4 所示。

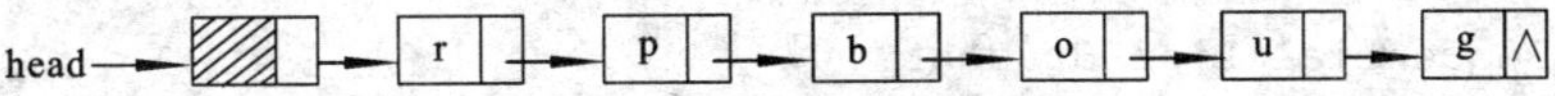

head→[▨|]→[r|]→[p|]→[b|]→[o|]→[u|]→[g|∧]

图 2-4 例 2-1 的非空单链表

显然，单链表中每个结点的存储地址存放在其前驱结点的 next 域中，而开始结点无前驱，故应设头指针 head 指向开始结点。同时，由于终端结点无后继，故终端结点的指针域为空，即 NULL（图中用∧表示）。

因为一个指针类型的大小等于一个整型（int）的大小，即占 4 个字节，所以 ListNode 类型的大小就等于元素类型的大小 sizeof(ElemType)加上 4 个字节。如例 2-1，ElemType 的类型是字符型，则 ListNode 类型大小是 5 个字节。图 2-5 给出了例 2-1 链式存储结构示意图。

头指针 head

地址是 150

地址	data	next
	…	…
110	b	120
115	g	null
	…	…
120	o	155
125	p	110
	…	…
150	r	125
155	u	115

图 2-5 例 2-1 线性链表存储结构

对于链式存储结构，本小节重点介绍了单链表的存储结构，事实上，除了单链表这种常用的存储方式外，还有循环链表和双向链表以及静态链表，这些链表的存储结构将在 2.5、2.6 节中分别做详细介绍。

2.2 学生基本信息管理之顺序表的实现

在 2.1 节中给出了线性表的类定义，同时介绍了线性表的两种存储结构：顺序存储结构和链式存储结构。本节通过采用线性表的顺序存储结构的方式对引入的案例“学生基本信息管理”进行设计与分析，从而使学生加深对线性表的顺序存储结构以及这种存储方式在实际操作中具体应用的理解。

2.2.1 学生基本信息管理之顺序表类定义

2.1.1 节引入的“学生基本信息管理”实例中每条学生的基本信息由学号、姓名、年龄、生源地和联系电话组成（见表 2-1），由表可以看出，这组数据具有线性表的特性，因此该项目的数据采用线性表来存储，在这一节中，此项目的数据采用顺序存储结构来存储。在 C 语言中一维数组的机内表示就是顺序结构。因此，可用 C 语言的一维数组实现线性表的顺序存储。用结构体类型定义每个学生数据，故该数组中的每个数据的结构可描述为：

```
typedef struct StuInfo{
    //数据成员：
    char stuID[10];                         //学号
    char name[20];                          //姓名
    int age;                                //年龄
    char city[20];                          //生源地
    char tel[20];                           //联系电话
} ElemType;
```

对应于 2.1.2 节中的线性表抽象数据类型定义，下面给出实例“学生基本信息管理”顺序表的类定义。

```
class CSequential_List_Student {
private:
    int  length;                            //当前长度
    int  maxLen;                            //当前分配的存储容量
    ElemType elem[Max_length];              //使用一维数组来实现顺序存储
public:
    //构造函数
    CSequential_List_Student();
    //析构函数
    virtual ~CSequential_List_Student();
    //初始化顺序表为空
    void InitList(CSequential_List_Student  *L);
    //返回表长度，即表中元素个数
    int GetListLength(){return length;};
    //建立顺序表函数
    void CreateList(CSequential_List_Student  *L);
    //返回已分配空间
    int CurrentSize(){return maxLen;};
    //将顺序表重置为空表
    void ClearList(){length=0;};
    //获得第 i 个位置元素首地址并传递给指针变量 e
    void GetElem(int i,ElemType *e);
```

```
    //定位算法，返回函数值为元素 e 在顺序表中的位置
    int LocateElem(ElemType e);
    //在第 i 个位置插入元素 e，表的长度加 1
    bool ListInsert(int i,ElemType &e);
    //根据 judgePos 的值来进行删除，如果 judgePos>0，则直接删除表头元素；如果
    //judgePos<0，直接删除表尾元素；若 judgePos=0，则根据 e 的值进行查找，然后进行删
    //除与之匹配的元素
    bool ListDelete(int judgePos,ElemType &e);
    //判断顺序表是否为空
    bool IsListEmpty(){return length==0;};
    //遍历顺序表并依次输出表中各个元素
    void OutputList();
    //查找到 e 的匹配项，并用 e1 更新该项数据信息
    bool UpdateList(ElemType& e,ElemType e1);
    //输入 e 的各项数据成员
    void InputStuInfo(ElemType *e);
    //判断元素 e1 和元素 e2 是否相等
    bool IsListEqual(ElemType *e1,ElemType *e2);
    //判断顺序表是否超出最大允许长度
    bool IsListFull(){return length==maxLen;};
    //输出第 i 项数据元素各项数据成员
    void PrintRecord(int i);
}
```

除用顺序存储的数组类型存储线性表的元素外，在顺序表中还应该用一个变量来表示线性表的长度属性。存放线性表结点的向量空间的大小 Max_length 应仔细选值，使其既能满足表结点的数目动态增加的需求，又不致预先定义过大而浪费存储空间。

```
const int Max_length=100;
```

注意： 在进行 CSequential_List_Student 类定义时，涉及对串的操作、标准输入输出操作，以及输入输出流格式的控制，因此需要在类定义之前包含头文件如下：string.h，标准串操作文件；iostream.h，标准流操作头文件；iomanip.h，对输入输出流格式设置的头文件。

以上只是列出了对线性表的一些基本操作，实际中的线性表应用是丰富而广泛的，如实现对线性表的排序、拆分以及合并等操作，这些操作的部分实现将在本节后面给出算法描述。

2.2.2 学生基本信息管理之顺序表操作实现

依据上面对学生基本信息顺序表的类定义，本小节给出该类中所定义操作的具体实现。本章中，针对每一种操作都给出具体的算法进行描述。这些算法具有一定的通用性，即不仅仅只适用于本章提供的“学生基本信息管理”实例，同样，只需要简单改动就可以用于其他的应用当中。

1. 线性表初始化

【算法 2-1】 InitList，初始化线性表为空。

输入：无。

输出：顺序表 L。

代码如下：

```
void CSequential_List_Student::InitList(CSequential_List_Student  *L);{
    L=new CSequential_List_Student();
```

```
    L->maxLen=Max_length;
    L->length=0;
}
```

2. 创建学生基本信息表

【算法 2-2】CreateList，创建学生基本信息表。

输入：所创建学生表长度以及所要创建的学生基本信息，包括：学号、姓名、年龄、生源地、联系电话。

输出：创建长度为 length 的学生信息表。

代码如下：

```
void CSequential_List_Student::CreateList(CSequential_List_Student *L){
    cout<<"\n 请输入要建立的学生信息表长度: ";
    cin>>L->length;
    cout<<"\n 请输入学生基本信息:\n";
    for(int k=0;k<L->length;k++){
        cout<<"输入学生 ID:"<<endl;
        cin>>L->elem[k].stuID;
        cout<<"输入学生姓名"<<endl;
        cin>>L->elem[k].name;
        cout<<"输入学生年龄"<<endl;
        cin>>L->elem[k].age;
        cout<<"输入学生生源地"<<endl;
        cin>>L->elem[k].city;
        cout<<"输入学生手机或固定电话号码"<<endl;
        cin>>L->elem[k].tel;
        cout<<endl;
    }
}
```

上面创建学生基本信息表的算法，首先要求输入要创建学生信息的长度；然后根据输入的长度依次输入学生的学号、姓名、年龄、生源地以及联系方式等对应信息，所有这些信息通过类型为 ElemType 的一维数组 elem[Max_length]来存储。

3. 获得第 *i* 个位置上的元素

【算法 2-3】GetElem，获得第 i 个位置元素首地址并传递给指针变量 e。

输入：位置 i，$i\geq 1$，$i\leq$ length。

输出：第 i 个位置元素首地址。

代码如下：

```
void CSequential_List_Student::GetElem(int i,ElemType *e){
    *e=elem[i];
}
```

4. 定位元素位置

【算法 2-4】LocateElem，定位算法，返回函数值为元素 e 在 L 中的位置。

输入：所要定位的元素 e。

输出：e 在顺序表中的位置（从 0 开始计数）。

代码如下：

```
int CSequential_List_Student::LocateElem(ElemType e){
    int  i=0;
    //从数组的第一个元素开始查找，逐一比较学生学号，从而获得所要查找元素 e 的位置
    while(i<length&&strcmp(elem[i].stuID,e.stuID)!=0)i++;
    if(i>=length)return -1;            //没有找到，则返回负值
    return i;
}
```

5. 遍历顺序表

【算法 2-5】 OutputList，遍历线性表并输出所有元素。

输入：无。

输出：学生基本信息表中所有学生信息。

代码如下：

```
void CSequential_List_Student::OutputList(){
    for(int i=0;i<length;i++){
        cout<<setw(8)<<elem[i].stuID;
        cout<<setw(10)<<elem[i].name;
        cout<<setw(9)<<elem[i].age;
        cout<<setw(15)<<elem[i].city;
        cout<<setw(8)<<elem[i].tel<<endl;
    }
}
```

6. 更新数据表中数据信息

【算法 2-6】 UpdateList，查找到 *e* 的匹配项，并用 *e*1 更新该项数据信息。

输入：要查找的学生信息 *e* 以及新的学生信息 *e*1。

输出：更新是否成功。

代码如下：

```
bool CSequential_List_Student::UpdateList(ElemType& e,ElemType e1){
    for(int i=0;i<length;i++)
    if(strcmp(elem[i].stuID,e.stuID)==0){
        elem[i]=e1;
        return true;
    }
    return false;
}
```

7. 输入一项学生基本信息

【算法 2-7】 InputStuInfo，输入 *e* 的各项数据成员。

输入：学生基本信息。

输出：无。

代码如下：

```
void CSequential_List_Student::InputStuInfo(ElemType *e){
        cout<<"输入学生 ID:"<<endl;
        cin>>e->stuID;
        cout<<"输入学生姓名"<<endl;
        cin>>e->name;
        cout<<"输入学生年龄"<<endl;
        cin>>e->age;
```

```
        cout<<"输入学生生源地"<<endl;
        cin>>e->city;
        cout<<"输入学生手机或固定电话号码"<<endl;
        cin>>e->tel;
        cout<<endl;
}
```

8. 判断两位学生基本信息是否相等

【算法 2-8】IsListEqual，判断元素 $e1$ 和元素 $e2$ 是否相等。

输入：两个学生基本信息。

输出：两个学生基本信息是否相等。

代码如下：

```
bool CSequential_List_Student::IsListEqual(ElemType *e1,ElemType *e2){
//判断学生的各个基本信息是否相等
    if(strcmp(e1->stuID,e2->stuID))          return false;
    if(strcmp(e1->name,e2->name))            return false;
    if(e1->age!=e2->age)                     return false;
    if(strcmp(e1->city,e2->city))            return false;
    if(strcmp(e1->tel,e2->tel))              return false;
    return true;
}
```

9. 输出顺序表中第 i 个位置上的学生基本信息

【算法 2-9】PrintRecord，输出第 i 项数据元素的各项数据成员。

输入：位置 i（从 0 开始计数）。

输出：i 位置上的学生基本信息。

代码如下：

```
void CSequential_List_Student::PrintRecord(int i){
    cout<<elem[i].stuID<<setw(15)<<elem[i].name<<setw(15)<<elem[i].age
    <<setw(15)<<elem[i].city <<setw(15)<<elem[i].tel<<endl;
}
```

至此，介绍了顺序表中的一些基础算法。从数据结构课程的角度看，线性表的主要操作是插入和删除等一些较为重要且相对复杂的操作。这些重要的算法在下面给出详细的介绍。

10. 顺序表的插入算法

（1）插入运算的逻辑描述。线性表的插入运算是指在表的第 i（$1\leqslant i\leqslant n+1$）个位置上，插入一个新结点 e，使长度为 n 的线性表$(a_1,\cdots,a_{i-1},a_i,\cdots,a_n)$变成长度为 $n+1$ 的线性表：$(a_1,\cdots,a_{i-1},e,a_i,\cdots,a_n)$。

注意：

- 由于向量空间大小在声明时已确定，当 length≥Max_length 时，说明表空间已满，不可再进行插入操作。
- 给定参数 i 应在线性表的范围，如果越界，则说明为非法位置，不可进行正常插入操作。

（2）顺序表插入操作过程。在顺序表中，结点的物理顺序必须和结点的逻辑顺序保持一致，因此必须将表中位置为 $n,n-1,\cdots,i$ 上的结点，依次后移到位置 $n+1,n,\cdots,i+1$ 上，空出第 i 个位置，然后在该位置上插入新结点 e。仅当插入位置 $i=n+1$ 时，才无须移动结点，直接将 e 插入表的末尾。

【算法 2-10】ListInsert，在第 i 个位置插入元素 e，表的长度加 1。

输入：位置 i（从 1 开始计数）。

输出：插入学生信息是否成功。

代码如下：

```
bool CSequential_List_Student::ListInsert(int i,ElemType &e){
    ElemType *p,*q;
    if(i<1||i>length+1) return false;   //判断插入位置是否合理，不合理返回 false
    q=&elem[i-1];                       //记录第 i 个位置的学生记录的首地址
    //从最后一项记录开始逐一向后移动到第 i 个位置
    for(p=&elem[length-1];p>=q;--p)
        *(p+1)=*p;
    *q=e;                               //将学生记录插入到第 i 个位置
    ++length;                           //学生信息表长度加 1
    return true;                        //插入成功返回 true
}
```

插入算法的时间复杂度是 $O(n)$，具体分析参照 2.4 节。

11．顺序表的删除算法

（1）删除运算的逻辑描述。线性表的删除运算是指将表的第 i（$1\leqslant i\leqslant n$）个结点删去，使长度为 n 的线性表$(a_1,\cdots,a_{i-1},a_i,a_{i+1},\cdots,a_n)$变成长度为 $n-1$ 的线性表$(a_1,\cdots,a_{i-1},a_{i+1},\cdots,a_n)$。

注意：当要删除元素的位置 i 不在表长范围（即 $i<1$ 或 $i>$length）时，为非法位置，不能进行正常的删除操作。

（2）顺序表删除操作过程。在顺序表上实现删除运算必须移动结点，才能反映出结点间的逻辑关系的变化。若 $i=n$，则只要简单地删除终端结点，无须移动结点；若 $1\leqslant i\leqslant n-1$，则必须将表中位置 $i+1$，$i+2$，…，n 的结点，依次前移到位置 i，$i+1$，…，$n-1$ 上，以填补删除操作造成的空缺。

【算法 2-11】ListDelete，根据 judgePos 的值来进行删除，如果 judgePos>0，则直接删除表头元素；如果 judgePos<0，直接删除表尾元素；如果 judgePos=0，则根据 e 的值进行查找，然后删除与之匹配的元素，同时将删除的记录返回给参数 e。

输入：用于判断位置的 judgePos，如果删除的不是表头和表尾，则还需输入要删除的学生学号。

输出：删除学生信息是否成功，同时将删除的记录返回给参数 e。

代码如下：

```
bool CSequential_List_Student::ListDelete(int judgePos,ElemType &e){
    int i,j;
    if(IsListEmpty()) return false;
    if(judgePos>0){                          //删除表头元素
        e=elem[0];
        //移动从位置 1 到表头的记录
        for(i=1;i<length;i++)    elem[i-1]=elem[i];
    }
    else                                     //删除表尾元素
        if(judgePos<0) e=elem[length-1];     //删除表尾的记录不需移动记录
        else{ //删除值为 e 的其他位置上的元素
                for(i=0;i<length;i++)        //如果找到要删除的记录，则跳出循环
```

```
                if(strcmp(elem[i].stuID ,e.stuID )==0) break;
            if(i>=length) return false;
            else e=elem[i];
            for(j=i+1;j<length;j++)           //移动从位置 i+1 到表尾的记录
                elem[j-1]=elem[j];
        }
    length--;                                 //学生信息表长度减 1
    return true;
}
```

删除算法的时间复杂度是 $O(n)$，具体分析参照 2.4 节。

上面给出的算法，只是完成了“学生基本信息管理”的部分简单、基本的操作实现。事实上，对于此实例，仍需根据需求进一步完善，并且，在此实例中，可以根据需求继续添加其他的一些操作，而这些操作实现仍需要读者根据自己的需要去设计、开发。

2.2.3 学生基本信息管理之顺序表的主程序的实现

这一节将完成学生基本信息管理之顺序表实现的主函数来验证上一节中所设计的各个算法的正确性，并得出运行结果。下面通过对菜单的选择完成对“学生基本信息管理”的生成、插入、修改、删除、查询、输出功能。具体代码如下：

```
#include "Sequential_List_Student.h"
int Menu_Select();                        //菜单选择，返回所选菜单的序号
void Menu_show();                                   //显示菜单
void main(){
    CSequential_List_Student list;
    ElemType e,e1;
    int i;
    Menu_show();                                    //调用显示菜单函数
    while(1){                      //用户可以循环的选择菜单操作，直到选择退出程序
    switch(Menu_Select()){         //根据菜单的选择序号，依次执行对应菜单的功能
        case 1:                    //选择“菜单 1”生成学生基本信息表
            list.CreateList (&list);
            break;
        case 2:                    //选择“菜单 2”插入学生基本信息
            cout<<"请输入要插入的学生基本信息以及插入的位置!"<<endl;
            list.InputStuInfo(&e);              //输入要插入的学生记录 e
            cout<<"插入的位置: ";                 //首先输入要插入的位置
            cin>>i;
            cout<<endl;
            if (false==list.List Inset(i,e))cout<<"所要插入的位置不正确,
            请确保输入正确, 并重试"<<endl;         //插入输入的学生信息记录 e
            break;
        case 3:                                 //选择“菜单 3”更新学生信息
            bool judge;
            cout<<"请输入要修改的学生 ID:";
            cin>>e.stuID;
            cout<<endl;
            cout<<"输入该学生新信息: "<<endl;
            list.InputStuInfo(&e1);  //输入新的学生信息以取代旧的学生信息
            judge=list.UpdateList (e,e1);      //找到并更新
            if(false==judge)
```

```
                cout<<"未找到匹配的学生信息,请重新确认后再次输入!"<<endl;
                break;
            case 4:                              //选择"菜单 4" 删除学生信息
                int pos;
                cout<<"输入所删除学生的位置,如果删除表头元素请输入大于"0"的值,如果
                删除表尾元素请输入小于"0"的值,如果删除除表头或表尾以外的位置请输入等
                于"0": ";
                cin>>pos;
                cout<<endl;
                if(0==pos){
                    cout<<"输入要删除的学生 ID:";
                    cin>>e.stuID;
                    cout<<endl;
                }
                if(false==list.List Delete(pos,e))cout<<"所删除的基本信息不存
                在,请确保输入正确,并重试! "<<endl;
                break;
            case 5:                              //选择"菜单 5"查询学生信息
                cout<<"输入要查询的学生 ID:";
                cin>>e.stuID ;
                i=list.LocateElem(e );       //定位要查的学生信息 ID
                if(i!=-1)
                list.PrintRecord (i);        //如果找到则输出该位置为 i 的学生基本信息
                else   cout<<"没有要查询的学生记录"<<endl;
                break;
            case 6:                              //选择"菜单 6"显示全部学生基本信息
                cout<<"输出结果为: "<<endl;
                list.OutputList ();
                break;
            case 7:                              //选择"菜单 7" 退出学生信息管理系统
                cout<<"欢迎使用学生信息系统,再见!!"<<endl;
                return;
            }
        }
}
void Menu_show(){
    cout<<"**********************************************"<<endl;
    cout<<"****************学生基本信息管理***************"<<endl;
    cout<<"**************1、生成学生基本信息表*************"<<endl;
    cout<<"**************2、插入学生基本信息  *************"<<endl;
    cout<<"**************3、修改学生基本信息  *************"<<endl;
    cout<<"**************4、删除学生基本信息  *************"<<endl;

    cout<<"**************5、查询学生基本信息  *************"<<endl;
    cout<<"**************6、输出学生基本信息  *************"<<endl;
    cout<<"**************7、退出学生基本信息管理 ***********"<<endl;
    cout<<"**********************************************"<<endl;
    cout<<"温馨提示: 在对学生基本信息表进行其他任何一项操作前请先选择编号"1"来生
    成学生基本信息表!"<<endl;
}
int Menu_Select(){
```

```
    int selectNum;
    cout<<"请输入对学生基本信息表操作的菜单编号: "<<endl;
    for(;;){
        cout<<"操作菜单编号: ";
        cin>>selectNum;
        if(selectNum>7||selectNum<1)
            cout<<"输入菜单有误，请重新进行输入!"<<endl;
        else break;
    }
    return selectNum;
}
```

到目前为止，给出了部分顺序表中较为基础且常用的算法，并通过完整的程序代码进行验证。对于顺序表的其他操作仍有很多，下一小节中将给出其他的两个小例子来说明顺序表操作的多样性和复杂性。

2.2.4 顺序表的其他操作

在顺序表中除了上述针对“学生基本信息管理”介绍的基本操作外，还有一些较为复杂的运算，如将两个或两个以上的线性表合并成一个线性表；或者把一个线性表拆分成两个或者两个以上的线性表；重新复制一个新表等。下面通过两个例子给出算法描述。

【例 2-2】将学生基本信息表 *A* 和学生基本信息表 *B* 合并成一个顺序表，并保存在 *A* 中。

算法描述：依次扫描 *B* 中的元素，若在 *A* 中不存在，则插入到 *A* 的末尾，这里的插入操作，并不需要移动线性表中 *A* 的元素。

【算法 2-12】UnionList。

输入：线性表 *A*、*B*。

输出：合并后的线性表 *A*。

代码如下：

```
void UnionList(CSequential_List_Student &A, CSequential_List_Student &B ){
    int m=B.GetListLength();                              //获得B的长度
    ElemType e;
    for(int i=0;i<m;i++){
        B.GetElem(i,&e);
        int k=A.LocateElem(e);                            //在A中搜索它
        //若未找到,在A的末尾插入该元素
        if(k==-1){A.ListInsert(A.GetListLength()+1,e);}
    }
}
```

注意：在上面代码的 A.ListInsert(A.GetListLength ()+1,e)语句中，为什么设置参数为“A.GetListLength ()+1”而不是“A.GetListLength ()”呢？依据上面对学生基本信息顺序表类定义中 ListInsert (int i,ElemType e)函数对参数 *i* 的定义，可知 *i* 表示的是位置而非索引值。由于要在索引值为 *n*，即所对应的第 *n*+1 的位置上插入元素，因此，此处传递的表示位置的参数应该设置成为 *A* 的表长度加一，即 A.GetListLength ()+1。

上述算法 2-12 的时间复杂度取决于抽象数据类型 CSequential_List_Student 定义中基本操作的执行时间。如果 GetElem 和 ListInsert 这两个操作的执行时间和表长无关，且 LocateElem 的执行时间和表长成正比，则该算法的时间复杂度为 O(GetListLength (A)* GetListLength (B))。

【例 2-3】取得学生基本信息表 A 和学生基本信息表 B 的交集，并将取得的结果保存在 A 中。

算法描述：依次扫描 A 中的元素，若所扫描的元素在 B 中不存在，则从 A 中删除。如果所扫描的元素在 B 中也存在，则在 A 中保留该元素。

【算法 2-13】InterSection。

输入：线性表 A、B。

输出：线性表 A（A、B 的交集）。

代码如下：

```
void InterSection(CSequential_List_Student &A,CSequential_List_Student &B){
    int n=A.GetListLength();                         //获得A的长度
    int i=0;
    ElemType e;
    while(i<n){
        A.GetElem(i,&e);                             //在A中取一元素
        int k=B.LocateElem(e);                       //在B中定位元素e的位置
        //如果e没有出现在B中，则在线性表A中将e删除掉
        if(k==-1)A.ListDelete(0,e);
        i++;
    }
}
```

注意：此算法中的 A. ListDelete (0,e)第一个参数设置为 0，表示要删除的数据元素需要通过查找的方式得到，具体的算法参照上一节算法 2-11 所述。该算法的时间复杂度参考算法 2-12 所述，其复杂度也是 O(GetListLength (A)* GetListLength (B))。

从上面给出的这些算法可以看出，顺序表的操作简单易行，可以进行元素的随机存取。但是，顺序表的缺点之一就是在插入时可能造成线性表的溢出，这要求在设计时必须预先估计一个合适的 Max_length 值，而这个值的估计必须根据实际问题的最大需求来定义，这就给实际的分配工作带来难度。而且采用顺序表的存储方式在进行插入和删除时需要移动大量的数据元素，从而保证逻辑上相邻的元素在物理位置上也必须要相邻这一特点。在下一节中介绍的线性表的链式存储方式则可以弥补采用顺序存储方式给线性表的操作带来的不足。

2.3 学生基本信息管理之单链表实现

由上一节的讨论可以看出，采用顺序存储结构的线性表在进行频繁插入和删除时效率较低，而且对表的数据存储要求连续的存储空间。在实际工作中，如果线性表的长度变化很大，或者对于长度的估计很难把握时，应该采用一种新的存储结构——链式存储结构来实现，这种存储结构的特点是：逻辑上相邻的数据元素不要求其物理存储位置相邻。

单链表的定义及其存储结构在 2.1.3 节中已经给出了详细的介绍，这里不再赘述。本节仍将利用“学生基本信息管理”实例，给出单链表的类定义以及一些较为基础和常用的操作，然后使用这些操作完成“学生基本信息管理”的生成、插入、修改、删除、查询、输出功能。

2.3.1 学生基本信息管理之单链表类定义

在面向对象的程序设计中，链表被设计成一个类。链表类的设计有很多种，本书采用了一种较为简单的类设计方式，即首先使用 struct 定义 LNode 结构体；然后在 CLinkList 类中封装链表的**头指针 head**，指向**头结点**。

通常，在单链表的第一个结点之前增设一个结点，称之为**头结点**。头结点通常不存储任何信息。增设该头结点的目的是为了便于在表头插入和删除结点，从而使得对链表的操作更加便捷。单链表的结点类型 LNode 定义如下：

```
typedef struct LNode{
   ElemType data;                                   //值域
   LNode *next;                                     //指针域
}LNode;
```

这里的 ElemType 可以是任何相应的数据类型，如 int、float 或 char 等，本节中仍规定 ElemType 的类型为 2.2.1 中所定义的学生数据结构体类型。

单链表类定义如下所示：

```
class CLinkList{
private:
   LNode *head;                                     //链表头指针
public:
   CLinkList();                                     //链表构造函数
   virtual ~CLinkList();                            //链表析构函数
   bool IsListEmpty();                              //判断单链表是否为空
   void ClearList();                                //将单链表重置为空表
   void CreateList();                               //建立单链表
   int GetListLength();                             //得到单链表的长度，即结点个数
   LNode* LocateElem(ElemType e);                   //在链表中定位结点 e，并返回结点指针
   LNode* LocateElem(int pos);     //在链表中定位位置为 pos 的结点，并返回结点指针
   void InputStuInfo(ElemType &e);                  //输入结点 e 的信息
   bool ListInsert(ElemType &e,int i);              //将 e 插入到第 i 个位置上
   //查找到 e 的匹配项，并用 e1 更新该项数据信息
   bool UpdateList(const ElemType& e,ElemType e1);
   ElemType* GetElem(int pos);     //获得链表中位置为 pos 的结点，返回该结点指针
   void OutputList();                               //遍历链表并输出所有元素
   bool ListDelete(ElemType e,int pos);             //删除 pos 位置的结点
};
```

注意：在进行 CLinkList 类定义时，同样涉及对串的操作、标准输入输出操作，以及输入输出流格式的控制，因此，仍需要在类定义之前包含的头文件如下：string.h，标准串操作文件；iostream.h，标准流操作头文件；iomanip.h，对输入输出流格式设置的头文件。

提示：单链表是由表头唯一确定，因此单链表可以用头指针的名字来命名。若头指针名字是 head，则把链表称为表 head。

2.3.2 学生基本信息管理之单链表操作实现

本小节将根据上面的单链表类定义，给出类定义中各函数的实现。为了便于初学者理解链表的相关操作，本小节将首先介绍关于链表结点操作的基础知识。熟悉链表操作的读者可以直

接阅读后面的算法描述。

1．结点的动态申请和释放

线性单链表是一种动态存储结构，所占用的存储空间是在程序的执行过程中得到的，当线性链表要增加一个结点时，向系统申请一个存储空间，删除结点时要将空间释放。

定义了链表结点的结构体后，可以使用该结构声明指针变量，方法如下：

```
LNode *p,*s;
```

变量 p、s 被定义为指针类型，但声明该变量后并没有分配内存单元，即此时指针变量还没有指向任何实际结点，因此也没有存储某个实际结点的首地址。

如果要让指针变量 p 或 s 指向某个具体的结点，使用如下语句申请存储空间：

```
p=new LNode;
```

此时系统分配了一个类型为 LNode 结点变量的空间，并将指针变量 p 指向其地址。对新结点的基本操作如图 2-6 所示，其代码如下：

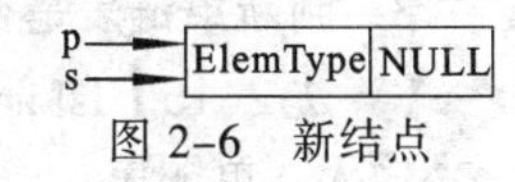

图 2-6　新结点

```
s=p                              //让指针变量 s 指向 p 所指向的结点
s->data=ElemType;                //设置数据域为 ElemType
s->next=NULL;                    //表明无后继，即在指针域中无下一个结点的存储地址
```

释放 p 所指的结点变量空间，所使用的命令是 delete p，这里释放的是数据元素所占的空间，而指针变量 p、s 仍然存在。

了解了链表结点操作的相关知识后，分别给出线性单链表的构造函数和析构函数的实现如下：

```
//构造一个具有头结点的空链表
CLinkList::CLinkList(){
    head=new LNode;
    head->next=NULL;
}
```

构造函数主要完成的工作是建立一个空的线性单链表。对于带头结点的单链表，设定一个头指针指向头结点，并且设置头结点的指针域为空。图 2-7 所示是带头结点的空的单链表。

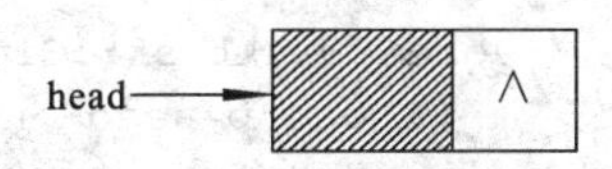

图 2-7　带头结点的空表

```
//析构函数，清空链表
CLinkList::~CLinkList(){
    LNode *p=head->next,*q;      //指针 p 指向单链表头结点的后继结点
    while(p){                    //如果后继结点不为空，则逐一删除所有的后继结点
        q=p->next ;
        delete p;
        p=q;
    }
    delete head;                 //最后删除头结点
}
```

在给出单链表类的构造函数和析构函数之后，本小节将在下面给出线性单链表类所定义的各函数算法。通过这些算法，最终完成“学生基本信息管理”中的各项功能。下面分别给出每种算法的详细代码描述。

2．取得链表的长度

【算法 2-14】GetListLength()，得到单链表的长度，即结点个数。

输入：单链表。

输出：单链表的长度。

代码如下：

```
int CLinkList::GetListLength(){
    LNode*p=head->next ;              //指针p指向头结点的后继结点
    int i=0;
    while(p){                          //p不为空，则计数器累加
        i++;
        p=p->next ;
    }
    return i;
}
```

该算法的主要任务是遍历链表上的 n 个结点的操作，所以其时间复杂度为 $O(n)$。

3. 判断单链表是否为空

【算法 2-15】 IsListEmpty，判断单链表是否为空。

输入：单链表。

输出：是否为空，空为 true，不空为 false。

代码如下：

```
bool CLinkList::IsListEmpty(){
    return GetListLength()==0;        //判断链表长度是否为0
}
```

4. 设置单链表为空表

【算法 2-16】 ClearList，将单链表重置为空表。

输入：单链表。

输出：具有头结点的空链表。

代码如下：

```
void CLinkList::ClearList(){
    LNode*p=head->next,*q;
    //遍历链表上的每个结点，并删除
    while(p) {
        q=p->next;
        delete p;
        p=q;
    }
    head->next=NULL;              //得到带头结点的空链表，所得空表如图2-7所示。
}
```

同算法 2-14，其时间复杂度为 $O(n)$。

5. 建立单链表

该方法是从一个空表开始，重复读入数据，生成新结点，将读入数据存放到新结点的数据域中，然后将新结点插入到当前链表的表头上，直到读入“!”作为结束标志。

【算法 2-17】 CreateList，建立单链表。

输入：一组学生基本信息。

输出：由一组学生基本信息所构建的单链表。

代码如下：

```
void CLinkList::CreateList(){
    LNode *s;
```

```
    ElemType e;
    bool judge;
    judge=IsListEmpty();
    //如果链表不为空,则清除链表,重新建立新链表
    if(false==judge)        ClearList();
    cout<<"当输入学生 ID 为“!”时结束"<<endl;
    cout<<"输入学生 ID:"<<endl;        //输入学生 ID
    cin>>e.stuID;
    cout<<endl;
    //根据输入的学生 ID 判断是否等于结束标志“!”,如果输入为“!”,则结束输入
    while(strcmp(e.stuID ,"!")) {
        cout<<"输入学生姓名"<<endl;
        cin>>e.name;
        cout<<"输入学生年龄"<<endl;
        cin>>e.age;
        cout<<"输入学生生源地"<<endl;
        cin>>e.city;
        cout<<"输入学生手机或固定电话号码"<<endl;
        cin>>e.tel;
        cout<<endl;
        s=new LNode;
        s->data=e;
        s->next=head->next;          //head 为头结点的指针
        head->next=s;
        cout<<"输入学生 ID:"<<endl;
        cin>>e.stuID;
        cout<<endl;
    }
    cout<<"链表建成。"<<endl;
}
```

算法 2-17 是在空链表的基础上生成单链表的过程，即将线性表的数据元素一一输入，不断产生各结点并建立起前后相链的关系。在这个算法中，从表的最后一个数据元素开始输入，然后按顺序逐一输入，最后以输入学生 ID 为“!”作为结束标志。所生成的链表如图 2-8 所示，是带头结点的非空单链表，其中，a_i 的数据类型可以是任意类型。此处 a_i 的数据类型仍定义为学生基本信息的结构体类型，即 ElemType 类型。

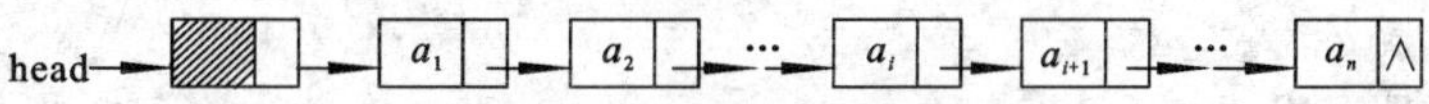

图 2-8 带头结点的单链表

由上述算法可见，建立线性表的链式存储结构的过程是一个动态生成链表的过程，即从“空表”的初始状态起，依次建立各元素结点，并逐个插入链表，其时间复杂度为 $O(n)$。

6．单链表的插入

在讨论链表插入算法之前，首先需要对单链表中插入结点的操作进行了解。插入操作大致分为如下 3 种：

（1）在已知 p 指针所指向的结点后插入一个元素 e，如图 2-9（a）所示。

操作语句为：

```
s->next=p->next;
p->next=s;
```

（2）在 p 指针所指向的结点前插入一个元素 e，如图 2-9（b）所示。

操作语句为：

```
s->next=p;
q->next=s;
```

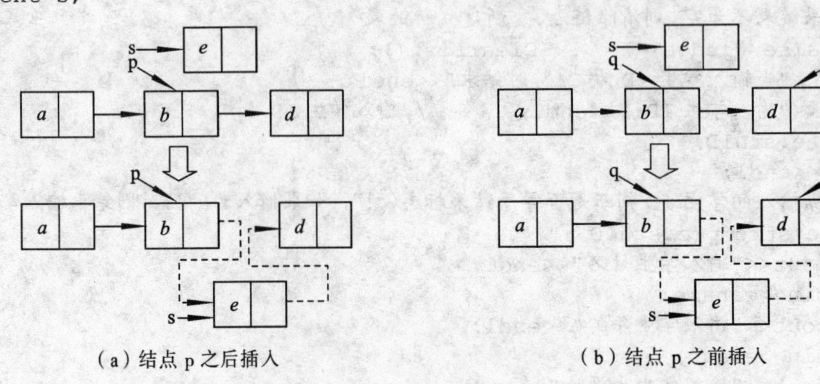

（a）结点 p 之后插入　　（b）结点 p 之前插入

图 2-9　单链表的插入

（3）在线性表中将值为 e 的元素插入到第 i 个位置，此插入方式是单链表中插入的典型算法，下面将给出详细的算法思想及算法具体实现。

算法思想：将 e 插入到 a_{i-1} 与 a_i 之间。

步骤如下：

① 找到 a_{i-1} 存储位置 p。

② 生成一个数据域为 e 的新结点 s。

③ 新结点的指针域指向结点 a_i 的位置。

④ 令结点 p 的指针域指向新结点。插入方式如图 2-10 所示。

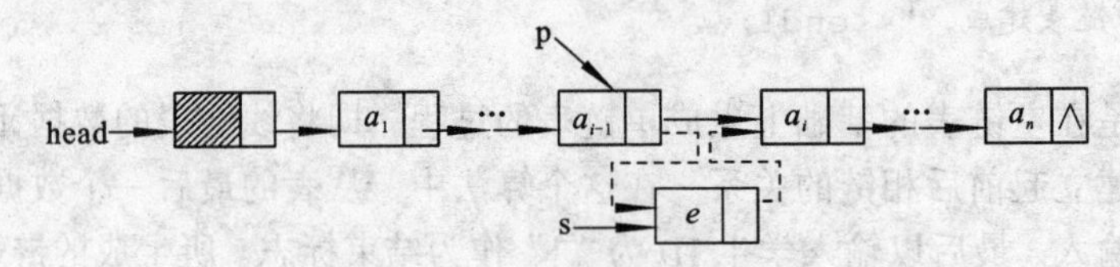

图 2-10　在位置 i 插入结点 e

【算法 2-18】ListInsert，在 i 的位置插入一个数据元素为 e 的结点。

输入：新元素 e。

输出：插入是否成功。

代码如下：

```
bool CLinkList::ListInsert(ElemType &e,int i){
    LNode *s,*p;
    int j=1;
    s=new LNode;                        //建立一个待插入的结点 s
    s->data=e;
    p=head;
    //在单链表中查找第 i 个结点，由 p 指向 i-1 结点的地址
    while(j<i&& p->next!=NULL)  {
        p=p->next;j++;
    }
    if(j==i){                           //若查找成功，则把 s 插入其后，并返回 true
```

```
        s->next=p->next;
        p->next=s;
        return true;
    }
    else return false;              //若查找没成功，返回 false
}
```

7. 单链表的删除

删除操作大致分为如下 3 种：

（1）删除 p 所指向结点的后继结点（假设存在后继），如图 2-11（a）所示。

操作语句为：

```
q=p->next;                  //q 指向结点 b
p->next=q->next;            //p 断开指向 b 结点的指针，转而指向 c 结点
delete q;                   //删除 p 的后继结点 q
```

（2）删除 p 所指向的结点，首先要获得指针 p 的前驱结点指针 q，如图 2-11（b）所示。操作语句为：

```
q->next=p->next
delete p;
```

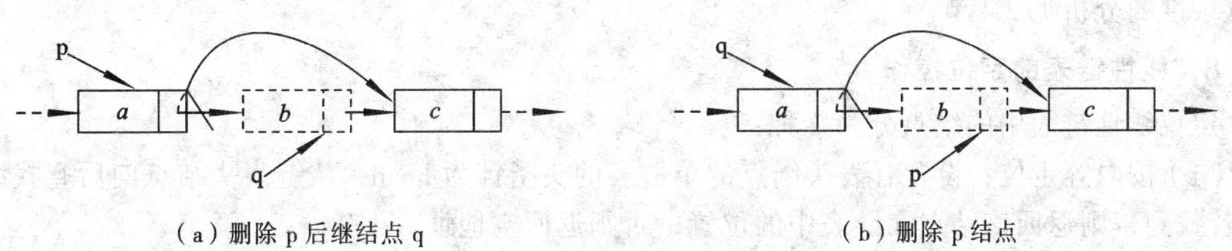

（a）删除 p 后继结点 q　　（b）删除 p 结点

图 2-11　删除单链表结点

（3）删除线性表的第 i 个结点。

删除运算具体步骤：

① 找到 a_{i-1} 的存储位置 q（因为在单链表中结点 a_i 的存储地址是在其直接前驱结点 a_{i-1} 的指针域 next 中）。

② 令 q->next 指向 a_i 的直接后继结点。

③ 释放结点 a_i 的空间，将其归还给系统。

删除线性表中的第 i 个结点，如图 2-12 所示。

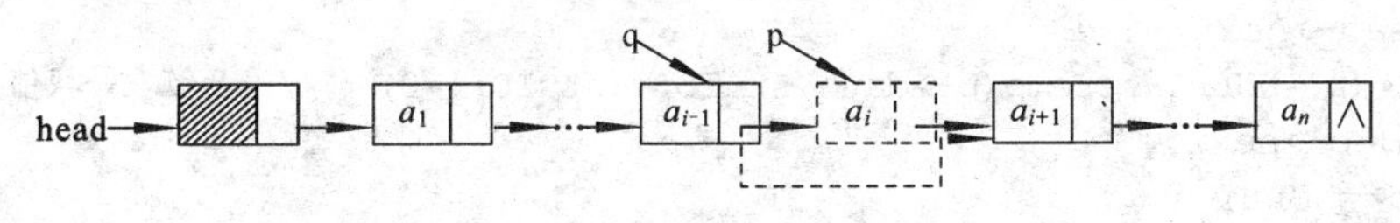

图 2-12　删除第 i 个结点 a_i

【算法 2-19】ListDelete，删除线性表的第 i 个结点。

输入：单链表 head。

输出：被删除的结点。

代码如下：

```
bool CLinkList::ListDelete(ElemType e,int i){
    LNode *p,*q;
    int j=1;
```

```
    q=head;p=q->next;
    if(p==NULL)  cout<<"\n 此链表为空链表!"<<endl;  //如果单链表为空，则下溢处理
    //依次扫描链表并计数，直至找到第 i 个结点
    while((j<i)&&(p->next!=NULL))
    {q=p;p=p->next;j++;}
    //若存在第 i 结点，则进行删除处理
    if(p!=NULL){
        e=p->data;
        q->next=p->next;
        delete p;
        return true;
    }
    return false;
}
```

算法 2-18 和算法 2-19 的时间复杂度是 $O(n)$。对于链式存储结构而言，为了在第 i 结点之前插入一个新结点或者删除第 i 个结点，都要先找到第 i–1 个结点。可以看出移动指针是影响算法时间复杂度的主要因素，因此，单链表的插入和删除算法的时间复杂度就是 $O(n)$，算法时间复杂度的分析见 2.4 节。

8. 线性链表的定位操作

定位线性链表中的结点分为 2 种：

（1）按内容定位：设含有表头结点的单链表的头指针为 head，从链表头结点向后查找结点 e，若找到，则返回该结点在链表中的位置，否则返回空地址。

（2）按序号定位：设含有表头结点的单链表的头指针为 head，从链表头结点向后查找并且从 1 开始计数，若计数等于 i 时，则返回该位置的值，否则返回错误提示信息。

按内容查找如算法 2-20（a）所示。

【算法 2-20（a）】 LocateElem，按内容定位结点。

输入：要定位的结点 e。

输出：结点 e 的地址。

代码如下：

```
LNode* CLinkList::LocateElem(ElemType e){
    LNode *p;
    p=head->next;
    while(p!=NULL&&strcmp(p->data.stuID,e.stuID)!=0)   //遍历链表寻找值为 e 的结点
        p=p->next;
    if(p==NULL) {
        cout<<"\n 单链表中不存在该元素"<<endl;
        return NULL;
    }
    return p;
}
```

按序号进行定位的如算法 2-20（b）所示。

【算法 2-20（b）】 LocateElem，根据序号定位结点。

输入：要查找的序号 i。

输出：第 i 结点的指针。

代码如下：

```
LNode* CLinkList::LocateElem(int i){
    LNode *p;
    int j=1;
    p=head;
    //判断 i 输入的合理性
    if(i<1||i>GetListLength()){
        cout<<"单链表中不存在该元素"<<endl;
        return NULL;
    }
    //一次遍历线性链表直到 j 的值等于 i 或者 p 的下一个结点为空结束
    while(j<i&&p->next!=NULL){
        p=p->next;
        j++;
    }
    if(j==i)     return p->next;     //返回指针 p 指向的下一个结点地址
}
```

这两个算法时间仍消耗在遍历链表过程中，因此时间复杂度为 $O(n)$。

9. 输入结点的信息

【算法 2-21】 InputStuInfo，输入学生基本信息 *e*。

输入：输入结点 *e* 的各个数据成员。

输出：无。

代码如下：

```
void CLinkList::InputStuInfo(ElemType &e){
    cout<<"输入学生 ID:"<<endl;
    cin>>e.stuID;
    cout<<"输入学生姓名"<<endl;
    cin>>e.name;
    cout<<"输入学生年龄"<<endl;
    cin>>e.age;
    cout<<"输入学生生源地"<<endl;
    cin>>e.city;
    cout<<"输入学生手机或固定电话号码"<<endl;
    cin>>e.tel;
    cout<<endl;
}
```

10. 更新数据信息

【算法 2-22】 UpdateList，查找到 *e* 的匹配项，并用 *e*1 更新该项数据信息。

输入：输入 *e*1。

输出：更新是否成功。

代码如下：

```
bool CLinkList::UpdateList(const ElemType &e, ElemType e1){
    LNode*p=head->next ;
//如果 p 不为 NULL，则查找到和 e 的学生 ID 相等的链表结点，并用新的 e1 来替换该结点
    while(p){
        if(strcmp(p->data.stuID,e.stuID)==0){
```

```
            p->data=e1;
            return true;            //替换成功返回 true
        }
        p=p->next ;                 //学生 ID 不等，则继续对比下一结点
    }
    return false;                   //替换失败，返回 false
}
```

11. 在链表中取得数据元素

【算法 2-23】GetElem，获得链表中位置为 pos 的结点，返回该结点指针。

输入：单链表 head。

输出：取得位置为 pos 结点位置。

代码如下：

```
ElemType* CLinkList::GetElem(int pos){
    LNode *p;
    p=LocateElem(pos);              //使用 LocateElem()函数查找第 i 个结点的地址
    if(p==NULL){
        return NULL ;               //查找不成功返回空
    }
    else  return &(p->data);        //找到 pos 位置的结点，返回该结点的数据域地址
}
```

算法 2-23 的时间复杂度取决于查找的时间，因此该算法的时间复杂度也为 $O(n)$。

2.3.3 学生基本信息管理之单链表的主程序的实现

这一节将完成学生基本信息管理之单链表实现的主函数来验证单链表类中所设计的各个算法功能的正确性。下面通过对菜单的选择完成对学生基本信息系统的生成、插入、修改、删除、查询、输出功能。具体代码如下：

```
#include "LinkList.h"
int Menu_Select();                          //同 2.2.3 的代码相同
void Menu_show();                           //同 2.2.3 的代码相同
void main(){
    CLinkList  list;
    ElemType e,e1;
    LNode* p;
    Menu_show();
    while(1){                               //循环完成对菜单的选择
        switch (Menu_Select()){
            case 1:                         //生成学生基本信息单链表
                list.CreateList();          //创建单链表
                break;
            case 2:                         //插入学生基本信息到指定位置
                int i;
                bool judge;
                cout<<"插入的位置: ";
                cin>>i;
                cout<<endl;
                if(i<1||i>(list.GetListLength()+1))     //判断插入的位置 i 的合法性
                    cout<<"插入位置不合法！"<<endl;
```

```
        //如果插入位置合法则在指定的位置 i 处插入新的学生信息
        else{
            cout<<"请输入要插入的学生基本信息以及插入的位置!"<<endl;
            list.InputStuInfo(e);           //输入要插入的学生信息 e
            judge=list.ListInsert(e,i);     //插入到单链表中
            //判断插入是否成功
            if(false==judge)   cout<<"插入时出错位置!"<<endl;
            else  cout<<"插入学生新信息成功"<<endl;
        }
        break;
    case 3:                                 //更新学生信息
        cout<<"请输入要修改的学生 ID:";
        cin>>e.stuID;
        cout<<endl;
        p=list.LocateElem(e);     //根据学生 ID 定位到要被修改的学生信息 e
        //如果定位成功,则输入新的信息以替换旧的学生信息
        if(p){
            cout<<"输入该学生新信息: "<<endl;
            list.InputStuInfo(e1);          //新信息的输入
            list.UpdateList (e,e1);         //更新信息
            cout<<"修改信息成功!"<<endl;
        }
        break;
    case 4:                                 //删除学生信息
        int pos;
        cout<<"删除的位置: ";
        cin>>pos;
        cout<<endl;
        if(pos<1||pos>list.GetListLength()) cout<<"删除位置不合法!"<<endl;
        else {
            list.ListDelete(e,pos);
            cout<<"删除学生信息成功!"<<endl;
        }
        break;
    case 5:                                 //查询学生信息
        cout<<"输入要查询的学生 ID:";
        cin>>e.stuID ;
        p=list.LocateElem(e);               //定位要查询的学生信息 e
        if(p!=NULL)
                cout<<p->data.stuID<<setw(15)<<p->data.name<<setw(15)
                <<p->data.age<<setw(15)<<p->data.city<<setw(15)
                <<p->data.tel <<endl;
        else  cout<<"没有要查询的学生记录"<<endl;
        break;
    case 6:                                 //逐一输出学生基本信息
        cout<<"输出结果为: "<<endl;
```

```
                list.OutputList();
                break;
            case 7:
                cout<<"欢迎使用学生信息系统,再见!!"<<endl;
                return;
        }
    }
}
```

到目前为止，通过单链表完成了对“学生基本信息管理”的最基本操作。事实上，对单链表的操作除了以上所描述的这些基本操作外，还有很多复杂、多样的其他操作，但是大部分的复杂操作都是可以通过以上所述的基本操作来完成。为了让读者对单链表有更深一步的了解，下面给出单链表的几种相对复杂的操作举例，对于其他的一些操作，需要读者根据所设计程序的需求自己进行设计、实现。

2.3.4 单链表的其他操作

这一小节给出了3个具有代表性的操作：链表的冒泡排序；有序链表的合并；链表的逆置。为了操作简单，同时也能说明问题，这里设置ElemType为整型，定义如下：

```
typedef int ElemType;
```

1. 链表的冒泡排序

本算法采用“冒泡法”对单链表的数据元素进行排序。本算法利用指向表尾结点的指针 p 作为结束标记，利用end表示每次遍历的结束标记。如果元素需要交换位置，则仅需交换两个结点的数据元素即可。

链式存储的线性表非递减的排序如算法2-24所示。

【算法2-24】 sortList，将原来无序的线性表排序为非递减线性表，使用“冒泡法”。

输入：单链表head。

输出：按非递减有序的单链表head。

代码如下：

```
void LinkList::sortList(){
    ListNode *p,*end,*s,*temp;
    if(head->next==NULL)  return;
    p=head->next;                              //p指向第一个结点
    while(p->next!=NULL)  p=p->next;           //p为表尾结点，作为结束标记
    end=p;                                     //end为每次遍历处理范围的结束标记
    for(s=head->next;s!=p;s=s->next){
        //此处循环的意义在于控制循环为n-1次
        for(q=head->next;q!=end;temp=q,q=q->next;)
        //使用"冒泡法"进行排序
        if((q->data)>(q->next->data))          //相邻的两结点比较，如需要则交换位置
        {t=q->data;q->data=q->next->data;q->next->data=t;}
        end=temp;
    }
}
```

该算法的主要操作和影响算法效率的步骤是使用冒泡法进行比较。执行此算法时，假定线性表的长度为 n，则通过两层循环比较元素并且完成元素交换操作的数量级为 n^2，故此算法的

时间复杂度为 $O(n^2)$。

2. 有序链表的合并

将递增有序的单链表 LB 合并到当前递增有序的单链表中，这里假设当前递增有序单链表为 LA，并保证合并后的当前链表 LA 仍递增有序。有序链表的合并过程是通过将 LA 和 LB 中的元素进行比较，选择元素从小到大依次插入到当前单链表 LA 中。如果当前单链表 LA 的元素遍历完成后，将 LB 单链表的剩余元素直接插入即可；如果单链表 LB 的元素遍历完成后，合并结束。

链式存储的有序线性表的合并如算法 2-25 所示。

【算法 2-25】 mergeList，将 LB 的元素结点合并到当前链表中。

输入：单链表 LB。

输出：合并后递增有序的单链表 LA。

代码如下：

```
void LinkList::mergeList(LinkList LB){
    ListNode *p,*q,*r,*s;
    p=head;r=p->next;q=LB.head->next;s=q->next;
    while(r&&q){                          //通过比较选择插入元素
        if(r->data<=q->data){p=r;r=r->next;}
        else{q->next=p->next;p->next=q;p=q;q=s;s=s->next;}
    }
    if(r==NULL) p->next=q;                //将比较完后的剩余元素插入
}
```

该算法的主要操作和影响算法效率的步骤同顺序表中有序表的合并类似，为依次比较两个线性表的元素，选择符合条件的元素进行插入，然后插入剩余元素。假定两个线性表的长度分别为 n 和 m，则此算法的时间复杂度为 $O(n+m)$。

3. 链表的逆置

实现将单链表的线性表$(a_1,a_2,\cdots,a_n)$就地逆置的操作，具体操作如下：

（1）当链表为空表或只有一个结点时，该链表的逆置链表与原表相同。

（2）当链表含 2 个及以上结点时，可将该链表处理成：包含该单链表头结点的空表和一个包含该链表剩余结点且无头结点的单链表。然后，将该无头结点链表中的所有结点顺着链表指针，由前往后将每个结点依次从无头结点链表中摘下，作为第一个结点插入到带头结点链表中。这样就可以得到逆置的链表。

单链表的逆置如算法 2-26 所示。

【算法 2-26】 reverseList，单链表逆置。

输入：单链表 L。

输出：逆置后的单链表。

代码如下：

```
void LinkList:: ReverseList(){
    //将head所指的带头结点的单链表逆置
    ListNode *h,*p,*q;                    //设置三个临时指针变量
    h=head;
    p=h->next;
    //当链表不是空表或单结点时
    if(p!=NULL&&p->next!=NULL){
        h->next=NULL;                     //将开始结点变成终端结点
```

```
        while(p!=NULL){
            q=p->next;p->next=h->next;h->next=p;p=q;
        }
    }
}
```

综上所述，采用单链表结构表示的线性表进行插入、删除时，不必大量移动数据元素，效率较高。由于链表采用的是动态存储结构，因此不需要预先定义大小，根据需要可动态申请或者释放结点。但链表不适合对结点的直接（随机）存取操作，所有的存取操作都需要从链表的头结点处开始循环向后查找。

除了单链表这种常用的存储方式外，事实上，还存在循环链表和双向链表以及静态链表这些链式存储方式。这些存储结构在下面分别做详细介绍。

2.4 算法分析

本小节将对上面所讲述的线性表的两种基本存储结构顺序表和单链表的算法时间复杂度进行分析。事实上，对于线性表来讲，其时间复杂度分析相对简单，主要集中在对线性表的定位、插入以及删除算法进行分析，而其他算法的时间复杂度都可以在了解以上 3 种算法时间复杂度的基础上进行推导。下面将分别对顺序表和单链表的时间复杂度进行分析。

1. 顺序表部分算法时间复杂度分析

（1）定位元素在表中位置算法的时间复杂度。算法 2-4 给出了找到元素在顺序表中的位置的算法。查找元素在表中位置的代价用数据比较次数来衡量。在查找成功的情形下，顺序查找的数据比较次数可进行如下分析：若查找元素是表中第 0 号表项所指元素，数据比较次数为 1，这是最好的情况；若要查找元素是表中最后的 $n-1$ 号表项所指元素，数据比较次数为 n（设表的长度为 n），这是最坏的情况。查找第 i 号表项的数据比较次数为 $i+1$，则查找的平均数据比较次数（average comparing number，ACN）为

$$\begin{aligned}\text{ACN} &= \sum_{i=0}^{n-1} p_i \times c_i = \frac{1}{n}\sum_{i=0}^{n-1} i+1 = \frac{1}{n}(1+2+\cdots+n) \\ &= \frac{1}{n}\times\frac{(1+n)\times n}{2} = \frac{1+n}{2}\end{aligned}$$

其中：p_i 表示各个表项的查找概率；c_i 是找到该表项时的数据比较次数。若搜索不成功，则数据需比较 n 次。由此可见，要找到元素在顺序表中的位置其时间复杂度应为 $O(n)$。

（2）插入算法时间复杂度分析。算法 2-10 给出了顺序表的插入和删除算法，其时间复杂度分析如下：

问题的规模：

① 表的长度 length（设值为 n）是问题的规模。

② 移动结点的次数由表长 n 和插入位置 i 决定。算法的时间主要花费在 for 循环中的结点后移语句上。该语句的执行次数是 $n-i+1$。

当 $i=n+1$ 时，移动结点次数为 0，即算法在最好时间复杂度是 $O(1)$。

当 $i=1$ 时，移动结点次数为 n，即算法在最坏情况下时间复杂度是 $O(n)$。

③ 移动结点的平均次数 $E_{is}(n)$

$$E_{is}(n)=\sum_{i=1}^{n+1}p_i(n-i+1)$$

其中：在表中第 i 个位置插入一个结点的移动次数为 $n-i+1$；p_i 表示在表中第 i 个位置上插入一个结点的概率。不失一般性，假设在表中任何合法位置（$1\leqslant i\leqslant n+1$）上的插入结点的机会是均等的，则 $p_1=p_2=\cdots=p_{n+1}=1/(n+1)$。

因此，在等概率插入的情况下

$$E_{is}(n)=\sum_{i=1}^{n+1}p_i(n-i+1)=\frac{1}{n+1}\sum_{i=1}^{n+1}(n-i+1)=\frac{n}{2}$$

顺序表上进行插入运算，平均要移动表中约一半的结点，因此平均时间复杂度是 O(n)。

（3）删除算法时间复杂度分析。算法 2-11 给出了顺序表中删除结点的操作，该算法时间复杂度分析如下：

① 结点的移动次数由表长 n 和位置 i 决定：

$i=n$ 时，结点的移动次数为 0，即为 $O(1)$。

$i=1$ 时，结点的移动次数为 $n-1$，算法时间复杂度为 $O(n)$。

② 移动结点的平均次数 $E_{dl}(n)$

$$E_{dl}(n)=\sum_{i=1}^{n}p_i(n-i)$$

其中：删除表中第 i 个位置结点的移动次数为 $n-i$；p_i 表示删除表中第 i 个位置上结点的概率。不失一般性，假设在表中任何合法位置（$1\leqslant i\leqslant n$）上删除结点的机会是均等的，则 $p_1=p_2=\cdots=p_n=1/n$。

因此，在等概率删除的情况下

$$E_{dl}=\frac{1}{n}\sum_{i=1}^{n}(n-i)=\frac{n-1}{2}$$

顺序表上进行删除运算，平均要移动表中约一半的结点，因此平均时间复杂度是 $O(n)$。

2．单链表部分算法时间复杂度分析

（1）单链表的插入和删除操作算法时间复杂度分析。算法 2-18 和算法 2-19 分别给出了单链表的插入和删除算法，下面对这两种算法复杂度进行分析：

假设单链表的表长是 n，并且在单链表中任何位置进行插入和删除的概率相等时，在单链表中插入一个数据元素时比较数据元素的平均次数为

$$E_{is}=\sum_{0}^{n}p_i(n-i)=\frac{1}{n+1}\sum_{0}^{n}n-i=\frac{n}{2}$$

删除单链表的一个数据元素时比较数据元素的平均次数为

$$E_{dl}=\sum_{0}^{n-1}q_i(n-i)=\frac{1}{n}\sum_{0}^{n-1}n-i=\frac{n-1}{2}$$

因此，单链表的插入和删除操作的时间复杂度为 $O(n)$。

（2）线性链表定位算法时间复杂度。算法 2-20 给出了两种定位算法：按内容定位和按序号定位。这两种定位算法所消耗的时间仍是比较数据元素所耗费的时间，依据上面对插入和删除算法时间复杂度分析可知，定位算法的时间复杂度仍为 $O(n)$（表长仍假设为 n）。

上面给出了顺序表和单链表中定位、插入以及算法时间复杂度的分析，对于顺序表和单链

表中其他算法的时间复杂度都可以依据以上的分析方式得出结论，这里不再一一赘述。

2.5 循环链表和双向链表

2.3 节中详细介绍了单链表的类定义，并通过该类定义的相关操作完成了“学生基本信息管理”实例的一些简单、基本的功能。如上所述，除线性单链表的存储方式外，还有另外两种链式存储方式，即循环链表和双向链表的存储方式。在这一节中将介绍这两种链表及其基本操作。

2.5.1 循环链表

循环链表（circular linked list）是一种头尾相接的链表。其特点是无须增加存储量，仅对表的链接方式稍作改变，即可使得表处理更加方便灵活。

循环单链表：在单链表中，将终端结点的指针域 NULL 改为指向表头结点，就得到了单链形式的循环链表，简称为循环单链表。

对于循环单链表来说，只要知道表内任意一个结点的地址，通过它都可访问表内其余所有结点。虽然在循环链表中没有一个结点的指针域能够标志某类操作对表中所有结点是否执行完毕，但从循环链表具有的对称性来看，可以指定其中任何一个结点，从其出发依次对每个结点进行操作，当再次回到这个结点时就应停止操作。为了使空表和非空表的处理一致，循环链表中也可设置一个头结点。这样，空循环链表仅有一个自成循环的头结点表示。判断空链表的条件是 head==head->next。图 2-13 所示是循环单链表。

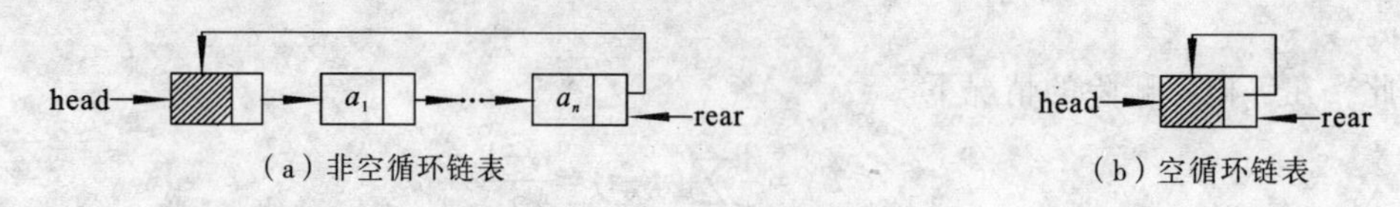

图 2-13　带头结点的循环链表

类似地，在循环链表中引入尾指针，可使某些操作简化。例如，在将两个线性表合并成一个表的例子中，若指定了尾指针，则仅需将一个线性表的表尾和另一个表的表头相接即可。如图 2-14 所示，将 CB 链表接在 CA 链表之后，生成一个新的循环链表 CA。

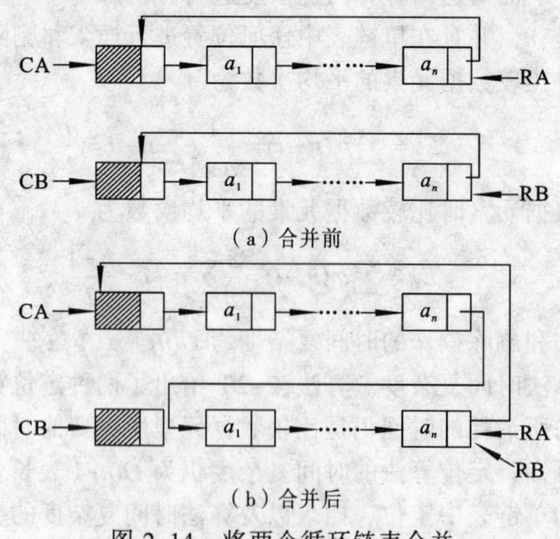

图 2-14　将两个循环链表合并

合并语句如下：

```
RA->next=CB->next;          //将CB链表的尾指针指向CA链表的第一个结点
RB->next=CA;
delete CB;
RA=RB;
```

链表的合并操作很简单，从上面的操作可以看出运算时间为 $O(1)$，合并后的表如图 2-14（b）所示。循环链表的操作和线性单链表的操作基本一致，差别仅在于算法中的循环条件改为 p 或 p->next 是否等于头指针。关于循环链表各种操作实现的算法在此不一一列举。

2.5.2 双向链表

单向链表的每一个结点只有一个指向其后继结点的指针域，此时对每一个结点可以方便地查找到其后继结点，但要操作它的前驱结点，则必须从头结点开始依次搜索一遍。若某一个线性表的操作常常涉及某一结点的前驱结点，则可以利用双向链表。

双向链表（double linked list）的每一个结点由本身的数据元素信息（data）、指向前驱结点的指针域（prior）和指向后继结点的指针域（next）3 部分组成，如图 2-15（a）所示。

在双向链表中的某个结点，可以直接找到它的前驱和后继结点，这对于链表的遍历提供很大的便利。事实上，双向链表是单链表的改进。双向链表如图 2-15（b）所示，为一个只有头结点的空表，图 2-15（c）是非空双向循环链表。从图中可以看出，链表中有两个环。

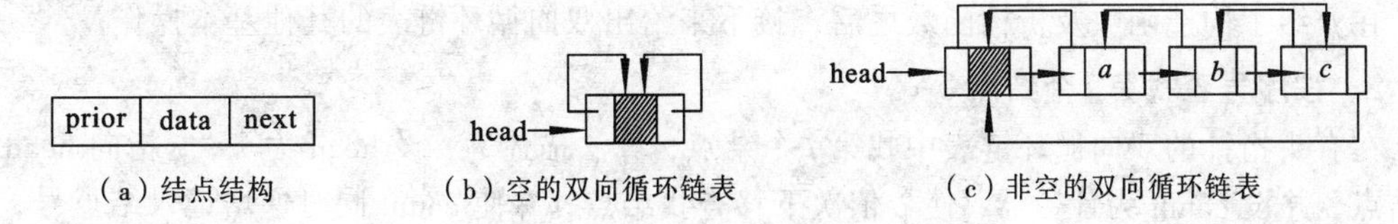

（a）结点结构 （b）空的双向循环链表 （c）非空的双向循环链表

图 2-15 双向循环链表示例

双向链表的形式描述如下：

```
typedef char ElemType;                      //双向链表结点结构体
Typedef struct DbLNode{
    ElemType data;
    struct DbLNode *prior;
    struct DbLNode *next;
} ;
DbLNode  *DbLinkNode;                       //指针类型，故访问它的成员用“->”
```

2.5.3 双向链表的类定义

1. 双向链表类定义

```
class DbLinkList{
private:
    DbLNode *head;                          //链表头指针
public:
    DbLinkList();                           //链表构造函数
    ~ DbLinkList();                         //析构函数，清空链表
    DbLNode* GetElem_DbL(int i);            //获得双向链表中第 i 个位置的元素指针
    int  Length_DbL();                      //求双向链表的长度
```

```
    void  Insert_DbL (int i,char x);           //在双向链表中插入结点
    void  DeleteList_DbL(int i);               //在双向链表中删除结点
    void  CreateLinklist_ DbL (int n);         //创建一个双向链表
  }
```

双向链表的构造函数，生成一个具有头结点的空的双向循环链表，其算法如下：

```
DbLinkList::DbLinkList(){
    head=new DbLNode;                          //生成一个新的双向链表结点
    head->next=head;                           //右指针指向头结点
    head->prior=head;                          //左指针指向头结点
}
```

下面是双向链表的析构函数，完成双向循环链表对存储空间的释放，其算法如下：

```
DbLinkList::~ DbLinkList(){
    DbLNode *p,*q;
    p=head->next;                              //p 指向第一个结点
    while(p!=head){          //当不为空表时，遍历链表上的每个结点，并删除
        q=p;
        p=p->next;
        delete q;
    }
    delete head;                               //空表，删除头结点
cout<<"置链表为空成功。"<<endl;
}
```

在介绍了构造函数及析构函数之后，接下来给出双向循环链表的其他基本操作。

2. 按序号查找第 *i* 个结点

在有头指针的双向循环链表中找第 *i* 个结点，算法描述为：设 head 为头，p 指向 head 的后继结点，并设 count 为计数器，使 p 依次下移查找结点，并使 count 同时递增记录结点号，如找到则返回结点地址，否则返回值为 NULL。如算法 2-27 所示。

【算法 2-27】 GetElem_DbL，在双向循环链式存储的线性表中查找元素。

输入：双向循环链表。

输出：第 *i* 结点地址。

代码如下：

```
DbLNode* DbLinkList::GetElem_DbL(int i){
    DbLNode *p;
    int count;
    p=head->next;
    count=1;
    while(p!=head&&count<i-1){
    //当双向链表不为空表并且当前位置小于 i-1 位置时遍历该链表
        p=p->next;
        count++;
    }
    if(p==head||count<=i-1){
        //如果参数 i 越界，则返回空指针
        cout<<"要查找的元素不在链表中!"<<endl;
        return NULL;
    }
    else return p->next;               //返回第 i 个结点的指针
}
```

该算法的主要操作和影响算法效率的步骤为通过顺序访问的方式查找到第 *i* 个元素的位置。进行顺序访问元素的平均次数的数量级为 *n*，故此算法的时间复杂度为 $O(n)$。

3．求双向链表的长度

【算法 2-28】 Length_DbL，获得双向循环链表的长度。

输入：双向循环链表。

输出：链表的长度。

代码如下：

```
int DbLinkList::Length_DbL(){
//求双向链表的长度
   DbLNode *p;
   int count;
   p=head->next;
   count=0;
   while(p!=head){
      p=p->next;
      count++;
   }
   return count;
}
```

该算法的主要操作和影响算法效率为依次遍历双向链表各个结点并计数，因此进行顺序访问元素的次数的数量级为 *n*，故此算法的时间复杂度为 $O(n)$。

4．双向链表中插入结点

与单链表的插入和删除操作不同的是，在双链表中插入和删除必须同时修改前驱和后继指针。双向链表的插入操作如图 2-16 所示。其算法如算法 2-29 所示，在第 *i* 个位置插入元素值为 *x* 的结点。

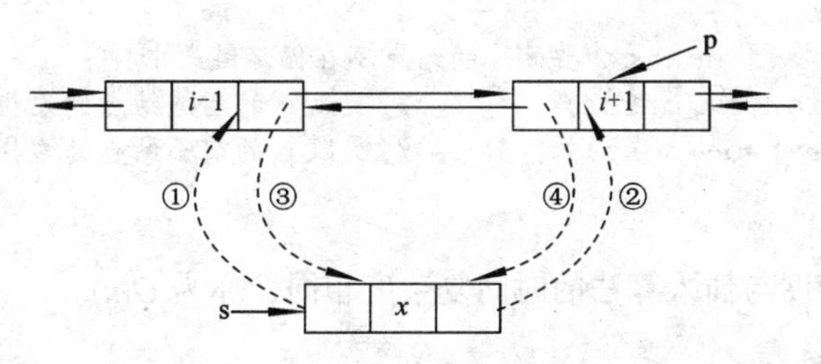

图 2-16　双向链表中插入结点

【算法 2-29】 Insert_DbL，在第 *i* 个位置插入元素值为 *x* 的结点。

输入：双向循环链表。

输出：插入新结点后的链表。

代码如下：

```
void DbLinkList::Insert_DbL (int i,char x){
   DbLNode *p;
   DbLNode *s;
   p=GetElem_DbL(i);              //取得第 i 个结点的指针
   if(p==NULL)      cout<<"元素所选择的插入位置越界！";
   s=new DbLNode;                 //新建结点 s，值为 x
   s->data=x;
```

```
    s->prior=p->prior;              //s 结点的左指针指向 p 结点的前驱
    s->next=p;                      //s 结点的右指针指向 p 结点
    p->prior->next=s;               //p 结点的前驱结点的右指针指向 s 结点
    p->prior=s;                     //p 结点的前驱指向 s 结点
}
```

该算法的主要操作和影响算法效率的主要因素与在单链表中查找满足条件的元素算法相类似，进行顺序访问元素的平均次数的数量级为 n，故算法的时间复杂度为 $O(n)$。

5. 双向链表中删除结点

删除双向链表中的一个结点，删除过程分两步：第一步先把当前结点从链表中分离出来，修改前驱结点的后继指针和后继结点的前驱指针；第二步释放当前结点，如图 2-17 所示。

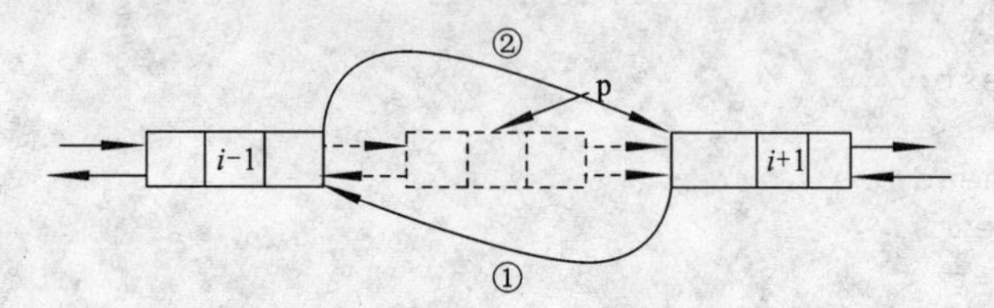

图 2-17　双向循环链表中删除结点

删除双向循环链表中的一个结点如算法 2-30 所示。

【算法 2-30】 DeleteList_DbL，删除双向循环链表的一个结点。

输入：双向循环链表。

输出：删除结点后的新链表。

代码如下：

```
void DbLinkList:: DeleteList_DbL(int i){
    DbLNode *p;
    p=GetElem_DbL(i);
    if(p==NULL)      cout<<"要删除的结点不在循环链表中!";
    p->next->prior=p->prior;        //更改 p 的后继结点的左指针指向 p 的前驱结点
    p->prior->next=p->next;         //更改 p 的前驱结点的右指针指向 p 的后继结点
    delete p;
}
```

该算法的时间复杂度与插入算法的时间复杂度相同，亦为 $O(n)$。

6. 建立双向循环链表

以上算法介绍了关于双向循环链表的基本操作，那么，如何创建一个双向循环链表呢？实际上，创建双向循环链表的过程就是在表的尾端不断接上元素的过程。算法 2-31 给出了建立双向循环链表的过程代码。

【算法 2-31】 CreateLinklist_ DbL，创建双向循环链表。

输入：输入一系列元素。

输出：创建新链表。

代码如下：

```
void DbLinkList::CreateLinklist_DbL(int n){
    DbLNode *p;
    DbLNode *s;
    p=head;
    int i;
```

```
    for(i=0;i<n;i++){
    //逐一输入 n 个结点插入到双向循环链表中
        s=new DbLNode;
        cin>>s->data;          //逐一输入元素
        s->next=head;
        s->prior=p;
        p->next=s;
        head->prior=s;
        p=s;
    }
}
```

该算法的主要操作和影响算法效率为依次插入 n 个结点，并修改各个结点的前驱和后继指针，因此进行插入各个结点的数量级为 n，故此算法的时间复杂度为 $O(n)$。

2.6 静 态 链 表

上面讲述了如何采用链式存储方式来描述线性表的操作，但也有某些高级程序设计语言不能设指针类型，也就是说无法使用这种链表结构。在这种情况下，也可以使用一维数组来描述线性链表。

1. 静态链表的类型说明

其类型说明如下所示：

```
//线性链表的静态单链表存储结构
typedef  int  ElemType;
const int MAXSIZE=100;                  //静态链表的最大长度
typedef struct {
    ElemType data;                      //结点数据
    int  cur;                           //游标，代替指针指示结点在数组中的位置
} SListNode [MAXSIZE];
```

使用这种描述方法的目的是为了在不能设指针类型的高级程序设计语言中使用链表结构。在静态链表中，数组的一个分量表示一个结点，使用游标 cur 代替指针指示结点在数组中的相对位置。数组的第零个分量作为头结点，其指针域指示链表的第一个结点。

假设 p 为 SListNode 型变量，则 p[0].cur 指示第一个结点在数组中的位置。若设 i 为静态链表中某个结点的位置，则 p[i].data 为该位置所存储的数据元素，且 p[i].cur 指示的是第 i+1 个结点的位置。因此，在静态链表中实现线性表的操作和动态链表相似，以整型游标 cur 代替动态指针。

2. 静态链表类的定义

```
class SLinkList{
private:
    SListNode dNode;
    int newptr;                         //当前可分配空间首地址
public:
    void InitList();                    //静态链表初始化
    int AppendList(ElemType x);         //追加一个新结点
    int LocateElem(int i)               //定位 i 位置结点
    int GetElem(int i);                 //在静态链表中查找第 i 个结点
    int ListInsert(int i,ElemType x)    //在 i 位置处插入新数据元素
```

```
    int Remove(int i)                         //释放第 i 个结点
};
```

3．类成员函数的实现

【算法 2-32】InitList，静态链表初始化。

输入：空。

输出：初始化了一个空的静态链表空间。

代码如下：

```
void SLinkList::InitList(){
    dNode[0].cur=-1;
    newptr=1;                  //当前可分配空间从 1 开始建立带表头结点的空链表
    for(int i=1;i<MAXSIZE-1;i++)
        dNode[i].cur=i+1;                     //构成空闲链接表
    dNode[MAXSIZE-1].cur=-1;                  //链表收尾
}
```

静态链表中需要解决的是：如何用静态链表模拟动态链表结构的存储空间的分配，需要时申请，无用时释放。为了辨明数组中哪些分量未被使用，SlinkList 类中设置了 newptr 作为静态链表的空闲链的头指针，如图 2-18（b）所示。

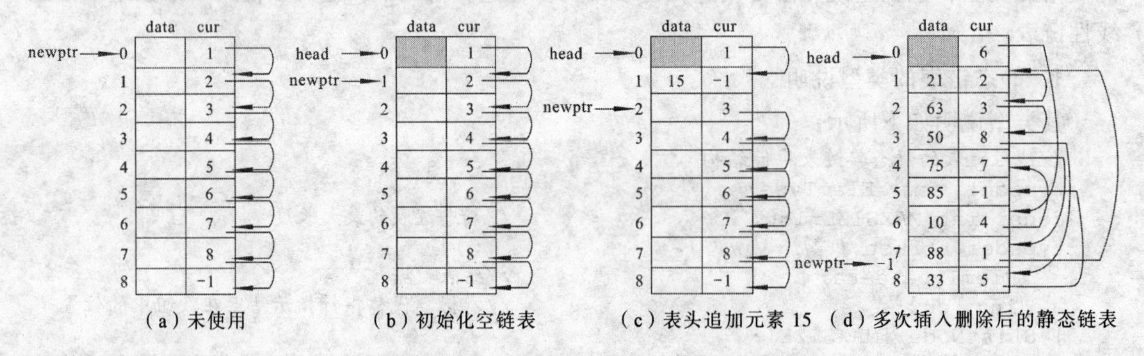

（a）未使用　（b）初始化空链表　（c）表头追加元素 15　（d）多次插入删除后的静态链表

图 2-18　静态链表的插入和删除示例

静态链表解决分量的分配及回收的方法是将所有未被使用过的及已被删除的分量用游标链成一个备用链表，插入时，可以从备用链表上取得第一个结点作为待插入的新结点；反之，在删除时将从链表中删除下来的结点连接到备用链表上。

在静态链表的表尾追加一个新结点，如图 2-18（c）所示，其如算法 2-33 所示。

【算法 2-33】AppendList，在静态链表的表尾追加一个新结点。

输入：静态链表。

输出：追加新结点所得到的静态链表。

代码如下：

```
int SLinkList::AppendList(ElemType x){
    if(newptr==-1) return 0;                  //追加失败
    int q=newptr;                             //分配结点
    newptr=dNode[newptr].cur;
    dNode[q].data=x;
    dNode[q].cur=-1;
    int p=0;                                  //查找表尾
    while(dNode[p].cur!=-1)
```

```
        p=dNode[p].cur;
    dNode[p].cur=q;                              //追加
    return 1;                                    //追加成功
}
```

【算法 2-34】LocateElem，在静态链表中查找第 *i* 个结点。

输入：静态链表。

输出：第 *i* 个结点的位置。

代码如下：

```
int SLinkList::LocateElem(int i){
    if(i<0) return -1;                           //参数不合理
    if(i==0) return 0;
    int j=1;
    int p=dNode[0].cur;
    //循环链表查找第 i 个结点
    while(p!=-1&&j<i){
        p=dNode[p].cur;j++;
    }
    if(p==-1) cout<<"要查找的值越界"<<endl;
    return p;
}
```

下面介绍静态链表的插入和删除操作的算法，其思想与用指针实现的插入和删除是一样的。由图 2-18 所示，插入新元素以及删除元素时只需修改 cur 的值即可，这同前面讲述的单链表的插入与删除操作相类似。如算法 2-35 所示。

【算法 2-35】ListInsert，在静态链表第 *i* 个结点处插入一个新结点，如图 2-18（d）所示。

输入：静态链表。

输出：在第 *i* 个结点的位置上插入新元素后的链表。

代码如下：

```
int SLinkList:: ListInsert(int i,ElemType x){
    int p=LocateElem(i-1);
    if(p==-1) return 0;                          //找不到结点
    int q=newptr;                                //分配结点
    newptr=dNode[newptr].cur;
    dNode[q].data=x;
    dNode[q].cur=dNode[p].cur;                   //链入
    dNodes[p].cur=q;
    return 1;                                    //返回非 0 值表示正确插入
}
```

【算法 2-36】Remove，在静态链表中释放第 *i* 个结点，如图 2-18（d）所示。

输入：静态链表。

输出：释放第 *i* 个结点后的链表。

代码如下：

```
int SLinkList:: Remove(int i){
    int p=LocateElem(i-1);
    if(p==-1) return 0;                          //找不到结点
    int q=dNode[p].cur;                          //第 i 个结点
    dNode[p].cur=dNode[q].cur;
    dNode[q].cur=newptr;                         //释放
```

```
    newptr=q;
    return 1;                                   //返回非 0 值表示正确释放
}
```

上面介绍了静态链表的部分算法。事实上，静态链表仅仅是为了那些没有指针的高级语言而设计的，通常这种结构很少遇到，但是静态链表的思想很巧妙。静态链表的存储结构仍需要预先分配一个较大的空间，而且没有解决连续存储分配带来的表长难以确定的问题，失去了随机存取的特点。但是，在执行线性表的插入和删除操作时不需要移动元素，仅需要修改指针，因此仍然具有链式存储结构的主要优点。

2.7　顺序结构与链表结构的比较

在实际中怎样选取存储结构呢？通常基于以下几点考虑：

1．基于存储的考虑

顺序表的存储空间是静态分配的，在程序执行之前必须明确规定它的存储规模，也就是说事先对 Max_length 要有合适的设定，过大造成浪费，过小造成溢出。可见，对线性表的长度或存储规模难以估计时，不宜采用顺序表。链表不用事先估计存储规模，但链表的存储密度较低（存储密度是指一个结点中数据元素所占的存储单元和整个结点所占的存储单元之比）。链式存储结构的存储密度是小于 1 的。

2．基于运算的考虑

在顺序表中按序号访问 a_i 的时间性能是 $O(1)$，而链表中按序号访问的时间性能 $O(n)$。所以，如果经常做的运算是按序号访问数据元素，显然顺序表优于链表；而在顺序表中进行插入、删除时平均移动表中一半的元素，当数据元素的信息量较大且表较长时，这一点是不应忽视的；在链表中进行插入、删除，虽然也要寻找插入位置，但操作主要是比较操作，从这个角度考虑显然后者优于前者。

3．基于环境（语言）的考虑

顺序表容易实现，任何高级语言中都有数组类型，链表的操作是基于指针的，相对来讲前者简单些，这也是用户考虑的一个因素。

总之，两种存储结构各有优劣，选择哪一种由实际问题中的主要因素决定。通常“较稳定”的线性表选择顺序存储，而频繁进行插入、删除，即动态性较强的线性表宜选择链式存储。

小　结

本章的基本内容是：给出线性表的逻辑结构定义和各种存储结构的描述方法；给出线性表的两类存储结构（顺序表和链表）的基本操作。

线性表是一种比较简单的数据结构，它是 n 个结点的有限序列。线性表常用的存储方式有两种：顺序存储结构和链式存储结构。

在线性表的顺序存储结构中，是利用结点的存储位置来反映结点的逻辑关系，结点的逻辑次序与存储空间中的物理次序一致，因而只要确定了顺序表中起始结点的存储位置，即可方便地计算出任一结点的存储位置，所以可以实现结点的随机访问。在顺序表中只需存放结点自身的信息，因此存储密度大、空间利用率高。但在顺序表中，结点的插入、删除运算可能需要移动许多其他结点的位置，一些长度变化较大的线性表必须按照最大需要的空间分配存储空间，这些都是线性表顺序存储结构的缺点。

而在线性表的链式存储结构中，结点之间的逻辑次序与存储空间中的物理次序不一定相同，是通过给结点附加一个指针域来表示结点之间的逻辑关系。所以，不需要预先按最大的需要分配存储空间。同时，链表的插入、删除运算只需修改指针域，而不需要移动其他结点。这是线性表链式存储结构的优点。它的缺点在于：每个结点中的指针域需要额外占用存储空间，因此，它的存储密度较小。另外，链式存储结构是一种非随机存储结构，查找任一结点都要从头指针开始，沿指针域一个一个地搜索，增加了某些算法的时间代价。

将单链表加以改进可得到循环链表和双向链表。在循环链表中，所有的结点构成了一个环，所以从任一结点开始都可以扫描此线性表中的每个结点。双向链表既有指向直接后继的指针，又有指向直接前驱的指针，从而便于查找结点的前驱。

线性表的运算主要有查找、插入和删除，应熟练掌握线性表在不同存储方式下各种运算的实现方法。

习　题

一、选择题

1. 以下关于线性表的说法不正确的是（　　）。

   A. 线性表中的数据元素可以是数字、字符、记录等不同类型
   B. 线性表中包含的数据元素个数不是任意的
   C. 线性表中的每个结点都有且只有一个直接前驱和直接后继
   D. 存在这样的线性表：表中各结点都没有直接前驱和直接后继

2. 线性表的顺序存储结构是一种（　　）的存储结构。

   A. 随机存取　　B. 顺序存取　　C. 索引存取　　D. 散列存取

3. 在顺序表中，只要知道（　　），就可在相同时间内求出任一结点的存储地址。

   A. 基地址　　B. 结点大小　　C. 向量大小　　D. 基地址和结点大小

4. 在一个长度为 n 的顺序表中删除第 i 个元素（$0 \leqslant i \leqslant n$）时，需向前移动（　　）个元素。

   A. $n-i$　　B. $n-i+1$　　C. $n-i-1$　　D. i

5. 在等概率情况下，顺序表的插入操作要移动（　　）结点。

   A. 全部　　B. 1/2　　C. 1/3　　D. 1/4

6. 在一个单链表中，已知 q 结点是 p 结点的前驱结点，若在 q 和 p 之间插入 s 结点，则须执行（　　）。

   A. s->next=p->next;p->next=s　　B. q->next=s;s->next=p
   C. p->next=s->next;s->next=p　　D. p->next=s;s->next=q

7. 线性表采用链式存储时，其地址（　　）。

   A. 必须是连续的　　B. 一定是不连续的
   C. 部分地址必须是连续的　　D. 连续与否均可以

8. 从一个具有 n 个结点的单链表中查找其值等于 x 的结点时，在查找成功的情况下，需平均比较（　　）个元素结点。

   A. $n/2$　　B. n　　C. $(n+1)/2$　　D. $(n-1)/2$

9. 设单链表中指针 p 指向结点 m，若要删除 m 之后的结点（若存在），则需修改指针的操作为（　　）。

A. p->next=p->next->next;　　B. p=p->next;

C. p=p->next->next;　　D. p->next=p;

10. 在双向循环链表中，在 p 所指的结点之后插入 s 指针所指的结点，其操作是（　　）。

A. p->next=s;s->prior=p;
p->next->prior=s;s->next=p->next;

B. s->prior=p;s->next=p->next;
p->next=s;p->next->prior=s;

C. p->next=s;p->next->prior=s;
s->prior=p;s->next=p->next;

D. s->prior=p;s->next=p->next;
p->next->prior=s;p->next=s;

11. 在一个具有 n 个结点的有序单链表中插入一个新结点并保持该表有序的时间复杂度是（　　）。

A. $O(1)$　　B. $O(n)$　　C. $O(n^2)$　　D. $O(\log_2 n)$

12. 在（　　）运算中，使用顺序表比链表好。

A. 插入　　B. 删除　　C. 根据序号查找　　D. 根据元素值查找

二、填空题

1. 线性表是一种典型的________结构。

2. 在一个长度为 n 的顺序表的第 i 个元素之前插入一个元素，需要后移________个元素。

3. 顺序表中逻辑上相邻的元素的物理位置________。

4. 在线性表的顺序存储中，元素之间的逻辑关系是通过________决定的；在线性表的链接存储中，元素之间的逻辑关系是通过________决定的。

5. 在双向链表中，每个结点含有两个指针域，一个指向________结点，另一个指向结点。

6. 当对一个线性表经常进行存取操作，而很少进行插入和删除操作时，则采用________存储结构为宜。相反，当经常进行的是插入和删除操作时，则采用________存储结构为宜。

7. 顺序表中逻辑上相邻的元素，物理位置________相邻，单链表中逻辑上相邻的元素，物理位置________相邻。

8. 根据线性表的链式存储结构中每个结点所含指针的个数，链表可分为________和________；而根据指针的连接方式，链表又可分为________和________。

9. 在单链表中设置头结点的作用是________。

10. 对于一个具有 n 个结点的单链表，在已知的结点 p 后插入一个新结点的时间复杂度为________，在给定值为 x 的结点后插入一个新结点的时间复杂度为________。

三、简答题

1. 线性表的两种存储结构各有哪些优缺点？

2. 对于线性表的两种存储结构，如果有 n 个线性表同时并存，而且在处理过程中各表的长度会动态发生变化，线性表的总数也会自动改变，在此情况下，应选用哪一种存储结构？为什么？

3. 对于线性表的两种存储结构，若线性表的总数基本稳定，且很少进行插入和删除操作，但要求以最快的速度存取线性表中的元素，应选用何种存储结构？试说明理由。

4. 在单循环链表中设置尾指针有什么好处？试说明。

5. 下述算法的功能是什么？

```
CLinkList  *Demo(LinkList *L){          // L是无头结点的单链表
    CLinkList *q,*p;
    if(L&&L->next){
        q=L;L=L->next;p=L;
        while(p->next)  p=p->next;
        p->next=q;
        q->next=NULL;
      }
    return L;
}
```

四、算法设计题

1. 设顺序表 va 中的数据元素递增有序。试设计一个算法，将 x 插入到顺序表的适当位置上，以保持该表的有序性。

2. 设 $A=(a_1,a_2,\cdots,a_m)$ 和 $B=(b_1,b_2,\cdots,b_n)$ 均为顺序表，试设计一个合并算法，将顺序表 B 合并到顺序表 A 中，并确保 A 中的元素是递增有序的（请注意：在算法中，不要破坏原表 A 和 B）。

3. 已知线性表的元素按递增顺序排列，并以带头结点的单链表作存储结构。试编写一个删除表中所有值大于 min 且小于 max 的元素（若表中存在这样的元素）的算法。

4. 设计带头结点的链表逆置算法。

5. 假设有一个带表头结点的链表，表头指针为 head，每个结点含 3 个域：data、next 和 prior。其中 data 为整型数域，next 和 prior 均为指针域。现在所有结点已经由 next 域连接起来，试编一个算法，利用 prior 域（此域初值为 NULL）把所有结点按照其值从小到大的顺序链接起来。

第3章 堆　栈

堆栈是一种非常重要的数据结构，属于线性结构。堆栈与上一章的线性表有密切的联系，可以看成一种特殊的线性表；同时堆栈与线性表又有着本质的区别，是插入和删除受限的一类线性结构。

本章通过案例引入堆栈的基本概念，继而进一步介绍堆栈的两种存储结构（顺序存储结构和链式存储结构）以及每种存储结构的实现，最后给出这种数据结构的一些应用实例。

3.1 案例引入及分析

在日常生活中，经常会遇到堆栈的实例，例如在列车调度中会用到堆栈。下面通过提交批改作业问题来学习堆栈的相关内容。

3.1.1 提交批改作业

【案例引入】

课堂上老师布置作业，学生当堂完成作业并上交，当有学生上交作业后，老师就可以对作业进行批改。用计算机程序模拟学生上交作业和老师批改作业的问题。

【案例分析】

因为一位老师要批改若干名学生的作业，所以当学生上交作业的速度大于老师批改作业的速度时，需要将提交的作业按提交顺序从下到上依次放在讲桌上，当老师批改作业时，则从上到下依次进行批改。这样，后提交的作业反而可能先被批改。

当用计算机程序来模拟上交批改作业问题时，则需要用一个数据结构来保存提交但尚未被批改的作业。这种数据结构可以体现作业提交的先后次序，是一种线性结构，当有学生提交作业时，放到已提交作业的最上面，而老师批改一份新的作业时，放在最上面的作业先被拿出批改。这种结构满足后来先服务的原则，我们把这种结构叫做堆栈。在解决上交批改作业问题之前，先来学习有关堆栈的知识。

3.1.2 堆栈的定义

堆栈（stack）又称**栈**，是限定仅在表的某一端进行插入和删除操作的特殊的线性表。允许进行插入和删除操作的一端称为**栈顶**（top），另一端则称为**栈底**（bottom）。

处于栈顶位置的数据元素称为**栈顶元素**，处于栈底位置的元素称为**栈底元素**。不含任何数据元素的栈称为**空栈**。

将数据元素插入栈顶的操作叫做**进栈**，将栈顶元素删除的操作叫做**出栈**。

假设图 3-1 栈 S 中元素按 $a_1,a_2,\cdots,a_n$ 的次序进栈，则 a_1 为栈底元素，a_n 为栈顶元素。第一

个出栈的元素为 a_n，最后一个出栈的元素为 a_1，即按先进后出或后进先出的原则进行操作，因此，栈又称为后进先出（last in first out）的线性表（简称 LIFO 结构）。

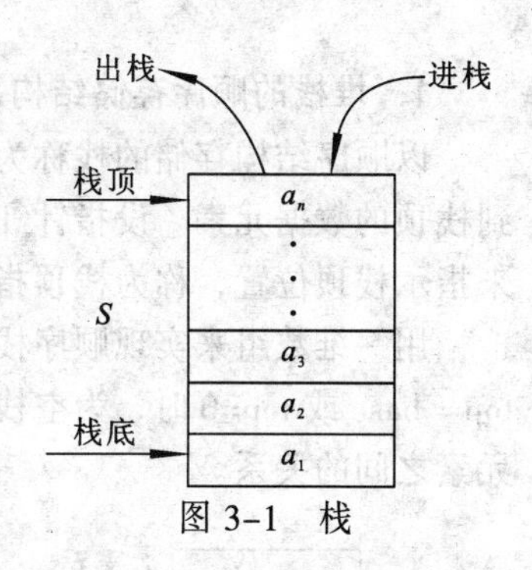

图 3-1 栈

在案例中，学生提交的作业添加到作业序列的最上面，老师批改作业时从作业序列的最上面取出，作业的添加和取出都从作业序列的最上端进行，满足栈结构的特点。学生提交的作业为栈中的数据元素，最后提交但未被批改的作业为栈顶元素，最先提交但未被批改的作业为栈底元素；学生提交作业为进栈操作，老师批改作业为出栈操作。

栈的基本操作除了进栈、出栈外，还有初始化、判栈空、取栈顶元素、求栈的长度等操作。栈的抽象数据类型定义如下：

```
ADT Stack{
数据对象 D: D={ai | ai∈ElemSet,i=1,2,…,n,n≥0}
数据关系 R: R={<ai-1,ai>|ai-1,ai∈D,i=2,3,…,n}
          约定 an端为栈顶，a1端为栈底。
基本操作: 初始化一个空栈;
         销毁已存在栈;
         判断已存在栈是否为空栈;
         置已存在栈为空栈;
         进栈操作;
         出栈操作;
         返回栈顶元素;
         返回栈的长度;
         等等。
}ADT Stack
```

对应上述抽象数据类型，下面给出栈的 C++类定义。

```
class Stack{
public:
    //构造函数，初始化一个空栈
    Stack();
    //析构函数，销毁已存在栈
    ~Stack();
    //判断已存在栈是否为空栈
    int IsEmpty();
    //置已存在栈为空栈
    void SetEmpty();
    //将e进栈
    void Push (ElemType e);
    //栈已存在且非空，出栈并返回栈顶元素
    ElemType Pop();
    //栈已存在且非空，返回栈顶元素
    ElemType GetTop();
    //栈已存在，返回栈的长度
    int GetLen();
}//class Stack
```

3.1.3 堆栈的存储结构

和线性表类似，堆栈也有顺序存储和链式存储两种存储结构。

1. 堆栈的顺序存储结构及实现

以顺序结构存储的栈称为**顺序栈**。顺序栈是利用一组地址连续的存储单元依次存放自栈底到栈顶的数据元素。设指针 base，始终指向栈底的位置，称为**栈底指针**；同时设指针 top，用来指示栈顶位置，称为**栈顶指针**，初始时指向栈底。

用一维数组来实现顺序栈，通常将数组下标较小的一端作为栈底，即 base=0 始终成立，当 top = base 或 top=0 时，为空栈。图 3-2 表示顺序栈的栈底指针 base 和栈顶指针 top 与栈中数据元素之间的关系。

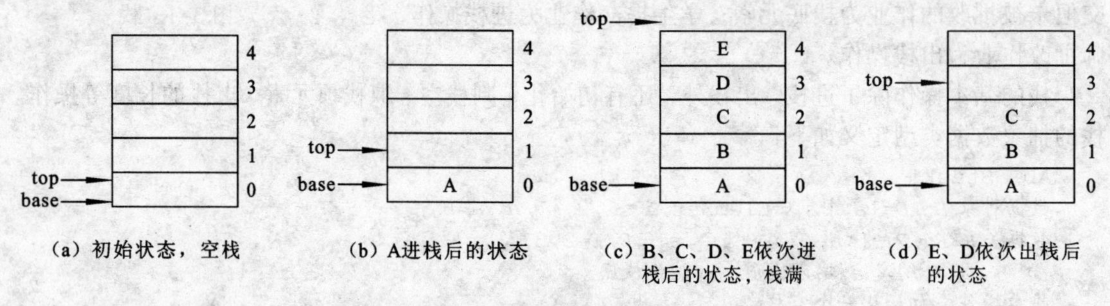

（a）初始状态，空栈　（b）A进栈后的状态　（c）B、C、D、E依次进栈后的状态，栈满　（d）E、D依次出栈后的状态

图 3-2　顺序栈

当有数据元素进栈时，先将数据元素放入栈顶指针 top 所指位置，然后 top 增 1，因此，非空栈中的 top 始终指向栈顶元素的下一个位置，当 top 超出数组的最大下标值时栈满，此时若再有数据元素进栈，则会提示栈满；当有数据元素出栈时，栈顶指针 top 减 1，当为空栈时进行出栈操作，则提示栈空。

为了简化对栈的基本操作，使其易于理解，本文采用静态一维数组来存储栈中的数据元素，在声明定义数组时就给出数组确定的大小。

顺序栈的实现：

```
#include <iostream>
using namespace std;
const int MAX_SIZE=80;                          //假设栈的最大长度为 80
typedef char SEType;                            //假设栈中数据元素为字符型
class SeqStack{
   private:
      SEType elem[MAX_SIZE];
      int base,top;
   public:
      SeqStack(){base=0;top=0;};                //初始化一个空栈
      ~SeqStack(){};                            //销毁栈
      int IsEmpty();                            //判断栈是否为空
      void SetEmpty();                          //置已有栈为空栈
      void Push(SEType e);                      //进栈
      SEType Pop();                             //出栈
      SEType GetTop ();                         //取栈顶数据元素
      int GetLen();                             //求栈中数据元素个数
   };
//…………………………………………基本操作的算法描述………………………………
int SeqStack::IsEmpty(){
   if(top==base)                                //栈顶指针指向栈底，为空栈
      return 1;
```

```
    else return 0;
}
void SeqStack::SetEmpty(){
    top==base;
}
SEType SeqStack::GetTop(){
    SEType e;
    if(top==base){
        cout<<"空栈，没有数据元素"<<endl;
        e=NULL;
    }
    else e=elem[top-1];
    return e;
}
int SeqStack::GetLen(){
    int length;
    length=top-base;
    return length;
}
void SeqStack::Push(SEType e){
    if(top==MAX_SIZE)                          //判断栈是否已满
        cout<<"栈满溢出"<<endl;
    else{
        elem[top]=e;                           //数据元素 e 进栈
        top++;                                 //修改栈顶指针
    }
}
SEType SeqStack::Pop(){
    SEType e;
    if(top==base){                             //判断栈是否为空栈
        cout<<"栈已空，不能出栈"<<endl;
        e=NULL;
    }
    else{
        top--;
        e=elem[top];
    }
    return e;
}
//………………………………………………基本操作的算法描述………………………………
```

因为顺序栈中栈顶指针 top 始终指向栈顶元素的下一个位置，所以在进栈算法中，先将要进栈的元素放入 top 所指位置，然后将 top 增 1；而在出栈算法中，先将 top 减 1，然后将 top 所指位置的元素取出。

2. 堆栈的链式存储结构及实现

以链式存储结构存储的栈称为**链栈**。由于栈可以看作操作受限的线性表，所以链栈可以用类似不带头结点的单链表的存储方法来实现。链栈中数据元素结点的描述如下：

```
typedef int LEType;
struct ListNode{
```

```
    LEType elem;
    ListNode *next;
};
```

与顺序栈相同，在链栈中同样设置两个指针 base 和 top，分别用来指示栈底和栈顶，初始时 base=NULL，top=NULL，此时为空栈。图 3-3 所示为栈顶指针 top 和栈底指针 base 与栈中数据元素结点的关系。

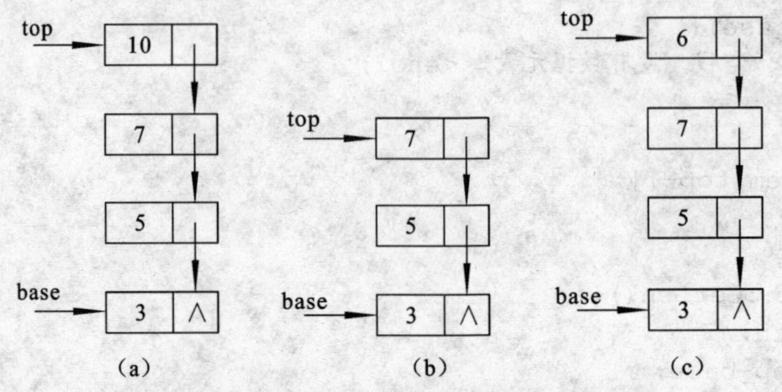

图 3-3　栈的链式存储结构

图 3-3（a）所示为含有 4 个数据元素 3、5、7、10 的栈，其中 3 是栈底元素，指针 base 指向该结点，指针变量 top 指向栈顶元素 10 所在的结点；在图 3-3（a）所示状态下进行一次出栈操作后，变成图 3-3（b）所示的状态；在图 3-3（b）所示状态下将数据元素 6 进栈后变成图 3-3（c）所示的状态。

链栈在进行进栈操作时先动态分配一个结点的空间，将新元素的值放入该结点，再将该结点插入到栈顶的位置，因此逻辑上不存在栈满的问题；出栈时，先将栈顶指针指向当前栈顶元素的下一个元素，然后将原来的栈顶元素删除，当 top=base（即栈中只有一个数据元素）时进行出栈操作后，top=NULL，此时为空栈，同时要将 base 也设置为 NULL。

链栈的实现：

```
#include <iostream>
using namespace std;
typedef int LEType;
struct ListNode{
    LEType elem;
    ListNode *next;
};
class ListStack{
private:
    ListNode *base,*top;                //栈底、栈顶指针
public:
    ListStack();
    ~ListStack(){};
    int IsEmpty();
    void SetEmpty();
    void Push(LEType e);
    LEType Pop();
    LEType GetTop();
};
//……………………………………………基本操作的算法描述……………………………
```

```
ListStack::ListStack(){
    base=NULL;
    top=NULL;
}
int ListStack::IsEmpty(){
    if(top==NULL)                     //判断是否为空栈
        return 1;
    else return 0;
}
void ListStack::SetEmpty(){
    ListNode *p1,*p2;
    p1=top;                           //p1 指向栈顶结点
    p2=p1->next;                      //p2 指向 p1 的下一个结点
    while(p1!=NULL){                  //当栈不为空栈时
        delete p1;                    //删除结点 p1
        p1=p2;                        //p1 指向新的栈顶结点，即下一个要删除的结点
        p2=p2->next;
    }
    base=NULL;
    top=NULL;                         //base 和 top 置空，表示为空栈
}
void ListStack::Push(LEType e){
    ListNode *p;
    p=new ListNode;                   //创建新结点
    p->elem=e;                        //将要进栈的元素值 e 放入新结点的 elem 域
    p->next=top;                      //将该结点插入到栈顶
    top=p;                            //将栈顶指针 top 指向新插入的结点
}
LEType ListStack::Pop(){
    ListNode *p;
    LEType e;
    if(top!=NULL){                    //判断栈是否为空
        e=top->elem;                  //取出栈顶元素
        p=top;                        //p 指向栈顶结点
        top=top->next;                //栈顶指针 top 指向当前栈顶结点的下一个结点
        delete p;                     //删除旧的栈顶结点
        if(top==NULL)                 //原栈中只有一个数据元素
            base=NULL;
    }
    else{
        cout<<"栈空，不能进行出栈操作"<<endl;
        e=NULL;
    }
    return e;
}
LEType ListStack::GetTop(){
    LEType e;
    if(top!=NULL)    e=top->elem;
    else{
        cout<<"栈空，没有数据元素"<<endl;
```

```
        e=NULL;
    }
    return e;
}
//…………………………………………基本操作的算法描述…………………………
```

在进栈算法中，必须先通过 p->next=top 语句将新结点插入到当前栈顶结点之上，然后通过 top=p 语句将 top 指向新插入的结点，这两条语句的顺序不能颠倒；同样，在出栈算法中要先通过 p=top 语句将 p 指向当前的栈顶结点，即要删除的结点，然后使用 top=top->next 语句将 top 指向当前栈顶结点的下一个结点，即新的栈顶结点。

学习了栈的概念、两种存储结构及其实现后，由案例分析可知，可以使用堆栈结构来存储提交但尚未被批改的作业，当有同学提交作业时进行进栈操作，当老师批改一份新的作业时进行出栈操作。假设该班级共有 50 名学生，按照从终端读入的输入方式进行模拟管理。输入 1，表示有学生提交作业；输入 2，表示老师对一份新的作业进行批阅；输入 3，表示退出系统。

本书分别用堆栈的两种存储结构来实现该案例。

3.2 提交批改作业的顺序实现

下面为提交批改作业问题的顺序实现参考代码。

【参考代码】

```
#include <iostream>
using namespace std;
const int MAX_SIZE=50;
typedef int SEType ;                        //将学生的学号作为栈中的数据元素
class SeqStack{
private:
    SEType elem[MAX_SIZE];
    int base,top;
public:
    SeqStack(){base=0;top=0;};              //初始化一个空栈
    ~SeqStack(){};                          //销毁栈
    int IsEmpty();                          //判断栈是否为空
    void SetEmpty();                        //置已有栈为空栈
    void Push(SEType e);                    //进栈
    SEType Pop();                           //出栈
    SEType GetTop();                        //取栈顶数据元素
    int GetLen();                           //求栈中数据元素个数
};
void SeqStack::Push(SEType e){
    if(top==MAX_SIZE)                       //判断栈是否已满
        cout<<"\n 所有学生均已提交作业，请老师尽快进行批阅！"<<endl;
    else{
        elem[top]=e;                        //数据元素 e 进栈
        top++;                              //修改栈顶指针
        cout<<"\n 学号为"<<e<<"的同学已提交作业！"<<endl;
    }
}
SEType SeqStack::Pop(){
```

```
    SEType e;
    if(top==base){                              //判断栈是否为空栈
        cout<<"\n 已经没有提交但尚未批改的作业，请学生尽快提交作业！"<<endl;
        e=NULL;
    }
    else{
        top--;
        e=elem[top];
    }
    return e;
}
int main(){
    SeqStack S;
    int menu;
    SEType id;                                  //学生的学号
    cout<<"*************************************************"<<endl;
    cout<<"***************欢迎进入作业提交批改模拟系统***********"<<endl;
    cout<<"*****************1:学生提交作业********************"<<endl;
    cout<<"*****************2:老师批改新的作业****************"<<endl;
    cout<<"*****************3:退出系统***********************"<<endl;
    cout<<"*************************************************"<<endl;
    while(1){
        cout<<"\n 请按菜单编号选择相应的操作:";
        cin>>menu;
        if(menu==1){                            //有学生提交作业
            cout<<"请输入学号:";
            cin>>id;
            S.Push(id);
        }
        else if(menu==2){                       //老师批改新的作业
            id=S.Pop();
            if(id!=NULL){
                cout<<"\n 学号为"<<id<<"的同学的作业正在被批改！"<<endl;
            }
        }
        else if(menu==3){
            break;
        }
        else{
            cout<<"输入错误，请按菜单编号输入:";
        }
    }
    return 0;
}
```

3.3　提交批改作业的链式实现

下面为提交批改作业问题的链式实现参考代码。

【参考代码】

```
#include <iostream>
using namespace std;
```

```
typedef int LEType;
struct ListNode{
    LEType elem;
    ListNode *next;
};
class ListStack{
private:
    ListNode *base,*top;                //栈底、栈顶指针
public:
    ListStack();
    ~ListStack(){};
    int IsEmpty();
    void SetEmpty();
    void Push(LEType e);
    LEType Pop();
    LEType GetTop();
};
ListStack::ListStack(){
    base=NULL;
    top=NULL;
}
void ListStack::Push(LEType e){
    ListNode *p;
    p=new ListNode;                     //创建新结点
    p->elem=e;                          //将要进栈的元素值 e 放入新结点的 elem 域
    p->next=top;                        //将该结点插入到栈顶
    top=p;                              //将栈顶指针 top 指向新插入的结点
    cout<<"\n 学号为"<<e<<"的同学已提交作业！"<<endl;
}
LEType ListStack::Pop(){
    ListNode *p;
    LEType e;
    if(top!=NULL){                      //判断栈是否为空
        e=top->elem;                    //取出栈顶元素
        p=top;                          //p 指向栈顶结点
        top=top->next;                  //栈顶指针 top 指向当前栈顶结点的下一个结点
        delete p;                       //删除旧的栈顶结点
        if(top==NULL)                   //原栈中只有一个数据元素
            base=NULL;
    }
    else{
        cout<<"\n 已经没有提交但尚未批改的作业，请学生尽快提交作业！"<<endl;
        e=NULL;
    }
    return e;
}
int main(){
    ListStack S;
    int menu;
    LEType id;                          //学生的学号
    cout<<"*****************************************************"<<endl;
    cout<<"**************欢迎进入作业提交批改模拟系统**************"<<endl;
```

```
    cout<<"****************1:学生提交作业*********************"<<endl;
    cout<<"****************2:老师批改新的作业******************"<<endl;
    cout<<"****************3:退出系统**************************"<<endl;
    cout<<"****************************************************"<<endl;
    while(1){
    cout<<"\n请按菜单编号选择相应的操作:";
        cin>>menu;
        if(menu==1){                          //有学生提交作业
            cout<<"请输入学号:";
            cin>>id;
            S.Push(id);
        }
        else if(menu==2){                     //老师批改新的作业
            id=S.Pop();
            if(id!=NULL){
              cout<<"\n学号为"<<id<<"的同学的作业正在被批改! "<<endl;
            }
        }
        else if(menu==3){
            break;
        }
        else{
            cout<<"输入错误, 请按菜单编号输入:";
        }
    }
    return 0;
}
```

因为在该案例中只用到了进栈和出栈操作，所以在此除了构造函数和析构函数之外，只定义了进栈操作和出栈操作两个算法。

3.4 算法分析

栈的 Push 和 Pop 算法都是对栈顶元素进行操作，而栈顶元素由栈顶指针直接指向，所以都是常数时间复杂度，即 $O(1)$。链栈的 SetEmpty 算法中，基本操作是删除结点并后移指针，while 循环体中的语句频度为 n，因此该算法的时间复杂度为 $O(n)$。其他算法的时间复杂度同 Push 和 Pop 算法，为 $O(1)$，在此不作详细分析。

3.5 堆栈的其他应用

由于栈的“后进先出”特点，在很多实际问题中都利用栈做一个辅助的数据结构来进行求解，下面通过几个例子来讨论栈的应用。

3.5.1 堆栈与递归的实现

一个直接调用自己或通过一系列的调用语句间接地调用自己的函数称为递归函数。

例如：阶乘函数

$$\text{Fac}(n)=\begin{cases}1 & \text{当 } n=0\\ n\times \text{Fac}(n-1) & \text{当 } n>0\end{cases}$$

2 阶 Fibonacci 数列

$$\text{Fib}(n)=\begin{cases}1 & \text{当 } n=0\\ 0 & \text{当 } n=1\\ \text{Fib}(n-1)+\text{Fib}(n-2) & \text{当 } n>0\end{cases}$$

等一些常见的数学函数。

以求 5 !为例，Fac(5)=5 × Fac(4)，Fac(4)=4 × Fac(3)，Fac(3)=3 × Fac(2)，Fac(2)=2 × Fac(1)，Fac(1)=1 × Fac(0)=1 × 1，要求出 5 !，Fac()函数要被调用 6 次，其中 Fac(5)由 main()函数调用，其余 5 次是在各层的 Fac()函数中调用的。在每一层递归调用时，并没有立即得到结果，而是进一步向下一级递归调用。在进行下一级调用之前，需要使用栈结构存储当前的 n 值，直到最内层函数执行 $n=0$ 时，Fac(0)才有结果。然后一一返回，返回时从栈中取出 n 的值，不断得到中间结果，直到返回主程序为止。

在调用过程中，需要通过栈结构来保存一些参数及中间结果，所以栈是实现递归的一个重要数据结构。

下面以 n 阶 Hanoi 塔问题为例来学习栈在实现递归的过程中的应用。

【例 3-1】 n 阶 Hanoi 塔问题。

假设有 X、Y 和 Z 共 3 个塔座，塔座 X 上插有 n 个直径大小各不相同、从小到大编号为 1，2，…，n 的圆盘。图 3-4 所示为 n 阶 Hanoi 塔问题的初始状态。

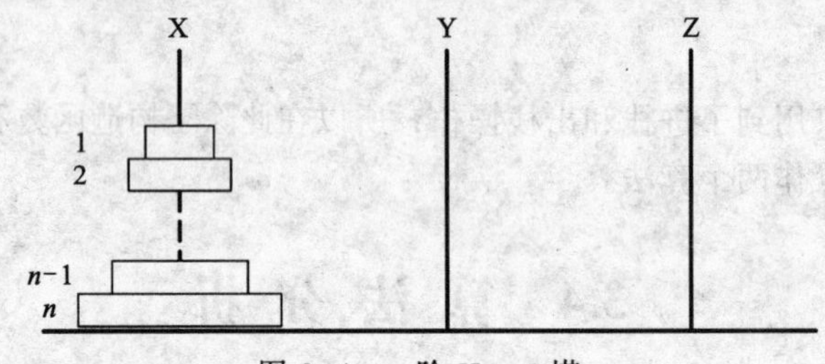

图 3-4　n 阶 Hanoi 塔

现要求将 X 上的 n 个圆盘移至 Z 上并仍按同样顺序叠排，圆盘移动时必须遵循下列规则：

（1）每次只能移动一个圆盘。

（2）圆盘可以插在 X、Y 和 Z 中的任意塔座上。

（3）任何时刻都不能将一个较大的圆盘压在较小的圆盘上。

下面以 3 阶 Hanoi 塔为例来分析如何移动圆盘。

3 阶 Hanoi 塔的初始状态如图 3-5（a）所示。要想将 3 个圆盘借助 Y 从 X 移动到 Z，必须先想办法将 1 和 2 两个圆盘借助 Z 从 X 移动到 Y，结果如图 3-5（b）所示；然后将圆盘 3 直接移动到 Z，结果如图 3-5（c）所示；最后将 1 和 2 两个圆盘借助 X 从 Y 移到 Z，结果如图 3-5（d）所示。

如何将 1 和 2 两个圆盘借助 Z 从 X 上移到 Y 上与如何将 3 个圆盘从 X 移到 Z 上相似，可以用相同的方法来实现。而当只有一个圆盘需要移动时，则只需直接移动即可。

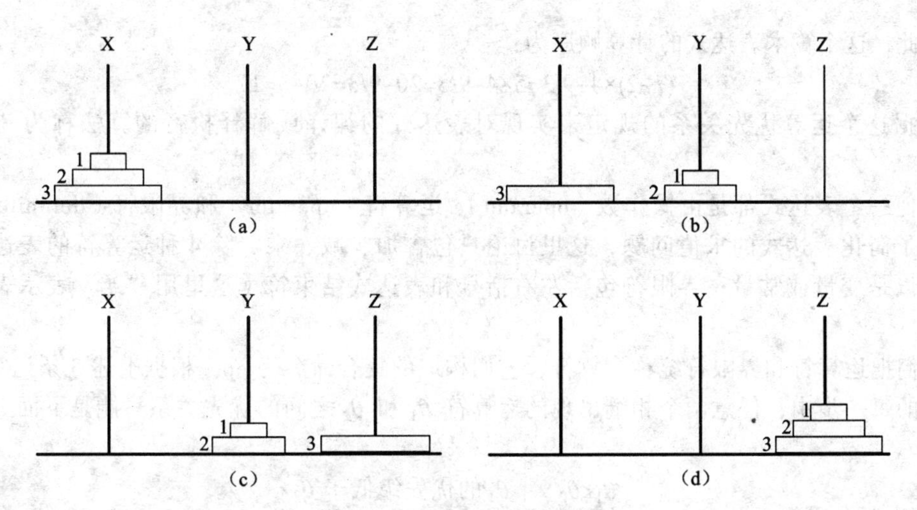

图 3-5　3 阶 Hanoi 塔问题

【算法 3-1】 Hanoi，求解 *n* 阶 Hanoi 塔问题的算法。

输入：圆盘个数，3 个塔座名称。

输出：各个圆盘移动情况。

代码如下：

```
void Hanoi(int n,char x,char y,char z){
                                        //将 X 上编号为 1 到 n 的圆盘借助 Y 移动到 Z 上
   if(n==1)    move(x,1,z);             //将编号为 1 的圆盘从 X 移到 Z
   else{
      Hanoi(n-1,x,z,y);                 //将 X 上编号为 1 到 n-1 的圆盘借助 Z 移动到 Y 上
      move(x,n,z);                      //将编号为 n 的圆盘从 X 移到 Z
      Hanoi(n-1,y,x,z);                 //将 Y 上编号为 1 到 n-1 的圆盘借助 X 移到 Z 上
   }
}
```

这是一个递归函数，在函数执行过程中需要多次进行自我调用。在一个函数运行期间调用另一个函数时，需要存储调用函数和被调用函数之间的信息传递和控制转移，在该算法中并没有使用栈结构，但在函数进行递归调用时构成函数的嵌套调用，这时应该按“后调用先返回”的原则执行，所以函数之间的信息传递和控制转移必须使用“栈”来实现。

3.5.2　表达式求值

计算表达式的值是程序设计语言编译中的一个基本问题。它的实现是栈应用的一个典型例子。

要把一个表达式翻译成正确求值的一个机器指令序列，或者直接对表达式求值，首先要正确解释表达式。例如，要对下面的算术表达式求值：

$$(7-2)\times4-9/3$$

首先要了解算术四则运算的规则，即

（1）先乘除，后加减。

（2）优先级相同的先左后右。

（3）先括号内，后括号外。

由此，这个算术表达式的计算顺序为：

$$(7-2)\times4-9/3=5\times4-9/3=20-9/3=20-3=17$$

根据这个运算优先关系的规定来实现对表达式的编译或解释执行的算法称为“算符优先法”。

任何一个表达式都是由操作数（operand）、运算符（operator）和界限符（delimiter）组成的。为了简化表达式的求值问题，这里讨论只包含加、减、乘、除4种运算符的表达式；操作数可以是变量或常量；界限符包括左右括号和表达式结束符（这里用“#”表示表达式的结束）。

我们把运算符和界限符统称为算符，它们构成的集合命名为op。根据上述3条运算规则，在运算的每一步中，任意两个相继出现的运算符 θ_1 和 θ_2 之间的优先关系只能是下面3种关系之一。

$\theta_1<\theta_2$　　θ_1 的优先级低于 θ_2

$\theta_1=\theta_2$　　θ_1 的优先级等于 θ_2

$\theta_1>\theta_2$　　θ_1 的优先级大于 θ_2

表3-1定义了算符之间的这种优先关系。

表3-1　算符之间的优先关系

θ_1 \ θ_2	+	-	*	/	(	)	#
+	>	>	<	<	<	>	>
-	>	>	<	<	<	>	>
*	>	>	>	>	<	>	>
/	>	>	>	>	<	>	>
(	<	<	<	<	<	=	
)	>	>	>	>		>	>
#	<	<	<	<	<		=

由规则先括号内、后括号外，+、-、×、/为 θ_1 时的优先性均低于“(”但高于“)”，由优先级相同的先左后右，当 $\theta_1=\theta_2$ 时，令 $\theta_1>\theta_2$。表中“(”=“)”表示当左右括号相遇时，括号内的运算已完成。“#”是表达式结束符，为了简化算法，在计算表达式前先在表达式的最左边也虚设一个“#”作为表达式起始符，构成整个表达式的一对括号，“#”=“#”表示整个表达式求值完毕。“)”与“(”、“#”与“)”以及“(”与“#”之间无优先关系，因为表达式中不允许它们相继出现。在本文的讨论中，假定所输入的表达式都是正确的表达式。

为求表达式的值，可以设置两个栈。一个是OPTR，用来存放运算符；另一个是OPND，用来存放操作数或运算结果。

算法的基本思想是：

（1）置操作数栈OPND为空栈，表达式起始符“#”为运算符栈OPTR的栈底元素。

（2）依次读入表达式中每个字符，若是操作数则进OPND栈，若是运算符则和OPTR栈的栈顶运算符比较优先级，根据优先级的不同分别做如下操作：

① 如果OPTR栈顶运算符优先级低，则将读入的运算符进OPTR栈。

② 如果OPTR栈顶运算符优先级与读入运算符的优先级相等，则认为括号内运算完成，将

OPTR 出栈一个运算符（脱括号）。

③ 如果 OPTR 栈顶运算符优先级高，则将 OPTR 出栈一个运算符，将 OPND 出栈两个运算数进行运算，再将结果进 OPND 栈。

直至整个表达式求值完毕。

【算法 3-2】EvaExpression，表达式求值的算法。

输入：要计算的表达式。

输出：输入的表达式的值。

代码如下：

```
OprandType EvaExpression(){
    //求算术表达式的值
    //设 OPTR 和 OPND 分别为运算符栈和运算数栈，op 为运算符集合
    SeqStack OPTR,OPND;                 //初始化两个空栈
    OPTR.Push('#');                     //“#”进运算符栈，作为表达式的起始符
    c=getchar();                        //读一个字符
    while(c!='#'||OPTR.GetTop()!='#'){                //表达式输入没有结束
        if(!In(c,op) ){                 //c 是操作数
            OPND.Push(c);               //将 c 进操作数栈
            c=getchar();                //读入下一个字符
        }
        else                            //c 是运算符
            switch(precede(OPTR.GetTop(),c) ){        //比较运算符优先级
                case'<':          //栈顶运算符优先级低，运算符进栈并读入下一个字符
                    OPTR.Push(c);
                    c=getchar();
                    break;
                case'=':                //括号运算结束，脱括号并读入下一个字符
                    OPTR.Pop();
                    c=getchar;
                    break;
                case'>':                //栈顶运算符优先级高
                    theta=OPTR.Pop();                 //栈顶运算符出栈
                    b=OPND.Pop();
                    a=OPND.Pop();       //出栈两个操作数
                    OPND.Push(Operate(a,theta,b));    //计算中间结果并入栈
                    break;
            }//switch
    }//while
    OPTR.Pop();                         //将初始时进栈的'#'出栈
    return OPND.GetTop();               //最终运算结果为 OPND 栈顶元素，取出结果并返回
}//EvaExpression
```

算法中调用了 3 个函数，其中 In()是判断读入的字符是否为运算符的函数，precede()是判断运算符栈 OPTR 的栈顶运算符与读入的运算符之间优先关系的函数；Operate()为进行二元运算的函数。

【例 3-2】利用算法 EvaExpression 对算术表达式 $5\times(3+2)$求值的操作过程如表 3-2 所示。

表 3-2 表达式求值过程

步 骤	OPTR 栈	OPND 栈	输 入 字 符	主 要 操 作
0			5*(3+2)#	OPTR.Push('#')
1	#		5*(3+2)#	OPND.Push('5')
2	#	5	*(3+2)#	OPTR.Push('*')
3	#*	5	(3+2)#	OPTR.Push('(')
4	#*(	5	3+2)#	OPND.Push('3')
5	#*(	5 3	+2)#	OPTR.Push('+')
6	#*(+	5 3	2)#	OPND.Push('2')
7	#*(+	5 3 2	)#	OPTR.Pop()得'+' OPND.Pop()得'2' OPTR.Pop()得'3' pterate('3','+','2')得'5' OPND.Push('5')
8	#*(	5 5	)#	OPTR.Pop()脱括号
9	#*	5 5	#	OPTR.Pop()得'*' OPND.Pop()得'5' OPND.Pop()得'5' pterate('5','*','5')得'25' OPND.Push('25')
10	#	25	#	OPTR.Pop()
11		25		return(OPND.GetTop())得'25'

3.5.3 背包问题

设有一个背包可以放入的物品重量为 t，现有 n 件物品，重量分别为 w_1，w_2，…，w_n。问能否从这 n 件物品中选择若干件放入此背包，使得放入的重量之和正好为 t。如果存在一种符合上述要求的选择，则称此背包问题有解（或称解为真），否则称此问题无解（或称解为假）。例如，当“int w[5]={1,4,4,5,7},n=5,t=10;”时，背包问题的解为真。方案 1 为：第一个元素 w[0]=1，第二个元素 w[1]=4，第四个元素 w[3]=5。方案 2 为：第一个元素 w[0]=1，第三个元素 w[2]=4，第四个元素 w[3]=5。

本例的目的主要是：

（1）熟悉栈与递归实现之间的关系。

（2）掌握求解背包问题的递归算法和非递归算法。

下面来看如何用递归算法解决背包问题。

用 knap(w,t,n)表示上述背包问题的解，这个函数返回的值要么为 1（表示解为真），要么为 0（表示解为假），其参数应满足 $t\geq 0$，$n\geq 1$。背包问题如果有解，其选择只有两种可能：一种是选择的一组物品中不包含 w_n，这样 knap(w,t,n)的解就是 knap($w,t,n-1$)的解；另一种是选择中包含 w_n，这样 knap(w,t,n)的解就是 knap($w,t-w_n,n-1$)的解。另外，可以定义：当 $t=0$ 时，背包问题总有解，即 knap(w,0,n)=1，不选择任何物品放入背包；当 $t<0$ 时，背包问题总无解，即 knap(w,t,n)=0，因为无论怎样选择总不能使重量之和为负值；当 $t>0$ 且 $n<1$ 时，背包问题也无解，

即 knap(w,t,n)=0，因为不取任何东西却要使重量为正值是办不到的。从而，背包问题可以递归定义如下：

$$\text{knap}(w,t,n)=\begin{cases}1 & \text{当 } t=0 \\ 0 & \text{当 } t<0 \\ 0 & \text{当 } t>0 \text{ 且 } n<1 \\ \text{knap}(w,t,n-1)\text{或 knap}(w,t-w_n,n-1) & \text{当 } t>0 \text{ 且 } n\geqslant 1\end{cases}$$

上述递归定义的函数 knap(w,t,n)是有递归出口的。因为每递归调用一次，n 都减 1，t 也可能减少 w_n，所以递归若干次后，一定会出现 $t\leqslant 0$ 或者 $n=0$，无论哪种情况都可由定义找到解。

【算法 3-3】 knap，实现背包问题的递归算法。

输入：背包可以放入的物品重量 t，现有物品件数 n，每件物品的重量 w。

输出：背包算法的所有解。

代码如下：

```
int knap(int w[],int t,int n){
    if(t==0)  return(1);                //当 t = 0 时,背包问题总有解
    else if(t<0||t>0&&n<1)
        return(0);                      //当 t<0 或 t>0 且 n<1 时,背包问题无解
    else if(knap(w,t-w[n-1],n-1)==1){
        //包含 w[n-1],即 knap(w,t,n)的解就是 knap(w,t-w[n-1],n-1)的解
        cout<<"result:n="<<n<<",w["<<n-1<<"]="<<w[n-1]<<endl;
        return(1);
    }
    else return(knap(w,t,n-1));
        //不包含 w[n-1],即 knap(w,t,n)的解就是 knap(w,t,n-1)的解
}
```

上述递归算法可以改为用栈实现的非递归算法。

设一个栈，用来存放加入背包的物品序号，若某一时刻栈中物品的总重量恰好等于背包要求容纳的重量，则得到一个解。利用栈的特点，还可以输出全部解。

【算法 3-4】 knap1，利用顺序栈实现背包问题的算法。

输入：背包可以放入的物品重量 t，现有物品件数 n，每件物品的重量 w。

输出：背包算法的所有解。

代码如下：

```
int knap1(int w[],int t,int n){
        SqStack S;
        int flag=0;
        int j,k;
        k=0;                            //从 1 号物品开始扫描
        do{
            while(t>0&&k<n){
                if(t-w[k]>=0){          //序号为 k+1 的物品入栈
                    S.Push(k+1);
                    t-=w[k];
                }
                k++;
            }
            if(t==0){                   //输出一个解
                flag=1;
                S.traverse();
```

```
        }
        k=S.Pop-1;                   //回溯寻求下一个解
        t+=w[k];                     //有物品出栈时,背包的剩余重量增加
        k++;
    }while(!S.Is_Empty()||k!=n);
  return(flag);
}
```

其中 traverse 为从栈底到栈顶逐个输出栈中元素的算法。在算法 knap1 中，假设栈结构存储的数据类型为整型，所以，求出的解仅是所包含的物品的序号。对该算法进行改进，不仅可以得到每个解所包含的物品的序号，而且可以得到每个物品对应的重量。

【算法 3-5】 knap2，对算法 3-4 进行改进后的算法。

输入：背包可以放入的物品重量 t，现有物品件数 n，每件物品的重量 w。

输出：背包算法的所有解。

代码如下：

```
int knap2(int w[],int t,int n){
     SqStack S;
     int j,k;
     int flag=0;
     SEType Thing;
     k=0;                            //从1号物品开始扫描
     do{
        while(t>0&&k<n){
            if(t-w[k]>=0){           //序号为k+1的物品入栈
              Thing.id=k+1;
              Thing.weight=w[k];
              S.Push(Thing);
              t-=w[k];
            }
            k++;
        }
        if(t==0){                    //输出一个解
        flag=1;
            S.traverse();
        }
        Thing= S.Pop
        k=Thing.id-1;                //回溯寻求下一个解
        t+=w[k];                     //有物品出栈时,背包的剩余重量增加
        k++;
     }while(!S.Is_Empty()||k!=n);
   reurn flag;
}
```

要使算法 3-5 能正确求出背包算法的解，在定义栈类型 SqStack 时，需要将 SEType 定义为如下结构：

```
struct SEType{
   int id;
   int weight;
};
```

同时，算法 traverse 输出栈中元素时，要将其 id 和 weight 同时输出。

小　结

在日常生活中，堆栈的应用非常广泛，堆栈是计算机领域中一个非常重要的数据结构。本章通过提交批改作业的案例学习了堆栈的内容。堆栈是限定只能在一端进行插入和删除操作的特殊的线性表，进行插入和删除操作的一端为栈顶，另一端为栈底。先放入堆栈中的元素后被取出，后放入堆栈中的元素先被取出，符合“先来后服务”的原则，所以堆栈是一种“后进先出”的线性表。案例中学生提交的作业为堆栈中的元素，学生提交作业为入栈操作，老师批改作业为出栈操作。本章的重点是堆栈的概念及其顺序存储结构和链式存储结构的实现。在进行进栈和出栈操作时，栈顶指针如何变化是本章的难点。

习　题

1. 设有编号为 D1,D2,D3,D4,D5 的 5 辆列车，顺序进入一个栈式结构的车站，这 5 辆列车开出车站的顺序有哪些？

2. 有 6 个元素，按照 A B C D E F 的顺序进栈，能否按下列顺序出栈？（1）D E C B F A；（2）C D E A B F。为什么？

3. 写出下列程序段的输出结果。

```
void main(){
  SeqStack S;
  SEType x,y;
  x='L';
  y='O';
  S.Push(x);
  S.Push(x);
  S.Push(y);
  x=S.Pop();
  S.Push('E');
  S.Push(x);
  x=S.Pop();
  S.Push('H');
  while(!S.IsEmpty()){
      y=S.Pop();
      cout<<y;
  }
  cout<<x;
}
```

4. 指出下面程序段的功能。

（1）
```
void fun1(SeqStack S){
      int n=0;
      int array[100];
      while(!S.IsEmpty())array[n++]=S.Pop();
      for(int i=0;i<n;i++)S.Push(array[i]);
  }
```

（2）
```
void fun2(SeqStack S,SEType m){
```

```
        SEType x;
        SeqStack T;
        while(!S.IsEmpty()){
          x=S.Pop()
          if((x!=m) T.Push(x);
        }
      while(!(T.IsEmpty())S.Push(T.Pop());
}
```

5. 假设称正读和反读都相同的字符序列为“回文”，例如，“abcba”和“aabcbaa”是“回文”，“abcab”和“ababab”则不是“回文”。试写一个算法，判别读入的一个以@为结束符的字符序列是否为“回文”。

6. 利用栈的基本操作，编写求栈中元素个数的算法。

7. 设从键盘输入一个整数的序列：$a_1,a_2,a_3,\cdots,a_n$，试编写算法实现：用栈结构存储输入的整数，当 $a_i\neq 0$ 时，将 a_i 进栈；当 $a_i=0$ 时，输出栈顶整数并出栈。

第4章 队　　列

队列和堆栈一样，也是一种插入和删除受限的特殊的线性结构。

本章通过一个案例引入队列的基本概念，继而进一步介绍队列的两种存储结构（顺序存储结构和链式存储结构）以及每种存储结构的实现，最后给出这种数据结构的一些应用实例。

4.1 案例的引入及分析

在日常生活中，经常会遇到队列的实例，比如车站订票系统中会用到队列。下面通过看病排队候诊问题来学习队列的相关内容。

4.1.1 看病排队候诊

【案例引入】

医院各科室的医生有限，因此病人到医院看病时必须排队候诊。用计算机程序模拟看病排队候诊的问题。

【案例分析】

要用程序来模拟看病排队候诊问题，需要用一个数据结构来保存候诊的排队病人。这种数据结构可以体现病人到达的先后次序，是一种线性结构，当有新的病人到达时，插入到候诊队列的最后面，而医生要为一个新的病人进行诊治时，则排在最前面的病人先从候诊队列中出来，然后到诊室进行诊疗。这种结构满足先来先服务的原则，我们把这种结构叫做队列。同样，在实现看病排队候诊问题之前，下面先来学习有关队列的知识。

4.1.2 队列的定义

队列（queue）是只允许在表的一端进行插入操作，而在另一端进行删除操作的线性表。允许插入的一端叫**队尾**（rear），允许删除的一端叫**队头**（front），队列是一种先进先出（first in first out，FIFO）的线性表。这和我们日常生活中的排队现象是一致的，比如火车站排队买票，银行排队办理业务等，都是先来的先办理，晚来的则排在队尾等待。在队尾插入数据元素的操作称为**入队**，从队头删除数据元素的操作称为**出队**。

假设队列 $Q=(a_1,a_2,\cdots,a_n)$，则队列中元素进队顺序和出队顺序都是 $a_1,a_2,\cdots,a_n$。a_1 是队头元素，a_n 是队尾元素。图 4-1 是队列的示意图。

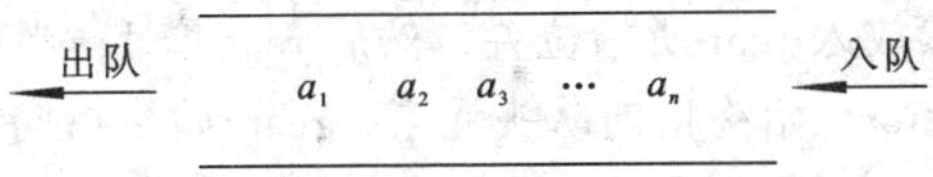

出队 ← a_1 a_2 a_3 ··· a_n ← 入队

图 4-1 队列

在案例中，当有新的病人排队就诊时，该病人插入到候诊队列的最末端，当医生为新病人诊治时，从候诊队列的最前面取出一个病人就诊，满足队列结构的特点。就诊病人为队列中的数据元素，最后插入到候诊队列的病人为队尾元素，最先插入到候诊队列但尚未被诊治的病人为队头元素；新病人插入到候诊队列为入队操作，医生为新病人诊治为出队操作。

队列的抽象数据类型定义如下：

ADT Queue{
数据对象 D：$D=\{a_i \mid a_i \in \mathrm{ElemSet}, i=1,2,\cdots,n, n\geqslant 0\}$
数据关系 R：$R=\{<a_{i-1},a_i> \mid a_{i-1},a_i \in D, i=2,3,\cdots,n\}$
　　　　约定其中 a_1 端为队头，a_n 端为队尾。
基本操作：初始化一个空队列；
　　　　销毁已存在队列；
　　　　判断已存在的队列是否为空队列；
　　　　置已存在队列为空队列；
　　　　插入新的队尾元素；
　　　　删除队头元素，并返回其值；
　　　　返回队头元素的值；
　　　　等等。
}ADT Queue

对应于上述抽象数据类型，下面给出队列的 C++类定义。

```
class Queue{
public:
    //构造函数，初始化一个空队列
    Queue()
    //析构函数，销毁已存在队列
    ~Queue()
    //判断已存在的队列是否为空队列
    int IsEmpty()
    //置已存在队列为空队列
    void SetEmpty()
    //队列已存在，插入 e 为新的队尾元素
    void EnQue(Elemtype e)
    //队列已存在且非空，删除队头元素，并返回其值
    Elemtype DeQue()
    //队列已存在且非空，返回队头元素的值
    Elemtype GetHead()
}//Class Queue
```

4.1.3 队列的存储结构

和堆栈类似，队列也有顺序存储和链式存储两种存储结构。

1. 队列的顺序存储结构及实现

和顺序栈相同，队列的顺序存储结构也用一维数组来存储队列的元素。同样需要设两个指针 front 和 rear，分别指示队头元素和队尾元素。初始时，front=rear=0，为空队列。当有新的数据元素入队时，先将该元素放入 rear 所指位置，然后 rear 增 1；当有数据元素出队时，front 增 1。因此，在非空队列中，front 始终指向队头元素，rear 始终指向队尾元素的下一个位置，当 front=rear 时为空队列。

假设队列 Q 最多能够容纳 5 个数据元素，初始时队列的状态如图 4-2（a）所示，front=rear=0，为空队列；a_1，a_2，a_3 相继入队后，队列的状态如图 4-2（b）所示，front=0， rear=3；a_1，a_2，a_3在相继出队后，队列的状态如图 4-2（c）所示，此时 front=rear=3，队列为空；a_4，a_5再相继入队，队列的状态变为图 4-2（d）所示，front=3，rear=5；此时若再有元素需要入队，因为 rear 已超出数组最大下标，元素不能被插入队尾，而此时队列的存储空间并未占满，这种现象称为**假溢出**。

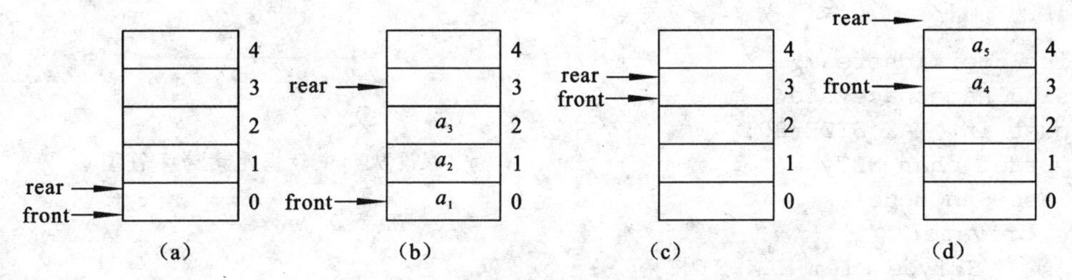

图 4-2　头、尾指针和队列中元素之间的关系

为解决这种假溢出现象，一个较好的办法是将顺序队列想象成一个环状的空间，让第一个存储单元紧接在最后一个存储单元之后，如图 4-3 所示，称为**循环队列**。

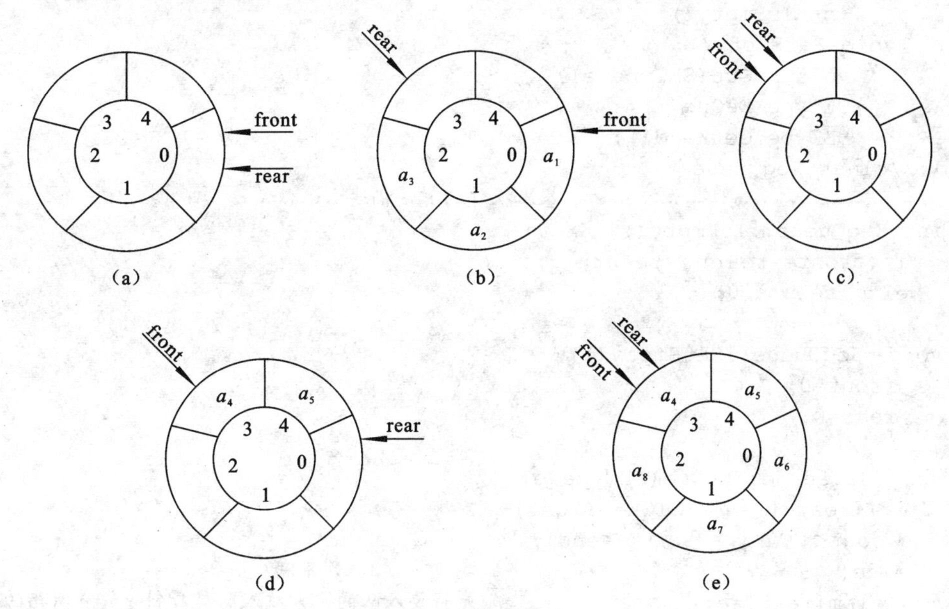

图 4-3　循环队列

初始时循环队列状态如图 4-3（a）所示，front=rear=0，队列为空；当 a_1，a_2，a_3相继入队后，循环队列状态如图 4-3（b）所示；a_1，a_2，a_3相继出队后，循环队列状态如图 4-3（c）所示，front=rear=3，队列为空；a_4，a_5再相继入队后，循环队列状态如图 4-3（d）所示，此时，rear 不再像顺序队列那样变为 5，而是变为 0，即 rear=(rear+1)%5，若再有元素入队，则不会发生假溢出现象；当 a_6，a_7，a_8再依次入队时，队列状态变为如图 4-3(e)所示，此时 front=rear=3，队列为满。由图 4-3（a）（c）（e）可知，当队列为空和满时，均有 front=rear 成立，因此，在循环队列中只凭 front=rear 不能判断队列是空还是满。

为解决这个矛盾，一种方法是设一个标志变量 flag。初始时，flag=0，front=rear，表示为空队列，当有数据元素入队时，将 flag 设为 1，当有数据元素出队时，将 flag 设为 0。这样就可以区分队空和队满了。当 front=rear 且 flag=0 时，表示队列为空；而 front=rear 且 flag=1 时，表示队列满。另一种方法是少用一个存储空间，当队头指针在队尾指针的下一个位置时，作为队列已满的状态，也就是说队头指针的前一个存储空间不能存储数据元素，即有 MAX_SIZE 个数组元素的数组仅能表示一个长度为 MAX_SIZE-1 的循环队列。当 front=rear 时表示队列为空，而当(rear+1) %MAX_SIZE=front 时，表示队列满。

循环队列的实现：

```
#include <iostream>
using namespace std;
const int MAX_SIZE=80;
typedef char SEType;                          //假设队列中数据元素为字符型
class SeqQueue{
  private:
     SEType elem[MAX_SIZE];
     int front,rear;
  public:
     SeqQueue(){front=0;rear=0;};       //初始化空队列
     ~SeqQueue(){};
     int IsEmpty();
  void SetEmpty();
     void EnQue(SEType e);
     SEType DeQue();
     SEType GetHead();
};//class SeqQueue
//…………………………………………基本操作的算法描述…………………………
int SeqQueue::IsEmpty(){
   if(front==rear)   return 1;
   else return 0;
}
void  SeqQueue::SetEmpty(){
   front=0;
   rear=0;
}
void SeqQueue::EnQue(SEType e){
   if((rear+1)%MAX_SIZE==front)               //队列满
    cout<<"\n 队列已满!"<<endl;
   else{                                      //队列不满
    elem[rear]=e;                 //先将要入队的元素放入队尾指针 rear 所指的位置
    rear=(rear+1)%MAX_SIZE;                   //然后队尾指针增 1
   }
 }
SEType SeqQueue::DeQue(){
   SEType e;
   if(front==rear){                           //队空
      cout<<"队列已空!"<<endl;
       e=NULL;
   }
   else {//队列不空
       e=elem[front];                         //先取出队头指针所指的队头元素
       front=(front+1)%MAX_SIZE;              //然后将队头指针增 1
    }
    return e;
```

```
  }
  SEType SeqQueue::GetHead(){
      SEType e;
      if(front==rear){
         cout<<"队列已空!"<<endl;
         e=NULL;
      }
      else  e=elem[front];
      return e;
  }
  //…………………………………………………基本操作的算法描述………………………………
```

因为循环队列中的队尾指针 rear 始终指向队尾元素的下一个位置，所以在入队算法 EnQue 中，要先把要入队的元素放入 rear 所指的位置，然后再将 rear 增 1；而队头指针 front 始终指向队头元素，所以在出队算法 DeQue 中，要先把 front 所指位置的元素取出，然后再将 front 增 1，两个算法中的操作步骤顺序都不能改变。在循环队列中，当 front 和 rear 的值增 1 的时候，需要判断它们的值是否已达到数组下标的最大值，如果达到最大值，则下一个位置应该从 0 开始，所以 front 和 rear 增 1 以后，都要对 MAX_SIZE 取余。

2．队列的链式存储结构及实现

队列不仅可以用顺序存储结构实现，还可以用链式存储结构来实现。用链表表示的队列简称为**链队列**，如图 4-4 所示。

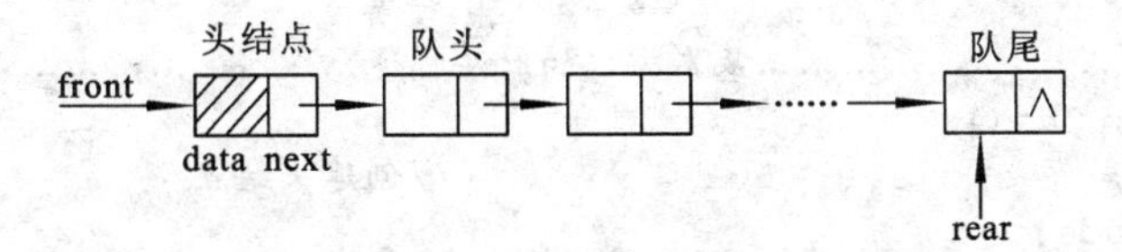

图 4-4　链队列

一个链队列需要设两个指针 front 和 rear。front 用来指示队头，称为头指针，rear 用来指示队尾，称为尾指针。为操作方便，和线性表的单链表一样，给链队列添加一个头结点，并令头指针 front 指向头结点，队列的第一个数据元素（即队头元素）存储在头结点的下一个结点中。空的链队列只有一个头结点，且头指针和尾指针都指向头结点。

图 4-5 所示为链队列进行出栈、入栈操作时指针的变化情况。初始状态下队列为空，如图 4-5（a）所示；当有数据元素 *a* 入队后，链队列变为图 4-5（b）所示的状态；再有数据元素 *b* 入队时，变为图 4-5（c）所示的状态；当有数据元素 *a* 出队后，变为图 4-5（d）所示的状态。

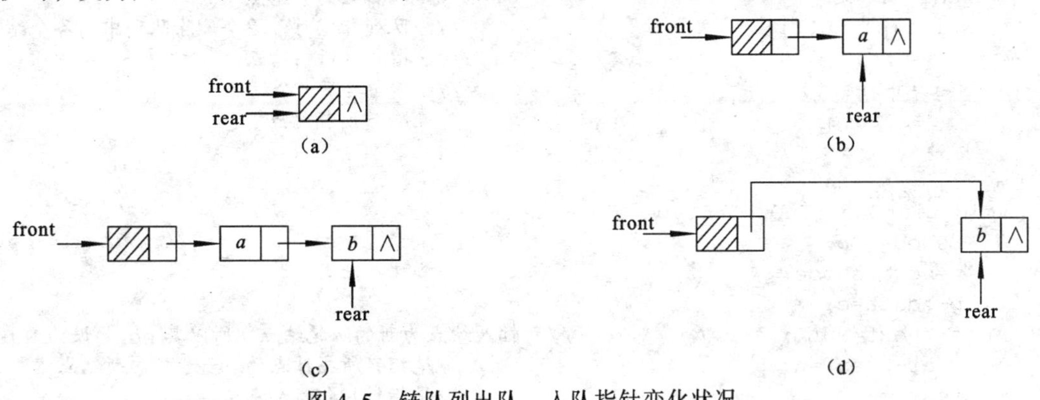

图 4-5　链队列出队、入队指针变化状况

可以看出，入队时，需要修改两个指针，一个是入队前队尾节点的 next 指针，使其指向新插入结点，另一个是尾指针 rear，也指向新插入的结点；而出队时，只需要修改一个指针，即头结点的 next 指针，让其指向队头元素的下一个结点，即 front->next=front->next->next。

链队列的实现：

```
#include <iostream>
using namespace std;
typedef char LEType;
struct LsNode{
    LEType data;                                    //数据元素类型
    LsNode *next;                                   //结点指针域
};
class ListQue{
  private:
     LsNode *front,*rear;                           //头、尾指针
  public:
     ListQue();
     ~ListQue(){};
     int IsEmpty();
     void SetEmpty();
     void EnQue(LEType e);
     LEType DeQue();
     LEType GetHead();
 };
//……………………………………………基本操作的算法描述…………………………………
ListQue:: ListQue(){
    LsNode *p;                                      //创建头结点
    p=new LsNode;
    p->next=NULL;
    front=rear=p;                                   //队头队尾指针都指向头结点
}
int ListQue:: IsEmpty(){
     if(front==rear)    return 1;
     else   return 0;
}
void ListQue::SetEmpty(){
   LsNode  *p,*q;
   p=front->next;                                   //p 指向队头元素所在结点
   rear=front;                                      //尾指针指向头结点
   while(p!=NULL){                                  //当队列非空时，逐个删除队列中的各个结点
      q=p;                                          //q 指向 p 所指结点
      p=p->next;                                    //p 指向其下一个结点
      delete q;                                     //删除 q 所指结点
   }
}
void ListQue::EnQue(LEType e){
    LsNode *p;
    p=new LsNode;                                   //创建新结点
    p->data=e;
    p->next=NULL;                       //新插入结点为新的队尾结点，所以其 next 设为 NULL
    rear->next=p;                                   //尾指针所指结点的 next 指向新结点
    rear=p;                                         //尾指针指向新结点
```

```
}
LEType  ListQue::DeQue(){
    LEType  e;
    LsNode *p;
    if(front==rear){                              //队列为空
        cout<<"队列为空!"<<endl;
        e=NULL;
    }
    else {
         p =front->next;                          //p 指向队头元素所在结点
         front->next=p->next;    //头结点的 next 域指向队头元素所在结点的下一个结点
         if(p->next==NULL)                        //链队列中只有一个元素结点
              rear=front;                         //删除该结点后队列为空，尾指针指向头结点
         e=p->data;                               //取出队头元素的值
         delete p;                                //删除队头元素所在结点
    }
    return e;
}
LEType  ListQue::GetHead(){
    LEType  e;
    LsNode *p;
    if(front==rear){
        cout<<"队列为空!"<<endl;
        e=NULL;
    }
    else{
        p=front->next;
        e=p->data;
    }
    return  e;
}
//…………………………………………………基本操作的算法描述…………………………………
```

在链队列中，当有元素入队时，不存在队列满的问题，可以无限制地插入任意多的元素。在出队算法中，p 先指向头结点的下一个结点，即队头元素所在结点，这时，如果满足 p->next==NULL，则说明队列中只包含一个元素，当该元素出队后，队列变为空，所以要通过 rear=front 使其尾指针指向头结点，然后将唯一的数据元素删除。

学习了队列的相关内容后，由案例分析可知，看病排队候诊问题可以用队列结构来解决。当有新的病人需要看病时，使用入队操作将其插入到队列中，当医生对一名新的病人进行诊治时，使用出队操作将病人从队列中取出对其进行诊治。按照从终端读入的输入方式进行模拟管理：输入 1，表示有新的病人加入队列候诊；输入 2，表示医生为病人进行诊治；输入 3，表示退出系统。

本书分别使用队列的两种存储结构来实现看病排队候诊问题。

4.2 看病排队候诊的顺序实现

下面为看病排队候诊问题的顺序实现参考代码。

【参考代码】

```
#include <iostream>
using namespace std;
```

```
const int MAX_SIZE=80;
typedef int SEType;
class SeqQueue{
   private:
       SEType elem[MAX_SIZE];
       int front,rear;
   public:
       SeqQueue(){front=0;rear=0;};            //初始化空队列
       ~SeqQueue(){};
       int IsEmpty();
       void EnQue(SEType e);
       SEType DeQue();
       SEType GetHead();
};//class SeqQueue
void SeqQueue::EnQue(SEType e){
   if((rear+1)%MAX_SIZE==front)              //队列满
    cout<<"\n 病人队列已满，请稍候!"<<endl;
   else{                                      //队列不满
      elem[rear]=e;                //先将要入队的元素放入队尾指针 rear 所指的位置
      rear=(rear+1)%MAX_SIZE;                 //然后队尾指针增 1
      cout<<"\n 新的病人加入候诊队列，ID 为: "<<e<<endl;
   }
}
SEType SeqQueue::DeQue(){
   SEType e;
   if(front==rear){//队空
      e=NULL;
   }
   else {//队列不空 1
      e=elem[front];                          //先取出队头指针所指的队头元素
      front=(front+1)%MAX_SIZE;               //然后将队头指针增 1
   }
   return e;
 }
int main(){
    SeqQueue SQ;
    int menu;
    SEType id;                              //病人在医院挂号时的顺序号
    SEType e;                               //当前被诊治的病人的 id
    id=1;
    cout<<"************************************************"<<endl;
    cout<<"****************欢迎进入排队看病系统****************"<<endl;
    cout<<"****************1:新的病人加入队列候诊***************"<<endl;
    cout<<"****************2:医生为病人诊治*******************"<<endl;
    cout<<"****************3:退出系统*************************"<<endl;
    cout<<"************************************************"<<endl;
    while(1){
        cout<<"\n 请按菜单编号选择相应的操作:";
        cin>>menu;
        if(menu==1){
```

```
            SQ.EnQue(id);
            id++;
        }
        else if(menu==2){
            e=SQ.DeQue();
            if(e!=NULL)   cout<<"\n 当前被诊治的病人的 ID 为"<<e<<endl;
            else   cout<<"\n 队列为空，已无病人等候"<<endl;
        }
        else if(menu==3){
            break;
        }
        else cout<<"\n 输入错误，请按菜单编号输入!";
    }
    return 0;
}
```

4.3　看病排队候诊的链式实现

下面为看病排队候诊问题的链式实现参考代码。

【参考代码】

```
#include <iostream>
using namespace std;
typedef int LEType;
struct LsNode{
LEType data;                                //数据元素类型
    LsNode *next;                           //结点指针域
};
class ListQue{
private:
    LsNode *front,*rear;                    //头、尾指针
public:
    ListQue();
    ~ListQue(){};
    int IsEmpty();
    void SetEmpty();
    void EnQue(LEType e);
    LEType DeQue();
    LEType GetHead();
};
ListQue:: ListQue(){
LsNode *p;
    p=new LsNode;
    p->next=NULL;
    front=rear=p;
}
void ListQue::EnQue(LEType e){
    LsNode *p;
    p=new LsNode;
    p->data=e;
```

```
        p->next=NULL;           //新插入结点为新的队尾元素所在结点，所以其next设为NULL
        rear->next=p;           //尾指针所指结点的next指向新结点
        rear=p;                                 //尾指针指向新结点
    }
    LEType ListQue::DeQue(){
        LEType  e;
        LsNode *p;
        if(front==rear){                        //队列为空
            e=NULL;
        }
        else{
            p=front->next;                      /p指向队头元素所在结点
            front->next=p->next;     //头结点的next域指向队头元素所在结点的下一个结点
            if(p->next==NULL)                   //链队列中只有一个元素结点
            rear=front;                         //尾指针指向头结点
            e=p->data;                          //取出队头元素的值
            delete p;                           //删除队头元素所在结点
        }
        return e;
      }
    int main(){
        ListQue LQ;
        int menu;
        LEType id;                              //病人在医院挂号时的顺序号
        LEType e;                               //当前被诊治的病人的id
        id=1;
        cout<<"*****************************************************"<<endl;
        cout<<"***************欢迎进入排队看病系统*******************"<<endl;
        cout<<"***************1:新的病人加入队列候诊*****************"<<endl;
        cout<<"***************2:医生为病人诊治**********************"<<endl;
        cout<<"***************3:退出系统****************************"<<endl;
        cout<<"*****************************************************"<<endl;
        while(1){
            cout<<"\n请按菜单编号选择相应的操作:";
            cin>>menu;
            if(menu==1){
                cout<<"\n新的病人加入候诊队列，ID为: "<<id;
                LQ.EnQue(id);
                id++;
            }
            else if(menu==2){
                e=LQ.DeQue();
                if(e!=NULL)  cout<<"\n当前被诊治的病人的ID为"<<e<<endl;
                else  cout<<"\n队列为空，已无病人等候"<<endl;
            }
            else if(menu==3){
                break;
            }
            else  cout<<"\n输入错误，请按菜单编号输入!";
        }
        return 0;
    }
```

因为在该案例中只用到了入队和出队操作，所以在此除了构造函数和析构函数之外，只定义了入队操作和出队操作两个算法。

4.4 算 法 分 析

队列的 EnQue 和 DeQue 算法分别是对队尾和队头进行操作，而队尾和队头分别由尾指针和头指针直接指向，所以都是常数时间复杂度，即 $O(1)$。在链队列的 SetEmpty 算法中，基本操作是后移指针及删除结点，while 循环体中的语句频度为 n，因此该算法的时间复杂度为 $O(n)$。其他算法的时间复杂度同 EnQue 和 DeQue 算法，为 $O(1)$，在此不作详细分析。

4.5 队列的其他应用

十进制数和其他进制数的转换是计算机实现计算的基本算法，数制间转换的实质是进行基数的转换。实现十进制数与二进制数之间的数制转换，输入相应格式正确的数值，要求进行数值转换后，给出转换后相对应的进制数数值，对于输入数据的合法性可以不做检查。

4.5.1 二进制数转换为十进制数

二进制数转换成十进制数可以按照按权相加法实现。按权相加法是把二进制数首先写成加权系数展开式，然后按十进制加法规则求和。

【例 4-1】求二进制数 100101.101 的等值十进制数。

$$(100101.101)_2=1\times 2^5+0\times 2^4+0\times 2^3+1\times 2^2+0\times 2^1+1\times 2^0+1\times 2^{-1}+0\times 2^{-2}+1\times 2^{-3}$$
$$=32+0+0+4+0+1+0.5+0+0.125$$
$$=37.625$$

根据上例可知，将二进制数转换为十进制数时，因为每位二进制数的权值由该二进制数所在的位置决定，小数点前的二进制数的权值由右到左从 0 开始逐渐增 1，小数点后的二进制数的权值由左到右从-1 开始逐渐减 1。所以，可以将二进制数分为整数部分和小数部分，然后对其分别进行转换再相加即可得到最终结果。在进行转换时，可以在输入时将输入的每一位二进制数作为字符提取出来，然后将其转换为数值与其相应的权值相乘再相加。

因为在输入整数部分时，不知道共有多少位，每一位的权值也就不能确定，因此，在输入时先将每一位二进制数存入数据结构中，等所有整数部分都输入结束后，再从数据结构中分别取出每一位与其对应的权值相乘再相加。整数部分权值的变化是从后往前从 0 开始逐 1 增加的，但读入时是从前向后读入的，满足“后进先出”的规则，所以可以用栈结构来存储输入的二进制数整数部分的每一位数；而小数部分权值的变化是从前往后从-1 开始逐渐减 1，读入时也是从前往后读入的，满足“先进先出”的规则，所以可以用队列结构来存储输入的二进制数小数部分的每一位。

【算法 4-1】ConvertBToD，使用链栈和链队列来实现将二进制数转换为十进制数，设栈和队列中数据元素类型为字符型。

输入：二进制数。

输出：输入的二进制数对应的十进制数。

代码如下：

```
float ConvertBToD(char* chs){
    int i=0;
    float sum=0;
    int temp;
    float k;
    ListStack LS;
    ListQue LQ;
    while(chs[i]!='.'){                    //读入整数部分并依次存入栈 LS 中
        LS.Push(chs[i]);
        i++;
    }
    i++;                                   //跳过小数点
    while(chs[i]!='\0'){                   //读入小数部分并依次存入队列 LQ 中
        LQ.EnQie(chs[i]);
        i++;
    }
    temp=LS.Pop()-48;    //取出小数点前的第一位二进制整数，并将数字字符转换为数值
    k=1;
    while(temp!=NULL){   //从栈中取出整数部分的每一位与其对应的权值相乘并相加
        sum+=temp*k;
        k*=2;                              //求下次取出整数位的权值
        temp=LS.Pop()-48;
    }
    temp=LQ.DeQue()-48; //取出小数点后的第一位二进制小数，并将数字字符转换为数值
    k=0.5;
    while(temp!=NULL){   //从队列中取出小数部分的每一位与其对应的权值相乘并相加
        sum+=temp*k;
        k=k/2;                             //求下次取出小数位的权值
        temp=LQ.Deque()-48;
    }
    return sum;                            //返回所得十进制数
}
```

4.5.2 十进制数转换为二进制数

十进制数转换为二进制数时，其整数部分采用“除二取余法”，小数部分采用“乘二取整法”。

“除二取余法”是指用 2 不断地去除要转换的十进制整数，直至商为 0。每次的余数即为二进制数码，最初得到的余数为二进制整数的最低有效位数，最后得到的余数为二进制整数的最高有效位数。

也就是说，除二取余法是按照从低位到高位的顺序产生二进制整数的各个数位，而打印输出时，则要按照从高到低的顺序进行，恰好和计算过程相反。因此，可将计算过程中得到的二进制数的各个位顺序进栈，按出栈顺序得到的序列即为与输入的十进制数对应的二进制整数。

“乘二取整法”是不断地用 2 去乘要转换的十进制数的小数部分，将每次所得的整数（0 或 1）依次记为 $b_{-1}b_{-2}\cdots b_{-m+1}b_{-m}$，直到乘积的小数部分为 0。$b_{-1}b_{-2}\cdots b_{-m+1}b_{-m}$ 即为二进制数小数部分从高位到低位的有效数。乘二取整法顺序产生的二进制小数的各位与其输出时的顺序是一致的，因此可将计算过程中得到的各个位顺序入队，按出队顺序得到的序列即为输入的十进制数小数部分对应的二进制数小数部分。需要注意的是，乘积的小数部分可能永远不为 0，这种情况表明十进制数的小数部分不能用有限位的二进制小数精确表示，则可根据精度要求取 m 位而

得到十进制数小数部分的二进制近似值。

【算法 4-2】ConvertTDoB，使用链栈和链队列来实现将十进制数转换为二进制数，设栈和队列中数据元素类型为整型。

输入：十进制数。

输出：输入的十进制数对应的二进制数。

代码如下：

```
void ConvertDToB (float k){
   int t;                                  //用来存储十进制数的整数部分
   float f;                                //用来存储十进制数的小数部分
   int i=0;                                //记录二进制数的小数位数
   ListStack LS;
   ListQue LQ;
   t=(int) k;                              //提取出十进制数的整数部分
   f=k-t;                                  //提取出十进制数的小数部分
   while(t!=0){                            //用除二取余法对十进制数的整数部分进行转换
     LS.Push(t%2);
     t=t/2;
   }
   while(i<6&&f!=0){                       //用乘二取整法对十进制数的小数部分进行转换
                                           //二进制数最多取 6 位小数
      f=f*2;
      if(f>=1){                            //乘二后整数位为 1
         f=f-1;                            //取小数部分
         LQ.EnQue(1);
      }
      else  LQ.EnQue(0);                   //乘二后整数位为 0
      i++;
    }
   int temp;
   temp=LS.Pop();
   while(temp!=NULL)                       //输出整数部分
     cout<<temp;
   cout<<".";                              //输出小数点
   temp=LQ.DeQue();
   while(temp!=NULL)                       //输出小数部分
     cout<<temp;
   cout<<endl;
)
```

其他进制数相互转换的原理和十进制数与二进制数相互转换的原理一样，读者可以自己实现其他进制数之间的转换。

小　结

在日常生活中，队列的应用非常广泛，队列也是计算机领域中一个非常重要的数据结构。本章通过看病排队候诊的案例学习了队列的内容。队列是限定只能在一端进行插入操作，另一端进行删除操作的特殊的线性表，允许进行删除操作的一端称为队头，允许进行插入操作的一端称为队尾。先放入队列中的元素先被取出，后放入队列中的元素后被取出，符合“先来先服务”的原则，所以队列是一种“先进先出”的线性表。案例中看病排队的病人为队列中的元素，新病人插入候诊队列中为入队操作，医生为新病人诊治为出队操作。本章的重点是队列的定义及其顺序存储结构和链式存储结构的实现。其中顺序存储结构的实现中假溢出的解决方法，以及循环队列是空还是满的判断方法是本章的难点。

习　题

1. 顺序队列的“假溢出”是怎样产生的？如何解决假溢出？如何判断循环队列是空还是满？

2. 若用一个大小为5的数组来实现循环队列，且当前rear和front的值分别为2和4，当从队列中删除2个元素，再加入3个元素后，rear和front的值分别为多少？

3. 设循环队列的容量为30(序号从0到29)，经过一系列的入队和出队运算后，有：front=8，rear=23；front=25，rear=13；问在这两种情况下，循环队列中分别有多少个元素？

4. 写出下列程序段的输出结果。

```
void main(){
   SeqQueue Q;
   SEType x,y;
   x='L';
   y='E';
   Q.EnQue(x);
   Q.EnQue('H');
   x=Q.DeQue();
   Q.EnQue(y);
   Q.EnQue(x);
   Q.EnQue(x);
   x=Q.DeQue();
   Q.EnQue('O');
   cout<<x;
   while(!Q.IsEmpty()){
       y=Q.DeQue();
       cout<<y;
   }
}
```

5. 指出下面程序段的功能。

```
void fun2(SeqQueue &Q){                   //假设栈和队列的元素类型 SEType 相同
   SeqStack S; SEType d;
   while(!Q.IsEmpty()){
      d=Q.DeQue();  S.Push(d);
   };
   while(!S.IsEmpty()){
      d=S.Pop(); Q.EnQue(d);
   }
}
```

6. 在循环队列中，为解决判断队空队满条件相同的问题，本书提出两种解决方法。本书中循环队列的实现使用了第二种方法，即少用一个存储空间。假设使用第一种方法来解决该问题，即另设一个标志变量flag，以flag为0或1来区分尾指针和头指针值相同时队列的状态是空还是满。试编写相应的入队和出队算法。

7. 假设用变量rear和length分别指示循环队列中队尾元素的位置和内含元素的个数。试给出此循环队列的定义，并写出相应的入队和出队算法。

第5章 串

在计算机的应用处理中，经常会遇到非数值处理的问题。如在汇编语言和编译程序中，源程序是作为一种字符串进行处理的。在各种文本编辑程序中，用户输入的各种文本也是被当作字符串进行处理的。同样，在事务处理系统中，用户的姓名、地址以及货物的名称、规格等也是字符串数据。字符串简称串，它是一种特殊的线性表，这种线性表的数据元素的类型总是字符型的，字符串的数据对象为字符集。本章主要讨论串的定义、存储结构和一些有关串的基本操作。

5.1 案例引入及分析

本章通过对大整数计算器这个实例的分析引入串的定义、术语、表示方法和存储结构，通过对大整数计算器这个实例的实现过程说明串结构的具体应用方法。最后讨论串的其他应用：串的模式匹配。

5.1.1 大整数计算器

【案例引入】

设计一个大整数（50位）计算器，能够实现加、减、乘和除的四则运算。

【案例分析】

计算机的存储整型数据的位数能力有限，所以引入串的概念，使用字符串来表示一个大的整数。字符串的存储采用串的块链结构存放。每个结点存放大整数的一位数值。根据加、减、乘和除运算的特点，分别进行这4种运算。

5.1.2 串的定义

串（String）又称**字符串**，是由零个或多个字符组成的有限序列。记作

$$S=\text{"}c_1c_2\cdots c_n\text{"} \qquad (n\geqslant 0) \tag{5-1}$$

其中：S为串名；双引号括起来的字符序列为串值。

有关串的基本术语有以下6个：

（1）**串长度**：字符串中包含的字符数目n称为字符串的长度。

（2）**空串**：长度$n=0$的字符串称为空串，空串也可以表示成""。

（3）**子串**：一个串中的任意连续字符组成的子序列称为该串的子串。

（4）**母串**：相应于子串的串称为母串。

（5）**位置**：字符在串中的序号称为该字符在串中的位置。子串在母串中的位置是子串的第一个字符在母串中的位置。

（6）**串相等**：如果两个串的长度相等，并且这两个串对应位置上的字符全部相等，则称这两个串相等。

串的抽象数据类型定义如下：

```
ADT String {
数据对象 D: D={a_i|a_i∈字符集合, i=1,2,…,n≥0}。
数据关系 R: R={<a_i,a_{i+1}>|a_i∈D, i=1,2,…,n-1}。
基本操作: 串赋值;
          串拷贝;
          串判空;
          求串长;
          串比较;
          串连接;
          求子串;
          清空串;
          模式匹配串;
          串删除;
          串替换;
          串插入;
          销毁串;
          等等。
}ADT String
```

对应于上述抽象数据类型，下面给出串的类定义。

```
Class String{
Public:
   //给串赋值
   void StrAssign (String T,chars)
   //复制一个串
   void StrCopy(String T,String S)
   //判断一个串是否为空
   Boolean StrEmpty (String S)
   //求一个串的长度
   int StrLength(String S)
   //比较两个串的大小
   int StrCompare(String S,String T)
   //连接两个串
   void Concat(String T,String S1,String S2)
   //求一个串的子串
   void SubString(String Sub,String S,int pos,int len)
   //清空一个串
   Boolean ClearString(String S)
   //求一个串在另一个串中的位置
   int Index(String S,String T,int pos)
   //删除一个串
   void StrDelete(String S,int pos,int len)
   //将一个串中的子串替换成另外一个串
   void Replace(String S,String T,String V)
   //将一个串插入到另一个串的指定位置
   void StrInsert(String S,int pos,String T)
   //销毁一个串
```

```
    Boolean DestroyString(String S)
} // Class String
```

例如：StrCompare('data','state')<0

StrCompare('cat','case')>0

StrCompare('cat','cat')=0

例如：Concat(T,"man","kind")

求得　T="mankind"

例如：SubString(sub,"commander",4,3)

求得　sub="man";

例如：设串 s_1="ABCDEFG"，s_2="PQRST"，则函数

（1）con(s_1,s_2)返回 s_1 和 s_2 串的连接串，即 con(s_1,s_2)="ABCDEFGPQRST"。

（2）subs(s_1,2,5)返回串 s_1 的从序号 2 开始的 5 个字符组成的子串，即 subs(s_1,2,5)="BCDEF"。

（3）len(s_1)返回串 s_1 的长度，即 len(s_1)=7。

（4）组合函数 con(subs(s_1,2,len(s_2)),subs(s_1,len(s_2),2)) = con("BCDEF","EF")，即"BCDEFEF"。

5.1.3　串的存储结构

串的存储是指串怎样在内存中存放。串的存储一般有 3 种方式，即定长顺序存储表示、堆分配存储表示和块链结构存储表示。采用哪种存储方法与在串上进行的操作有关。

1. 定长顺序存储表示

定长顺序存储表示方法是一种静态的存储方法。该方法用一组地址连续的存储单元依次存放串中的字符。作如下定义：

```
#define MAXSTRLEN  255                           //用户可在255以内定义最大串长
typedef unsigned char Sstring[MAXSTRLEN+1];     //0号单元存放串的长度
```

用户可以定义串长小于或等于 255 的任意长度的字符串，如果长度大于 255，剩余部分将被截去。这种存储结构在实现串连接、求子串这些操作时非常方便，由于待处理的字符串不可能恰好与定义好的存储空间相一致，所以该方法的缺点是会造成存储空间的浪费。

在 C++中实现串的定长顺序存储及串的有关操作需要创建一个类：SSTRING。将 Sstring 类型的变量作为 SSTRING 类的私有成员变量，将串的操作作为该类的成员函数。

SSTRING 类定义如下：

```
Class SSTRING {
    private:
        SSTRING S;
    public:
        SSTRING(){S="";}                                    //构造函数
        ~ SSTRING(){destroy(S);S="";}                       //析构函数
        void StrAssign(S,chars);                            //串赋值
        void StrCopy(Sstring S,Sstring T);                  //串拷贝
        bool StrEmpty(Sstring S);                           //串判空
        int StrLength(Sstring S);                           //求串长
        void concat(Sstring T,Sstring S1,Sstring S2);       //串连接
        Sstring SubString(S,pos,len);                       //求子串
        …
}
```

在该类定义下，实现串的concat和SubString操作的算法如下：

【算法5-1】Concat。

输入：两个字符串。

输出：这两个串连接后得到的串。

代码如下：

```
void SSTRING::Concat(SString &T,SString S1,SString S2){
    //用T返回由S1和S2联接而成的新串。若未截断，则返回TRUE，否则返回FALSE
    if(S1[0]+S2[0]<=MAXSTRLEN){                    //未截断
        T[1..S1[0]]=S1[1..S1[0]];
        T[S1[0]+1..S1[0]+S2[0]]=S2[1..S2[0]];
        T[0]=S1[0]+S2[0];
        uncut=TRUE;
    }
    else if(S1[0]<MAXSTRSIZE){                     //截断
            T[1..S1[0]]=S1[1..S1[0]];
            T[S1[0]+1..MAXSTRLEN]=S2[1..MAXSTRLEN-S1[0]];
            T[0]=MAXSTRLEN;
            uncut=FALSE;
        }
        else{                                      //截断，仅取S1
            T[0..MAXSTRLEN]=S1[0..MAXSTRLEN];
            uncut=FALSE;
        }
    return uncut;
} //Concat
```

【算法5-2】SubString。

输入：字符串S。

输出：字符串满足条件的子串。

代码如下：

```
Sstring SSTRING::SubString(SString S,int pos,int len){
    //用Sub返回串S的第pos个字符起长度为len的子串
    //其中，1≤pos≤Strlength(S)且0≤len≤Strlength(S)-pos+1
    if(pos<1||pos>S[0]||len<0||len>S[0]-pos+1)
        return ERROR;
    Sub[1..len]=S[pos..pos+len-1];
    Sub[0]=len;
    return OK;
}//SubString
```

2. 堆存储表示

堆存储表示方法是串的动态存储表示方法。与定长顺序存储表示方法相比，堆存储表示方法可以根据串的长度来分配空间，从而有效地减少对存储空间的浪费。作如下定义：

```
typedef  struct{
    char *ch;            //若是非空串，则按串长分配存储区，否则ch为NULL
    int  length;         //串长度
} HString;
```

在C++中实现串的堆存储表示方法及串的有关操作需要创建一个类：HSTRING。将HString

类型的变量作为 HSTRING 类的私有成员变量，将串的操作作为该类的成员函数。

HSTRING 类定义如下：

```
Class HSTRING{
   private:
      Hstring S;
   public:
      HSTRING(){S="";}                                      //构造函数
      ~ HSTRING(){destroy(S);S="";}                         //析构函数
      void StrAssign(S,chars);                              //串赋值
      void StrCopy(Hstring S,Sstring T);                    //串拷贝
      bool StrEmpty(Hstring S);                             //串判空
      int StrLength(Hstring S);                             //求串长
      void concat(Hstring T,Hstring S1,Hstring S2);         //串连接
      Hstring SubString(S,pos,len);                         //求子串
}
```

在该类定义下，实现串的 StrInsert、StrAssign、StrCompare、Concat 以及 SubString 操作的算法如下：

【算法 5-3】StrInsert。

输入：字符串 *S*。

输出：在 *S* 中插入某个子串后得到的串。

代码如下：

```
void HSTRING::StrInsert(Hstring& S,int pos,HString T){
   //1≤pos≤StrLength(S)+1。在串 S 的第 pos 个字符之前插入串 T
   if(pos<1||pos>S.length+1) return ERROR      //pos 不合法
   if(T.length){                                //T 非空，则重新分配空间，插入 T
      if(!(S.ch=(char*)realloc(S.ch,(S.length+T.length)*sizeof(char))))
         exit (OVERFLOW);
      for(i=S.length-1;i>=pos-1;i--)            //后移元素，为插入 T 腾出位置
      S.ch[i+T.length]=S.ch[i];
      S.ch[pos-1..pos+T.length-2]=T.ch[0..T.length-1];   //插入
      S.length+=T.length;
   }
   return OK;
} //StrInsert
```

【算法 5-4】StrAssign。

输入：待赋值的串 T，已知字符串 chars。

输出：将 chars 中的字符串值赋给串变量 T。

```
void StrAssign(Hstring T,char *chars){
   //生成一个其值等于串常量 chars 的串 T
   if(T.ch)  free(T.ch);                                  //释放原空间
   for(i=0,c=chars;*c;++i,++c);                           //求串长
      if(!i){
         T.ch=NULL;T.length=0;
      }                                                   //空串
      else {
         if(!(T.ch=(char *)malloc(i*sizeof(char))))       //申请存储
            exit(overflow);
         T.ch[0..i-1]=chars[0..i-1];                      //复制
```

```
        T.length=i;
      }
   return OK;
}//StrAssign
```

【算法 5-5】StrCompare。

输入：待比较的字符串 *S* 和 *T*。

输出：比较结果（相等，大于，小于）。

```
int  StrCompare(Hstring S,Hstring T){
   //S>T，返回值>0; S==T，返回值 0 ; S<T,返回值<0
   for(i=0;i<S.length&&i<T.length;++i)                    //i 为同步指针
      if(S.ch[i]!=T.ch[i])
         return(S.ch[i]-T.ch[i]);
   return  S.length-T.length;
}//StrCompare
```

【算法 5-6】Strlength。

输入：字符串 *S*。

输出：字符串 *S* 的长度。

```
int  Strlength(Hstring S){
//返回 S 的元素个数，即串长
   return S.length;
}//Strlength
```

【算法 5-7】ClearString。

输入：字符串 *S*。

输出：空字符串 *S*。

```
status ClearString(Hstring S){
   if(S.ch){
      free(S.ch);
      S.ch=NULL;
   }
   S.length=0;
   return OK;
}//ClearString
```

【算法 5-8】Concat。

输入：待连接的字符串 S_1、S_2 以及连接结果串 *T*。

输出：连接结果字符串 *T*。

```
Status Concat(HString &T,HString S1,HString S2){
//用 T 返回由 S1 和 S2 连接而成的新串
   if(T.ch)free(T.ch);                                    //释放旧空间
   if(!(T.ch=(char*)malloc((S1.length+S2.length)*sizeof(char))))
      exit(OVERFLOW);
   T.ch[0..S1.length-1]=S1.ch[0..S1.length-1];
   T.length=S1.length+S2.length;
   T.ch[S1.length..T.length-1]=S2.ch[0..S2.length-1];
   return OK;
} //Concat
```

【算法 5-9】SubString。

输入：字符串 *S* 以及子串的位置 pos 和长度 len。

输出：字符串 *S* 中指定位置和长度的子串 Sub。

```
void SubString(HString &Sub,HString S,int pos,int len){
//用 Sub 返回串 S 的第 pos 个字符起长度为 len 的子串
    if(pos<1||pos>S.length||len<0||len>S.length-pos+1)
        return ERROR;
    if(Sub.ch)free(Sub.ch);                    //释放旧空间
    if(!len){
        Sub.ch=NULL;Sub.length=0;
    } //空子串
    else{
        申请存储空间、复制
    } //完整子串
    return OK;
} //SubString
```

3. 串的块链存储表示

块是指一组连续的字符。块链存储表示是把串分成指定等长的块，每一块用一个结点表示，把各块链成一个链表，链表由结点相连，结点由数据域和指针域构成。当一个结点不满时，用特殊字符（如'#'）填充。串的结点中可以存放一个或者几个字符，这取决于串的特点和人为的定义。若块的长度为 1，就是以单字符为结点的链表结构。

结点大小为 1 的块链表示如下：

```
struct list{
    list *next;
    Char data;
};
```

如果链表中每个结点存放 4 个字符，需要定义大小为 5 的结点。

```
Struct list{
    list *next;
    Char data[4];
};
```

对于字符串"ABCDEFGHI"来说，上述两种块链存储结构如图 5-1 所示。

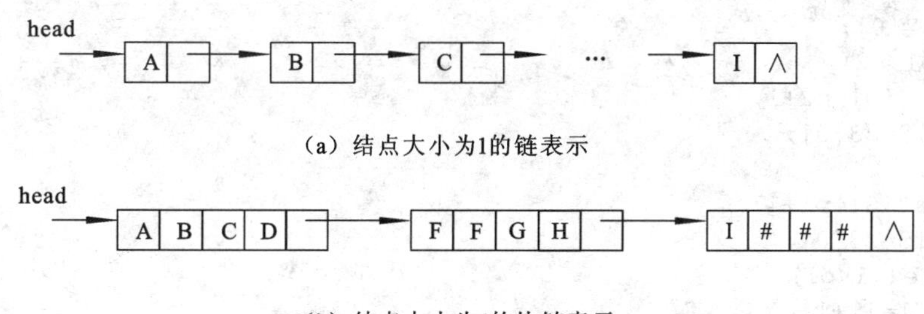

图 5-1　串的块链存储结构

5.2　大整数计算器的顺序实现

【解决案例】

（1）使用定长顺序存储表示两个参与运算的大整数，使用两个数组 s1 和 s2 分别表示这两个大整数。

（2）设置两个下标变量 i1 和 i2 从 s1 和 s2 的 1 号下标移动到最后一个下标。

（3）将 i1 和 i2 所指下标处的数据域转换成数值相加，新建一个数组存放相加所得的和并且加上上一次计算的进位，事先定义好的变量存放进位。

（4）移动 i1 和 i2，重复上述操作直到 s1 和 s2 中的数位都计算完毕。

【参考代码】

```
#include <iostream>
using namespace std;
#define MAXSTRLEN 255                              //定义最大串长
typedef unsigned char Sstring[MAXSTRLEN+1];        //0 号单元存放串的长度
SSTRING 类定义如下:
Class SSTRING{
   private:
      Sstring S;
   public:
      SSTRING(){S="";}                             //构造函数
      ~ SSTRING(){destroy(S);S="";}                //析构函数
      Sstring add(Sstring s1,Sstring s2);          //大整数相加
      void PrintString(Sstring s);                 //输出大整数
   }
Void SSTRING::PrintString(Sstring s){
      int i=1;
      While(i<=s[0]){
      cout<<s[i];
      i++;
   }
}
Sstring SSTRING::add(Sstring s1,Sstring s2){
   int i1,i2,i3;
   Sstring s3;
   i1=1;
   i2=1;
   p1=s1[0];
   p2=s2[0];
   if(p1<p2)
      s3[0]=p2+1;
      i3=s3[0];
   else
      s3[0]=p1+1;
      i3=s3[0];
   while(i1<p1)
      i1=i1+1;
   while(i2<p2)
      i2=i2+1;
   jinwei=0;
   while((p1!=0)&&(p2!=0)){
      jinwei=(s1[i1]+s2[i2]+jinwei)\10;
      sum=(s1[i1]+s2[i2])mod 10;
      p1=p1-1;p2=p2-1;
      i1=i1-1;
      i2=i2-1;
      s3[i3]=sum;
```

```
        i3=i3-1;
    }
    if(p1==0){
        while(p2!=0){
           jinwei=(s2[i2]+jinwei)\10;
           sum=(s2[i2])mod 10;
           p2=p2-1;
           i2=i2-1;
           s3[i3]=sum;
           i3=i3-1;
        }
    }
    else{
        while(p1!=0){
            jinwei=(s1[i1]+jinwei)\10;
            sum=(s1[i1])mod 10;
            p1=p1-1;
            i1=i1-1;
            s3[i3]=sum;
            i3=i3-1;
        }
    }
    return s3;
}
int main(){
    SSTRING s1,s2,s3;
    cin>>"请输入 2 个大整数:">>s1;
    cin>>s2;
    s3=s1.add(s1,s2);
    s3.print(s3);                              //打印计算结果
    return 0;
}
```

5.3 大整数计算器的链式实现

【解决案例】

（1）使用块链结构存储两个参与运算的大整数，假设两个链表为 list1 和 list2。

（2）设置两个指针 p1 和 p2 从 list1 和 list2 的头指针移动直到指向最后一个结点。

（3）将 p1 和 p2 所指结点的数据域转换成数值相加，新建一个结点存放相加所得的和并且加上上一次计算的进位，事先定义好的变量存放进位。将此结点连在上一次新建的结点上，这是第一次新建结点，将结点的 next 域赋值为空指针。

（4）删除 list1 和 list2 的最后一个结点，从第（2）步开始重复。直到 list1 和 list2 都为空。

【参考代码】

```
#include <iostream>
using namespace std;
//串以块链存储，定义结点结构
struct list{
    list *next;
    Char data;
```

```
};
//定义块链类
Class ChunkLinkList{
   private:
      list L;                                                  //头指针
   public:
      ChunkLinkList(){L=NULL;}                                 //构造函数
      ~ ChunkLinkList(){destroy(L);L=NULL;}                    //析构函数
      void creat();                                            //建立链表
      list add(list L1,list L2);                               //加法运算
      void PrintString(list L);                                //输出大整数
}
//加法运算
list ChunkLinkList::add(list L1,list L2){
   list p1,p2;
   list L3;
   L3=NULL;
   while((L1!=NULL)&&(L2!=NULL)){
      p1=L1;p2=L2;
      jinwei=0;
      while(p1->next!=NULL)
         p1=p1->next;
      while(p2->next!=NULL)
         p2=p2->next;
      jinwei=(p1->data+p2->data+jinwei)\10;
      sum=(p1->data+p2->data)mod 10;
      delete(p1);delete(p2);
      p=(list)malloc(sizeof(list));
      p->next=L3;
      p->data=sum;
      L3=p;
   }
   if(L1==NULL){
      p2=L2;
      while(p2->next!=NULL)
         p2=p2->next;
      p2->data=p2->data+jinwei;
      p2->next=L3;
      return L2;
   }
   else{
      p1=L1;
      while(p1->next!=NULL)
         p1=p1->next;
      p1->data=p1->data+jinwei;
      p1->next=L3;
      return L1;
   }
}
Void ChunkLinkList::PrintString(list L){
   while(L!=NULL){
      cout<<L->data;
      L=L->next;
   }
}
```

```
int main(){
    list L1,L2,L3;
    L1.create();                              //创建第一个大整数链表
    L2.create();                              //创建第二个大整数链表
    L3=L1.add(L1,L2);                         //两个大整数相加
    L3.print(L3);                             //打印计算结果
    return 0;
}
```

本代码段只实现了大整数的加法运算，链表的创建、插入和删除操作在第2章中有描述，大整数的减法、乘法和除法运算与加法运算相似。

5.4 算法分析

在大整数计算器的实现过程中，加法运算需要遍历两个大整数中的每一数位，假设大整数A有m位数，大整数B有n位数，则加法运算的时间复杂度为$O(\mathrm{MAX}(m,n))$。减法运算类似于加法运算，也是需要遍历两个大整数的每个数位，其时间复杂度为$O(\mathrm{MAX}(m,n))$。乘法运算需使用一个整数的每个数位与另一整数相乘，所以时间复杂度为$O(m \times n)$。

5.5 串的其他应用

串的模式匹配通常是指子串的定位操作。简单地说就是指给定一个主串T和一个子串P，求在T中第一次出现P的位置。模式匹配要求指定搜索的起始位置，搜索的起始位置不同，搜索的结果也不相同。串的模式匹配是各种串处理系统中最重要的操作之一，可以应用到许多地方，如用户在网上根据关键字搜索信息的过程就是模式匹配的过程。

5.5.1 简单模式匹配

简单模式匹配（即Brule-Force算法，简称BF算法）的思想是：

从主串S的第pos个位置起和模式串T的第一个字符进行比较，若相等，则继续逐个比较后续字符，如果完全相同，则说明匹配成功，返回pos；否则从主串的下一个字符起重新和模式串的字符进行比较。依此类推，直至模式T中的每个字符依次和主串S中的一个连续的字符序列相等，则称匹配成功，返回模式T中第一个字符相等的字符在主串S中的序号；若S中的剩余字符个数小于模式T的字符个数，则称匹配不成功，返回零值。

串的模式匹配就是串的基本操作中的Index操作，假设串由定长顺序存储表示，该操作的简单算法如下：

【算法5-10】Index。

输入：字符串S。

输出：某个子串在S中的位置。

代码如下：

```
int SSTRING::Index(SString S,SString T,int pos){
//简单模式匹配算法
//返回T在S中第pos位置起的位置。若不存在，返回0
    i=pos;j=1;
    While(i<S[0]&&j<T[0]){
```

```
        if(S[i]==T[j]){
            i++;j++
        }
        else{
            i=i-j+2;
            j=1;
        }                                        //回退指针，重新开始匹配
    }
    if(j>T[0]) return i-T[0];
    else return 0;
}
```

【例 5-1】设模式串 S="ababcabcacbab"，匹配串 T="abcac"，pos=1，则简单模式匹配过程如图 5-2 所示。当第 6 趟匹配结束时，模式串中所有的字符都得到了匹配，返回 T 在 S 中的位置 6。

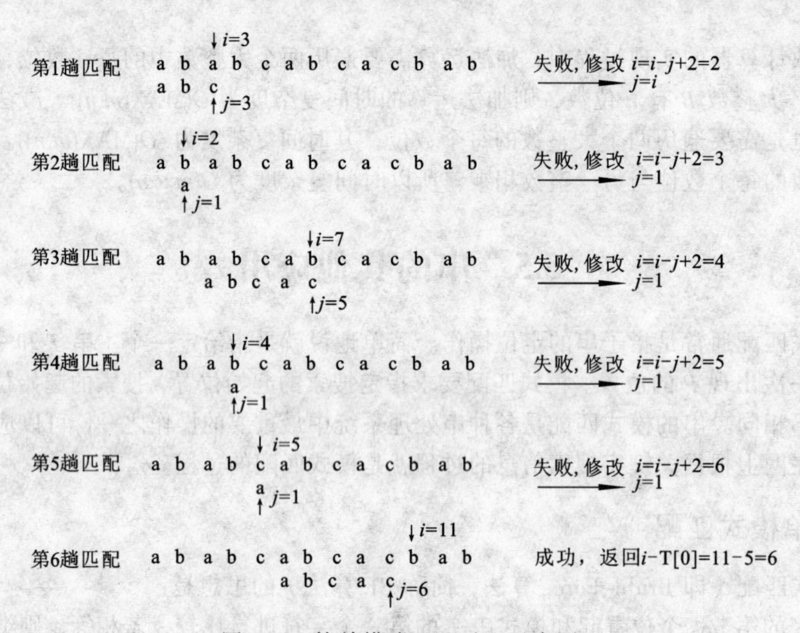

图 5-2 简单模式匹配过程示意图

算法 5-10 的思路和匹配过程容易理解，但是指针回溯次数多，算法执行效率低。假如串 S 和 T 的长度分别为 n 和 m，那么该算法在最好情况的时间复杂度为 $O(n+m)$；该算法在最坏情况下的时间复杂度为 $O(n\times m)$。

5.5.2 KMP 模式匹配

KMP 算法是 D.E. Knuth、J.H. Morris 和 V.R. Pratt 共同提出来的，所以称为 Knuth－Morris－Pratt 算法，简称 KMP 算法。该算法可以在 $O(n+m)$时间的数量级上完成字符串的模式匹配过程。

1. KMP 方法的思想

KMP 算法比简单模式匹配算法有较大的改进，该方法主要是避免了主串指针的回溯，从而提高了算法的效率。

为了更好地了解 KMP 算法避免主串指针回溯的原理，首先分析一下图 5-2 所示的简单模式匹配过程。在第 3 趟匹配过程中，s_3～s_6 和 t_1～t_4 是匹配成功的，$s_7\neq t_5$，因此有了第 4 趟，即回溯 s_4 又与 t_1 开始比较，实际上第 4 趟比较是不必要的：由图 5-2 可以看出，第 3 趟中有 $s_4=t_2$，

但 $t_1 \neq t_2$，那么一定有 $t_1 \neq s_4$。同理可得第5趟比较也是不必要的，因而可从第3趟比较之后直接到第6趟比较。

仔细分析第6趟比较，发现 s_6 与 t_1 的比较是多余的，由于第3趟比较中已有 $s_3 \sim s_6 = t_1 \sim t_4$，它包含着 $s_6=t_4$，而 $t_4=t_1$，因此必有 $s_6=t_1$，由此可得第6趟比较可直接从第7个字符 s_7 与 t_2 开始进行，即在第3趟匹配失效后，指针 i 不动，仅需将模式串 T 向右“滑动”，用 t_2 对准 s_7，继续进行后面的匹配，依此类推。这样的处理方法中指针 i 是无回溯的。

现在讨论一般情况，假设主串为 $S=\text{"}s_1s_2\cdots s_n\text{"}$，模式串为 $T=\text{"}t_1t_2\cdots t_m\text{"}$，为了避免主串指针的回溯，需要解决的问题是：当主串的第 i 个字符与模式串的第 j 个字符“失配”（即有"$s_{i-j+1}s_{i-j+2}\cdots s_{i-1}$"="$t_1t_2\cdots t_{j-1}$"，且"$s_i$"≠"$t_j$"）时，主串的第 i 个字符应与模式串的哪个字符继续比较？若假设此时应与模式串中第 k 个字符进行比较，那么模式串中前 $k-1$ 个字符的子串必须满足关系式（5-2），且不存在 $k'>k$ 满足关系式（5-2）。

$$\text{"}t_1t_2\cdots t_k\text{"}=\text{"}s_{i-k+1}s_{i-k+2}\cdots s_{i-1}\text{"} \tag{5-2}$$

而已经得到的部分匹配结果是

$$\text{"}t_{j-k+1}t_{j-k+2}\cdots t_{j-1}\text{"}=\text{"}s_{i-k+1}s_{i-k+2}\cdots s_{i-1}\text{"} \tag{5-3}$$

由式（5-2）和（5-3）可推得等式

$$\text{"}t_1t_2\cdots t_k\text{"}=\text{"}t_{j-k+1}t_{j-k+2}\cdots t_{j-1}\text{"} \tag{5-4}$$

此外，若模式串中存在满足式（5-4）的两个子串，那么在匹配过程中，主串中第 i 个字符与模式串第 j 个字符比较不等时，仅需要将模式串向右滑动至模式串第 k 个字符和主串中第 i 个字符对齐，此时，模式串中前 $k-1$ 个字符串"$t_1t_2\cdots t_{k-1}$"必定与主串中第 i 各字符前长度为 $k-1$ 的子串"$s_{i-k+1}s_{i-k+2}\cdots s_{i-1}$"相等，因此匹配仅需从模式串中第 k 个字符与主串中第 i 个字符比较起继续进行。

若令 $\text{next}(j)=k$，则 $\text{next}(j)$ 表明当模式串的第 j 个字符与主串的第 i 个字符“失配”时，在模式串中需要重新和主串中的字符 s_i 进行比较。由此可得如下的模式串 next(j) 函数的定义：

$$\text{next}(j)=\begin{cases}0 & \text{当} j=1\\ \max\{k \mid 1<k<j \text{且"}s_1s_2\ldots s_{k-1}\text{"="}s_{j-k+1}\ldots s_{j-1}\text{"}\} & \text{当此集合非空}\\ 1 & \text{其他情况}\end{cases}$$

根据以上定义，模式串"abaabcac"的 next(j) 函数值如表5-1所示。

表5-1 next(j)函数值计算

j	1	2	3	4	5	6	7	8
模式串	a	b	a	a	b	c	a	c
next(j)	0	1	1	2	2	3	1	2

2．KMP算法

设 next(j) 函数值已经求出并存放在同名数组 next 中，即 next[j]=next(j)。有了 next(j) 函数值之后，KMP算法可按如下规则进行：

（1）假设指针 i 和 j 分别指示主串和模式串中正待比较的字符，令 i 的初值为 p，j 的初值为1。

（2）在匹配过程中若有"s_i"="t_j"，则 i 和 j 分别增1。

（3）在匹配过程中若有"s_i"≠"t_j"，则 i 的值保持不变，j 退到 next[j] 的位置，重新进行匹配，直到出现如下两种可能情况：

① 当 j 退到某个 next 值时字符比较相等，则 i 和 j 分别增 1，继续匹配。

② 当 j 退到零值，即模式串的第一个字符“失配”，则 i 和 j 也分别增 1，此时表明从主串的下一个字符起与模式串的第一个字符重新开始匹配。

【例 5-2】令 S="acabaabaabcacaabc"，T="abaabcac"，根据 next()函数定义可得 next 数组值如表 5-1 所示，则 KMP 算法模式匹配过程 4 如图 5-3 所示。

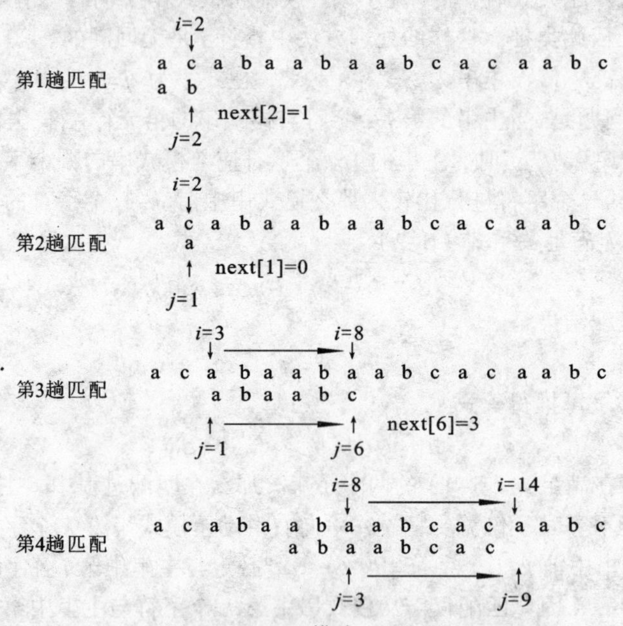

图 5-3　KMP 模式匹配过程

与简单模式匹配算法相比，KMP 算法的特点是：当匹配过程中产生“失配”时，无须回溯，保持指针 i 不变，只需要将指针 j 退到 next[j]的位置，重复进行比较即可。当指针 j 退到 0 时，指针 i 和 j 同时增 1，从主串的第 i+1 个字符起重新进行匹配。KMP 的算法描述如下：

【算法 5-11】KMP。

输入：字符串 S。

输出：S 的某个子串在 S 中的位置。

代码如下：

```
int SSTRING::KMP(SString S,SString T,int pos){
   //KMP 算法
   i=pos;j=1;
    while(i<=S[0]&&j<=T[0]){
      if(j=0||S[i]==T[j]){
         ++i;
         ++j;
      }                                    //继续比较后继字符
      else  j=next[j];                     //模式串向右移动
   }//while
   if(j>T[0])  return i-T[0];              //匹配成功
   else return 0;
}
```

3. next()函数的求解

KMP 算法中需要事先计算一个 next 数组，当主串和模式串中的字符匹配“失配”的时候，由 next 数组决定模式串向右滑动的位置。

next 数组的计算方法仅取决于模式串本身，与主串无关。可以通过递推的方法来计算 next()函数值。由定义可知：next[1]=0，设 next[j]=k，则在模式串中存在如下关系：'$t_1\cdots t_{k-1}$'='$t_{j-k+1}\cdots t_{j-1}$'，那么对于 next[j]值有以下两种情况：

（1）若 $t_k=t_j$，则说明在模式串中有'$t_1\cdots t_k$'='$t_{j-k+1}\cdots t_j$'，这表明有 next[j+1]=k+1，于是有 next[j+1]=next[j]+1。

（2）若 $t_k\neq t_j$，则说明'$t_1\cdots t_k$'≠'$t_{j-k-1}\cdots t_j$'，此时可以把求 next()函数值的问题看作是一个模式匹配问题，整个模式串既是主串又是模式串，而当前匹配结果是'$t_1\cdots t_{k-1}$'='$t_{j-k+1}\cdots t_{j-1}$'，则当 $t_k\neq t_j$ 时应将模式串向右滑动，使得模式串中第 next[k]个字符和主串中的第 j 个字符相比较。若 next[k]=k'，且 $t_{k'}=t_j$，则表明在主串中第 j+1 个字符前存在一个最大长度为 k'的子串，使得'$t_1\cdots t_{k'}$'≠'$t_{j-k'-1}\cdots t_j$'，因此 next[j+1]=next[k]+1；同理，若 $t_k\neq t_j$，则模式串继续向右滑动至 next[k']个字符与 t_j 对齐，依此类推，直到 t_j 和模式串中的某个字符匹配成功或不存在任何 k'（$1<k'<k<\cdots<j$）满足'$t_1\cdots t_{k'}$'≠'$t_{j-k'-1}\cdots t_j$'，此时又 next[j]=1。

综上所述，求 next()函数值的算法如下：

【算法 5-12】 get_next。

输入：子串 S。

输出：S 的 next[]数组。

代码如下：

```
void get_next(SString &T,int &next[]){
//求 next[]值
//求模式串 T 的 next()函数值并存入数组 next
   i=1;next[1]=0;j=0;
   while(i<T[0]){
        if(j==0||T[i]==T[j]){
            ++i;++j;
            next[i]=j;
        }
        else  j=next[j];
    }
}
```

4. next()函数的改进

对于上述 next 数组的计算方法来说，当匹配串比较特殊时，这种方法存在一定的缺陷。如果模式串为 T='aaaab'，主串为 S='aaabaaaab'，i=4，j=4，由于 S[4]≠T[4]，由 next[j]的指示还需对 i=4、j=3，i=4、j=2，i=4，j=1 这 3 种情况考察比较。实际上，因为模式串 T 中前 3 个字符与第 4 个字符都相等，因此没有必要再和主串中第 4 个字符比较，直接将模式串 T 向右滑动 4 个字符的位置，然后进行 i=5、j=1 时的字符比较即可。考虑到这种情况，总结出 next()函数的修正值的算法 5-13。

【算法 5-13】 get_nextval。

输入：子串 S。

输出：S 的 nextval[]数组。

代码如下：

```
void get_nextval(SString &T,int &nextval[]){
// next[]修正值
```

```
//求模式串 T 的 next()函数修正值并存入数组 nextval
    i=1;nextval[1]=0;j=0;
    while(i<T[0]){
        if(j==0||T[i]==T[j]){
            ++i;
            ++j;
            if(T[i]!=T[j]) nextval[i]=j;
            else  nextval[i]=nextval[j];
        }
        else  j=nextval[j];
    }
}
```

【例 5-3】模式串 T='abaabcac'，则 next 数组和 nextval 数组计算如表 5-2 所示。

表 5-2 nextval(*j*)函数值计算

j	1 2 3 4 5 6 7 8
模式串	a b a a b c a c
next(*j*)	0 1 1 2 2 3 1 2
nextval(*j*)	0 1 0 2 1 3 0 2

小 结

本章讨论了另一种线性结构——串，通过大整数计算器的案例引入，以及对大整数计算器的加、减、乘、除等操作，引入串的定义术语和串的相关知识点，最后讨论了串的其他应用——模式匹配。

习 题

一、选择题

1. 下面关于串的叙述中，不正确的是（　　）。

   A. 串是字符的有限序列

   B. 空串是由空格构成的串

   C. 模式匹配是串的一种重要运算

   D. 串既可以采用顺序存储，也可以采用链式存储

2. 若串 *S*1='ABCDEFG'，*S*2='9898'，*S*3='###'，*S*4='012345'，执行 concat(replace(S1,substr(S1,length(S2),length(S3)),S3),substr(S4,index(S2,'8'),length(S2)))，其结果为（　　）

   A. ABC###G0123　　B. ABCD###2345　　C. ABC###G2345　　D. ABC###2345

   E. ABC###G1234　　F. ABCD###1234　　G. ABC###01234

3. 设有两个串 *p* 和 *q*，其中 *q* 是 *p* 的子串，求 *q* 在 *p* 中首次出现的位置的算法称为（　　）。

   A. 求子串　　B. 连接　　C. 匹配　　D. 求串长

4. 已知串 *S*='aaab'，其 next 数组值为（　　）。

   A. 0123　　B. 1123　　C. 1231　　D. 1211

5. 串'ababaaababaa'的 next 数组为（　　）。

A. 012345678999　B. 012121111212　C. 011234223456　D. 0123012322345

6. 字符串'ababaabab'的 nextval 为（　　）

A. (0,1,0,1,04,1,0,1)　B. (0,1,0,1,0,2,1,0,1)

C. (0,1,0,1,0,0,0,1,1)　D. (0,1,0,1,0,1,0,1,1)

7. 模式串 t='abcaabbcabcaabdab'，该模式串的 next 数组的值为（　　），nextval 数组的值为（　　）。

A. 0 1 1 1 2 2 1 1 1 2 3 4 5 6 7 1 2　B. 0 1 1 1 2 1 2 1 1 2 3 4 5 6 1 1 2

C. 0 1 1 1 0 0 1 3 1 0 1 1 0 0 7 0 1　D. 0 1 1 1 2 2 3 1 1 2 3 4 5 6 7 1 2

E. 0 1 1 0 0 1 1 1 0 1 1 0 0 1 7 0 1　F. 0 1 1 0 2 1 3 1 0 1 1 0 2 1 7 0 1

8. 若串 S='software'，其子串的数目是（　　）。

A. 8　B. 37　C. 36　D. 9

9. 设 S 为一个长度为 n 的字符串，其中的字符各不相同，则 S 中的互异的非平凡子串（非空且不同于 S 本身）的个数为（　　）。

A. $2n-1$　B. n^2　C. $(n^2/2)+(n/2)$

D. $(n^2/2)+(n/2)-1$　E. $(n^2/2)-(n/2)-1$

10. 串的长度是指（　　）。

A. 串中所含不同字母的个数　B. 串中所含字符的个数

C. 串中所含不同字符的个数　D. 串中所含非空格字符的个数

二、判断题

1. KMP 算法的特点是在模式匹配时指示主串的指针不会变小。（　　）

2. 设模式串的长度为 m，目标串的长度为 n，当 $n \approx m$ 且处理只匹配一次的模式时，朴素的匹配（即子串定位函数）算法所花的时间代价可能会更为节省。（　　）

3. 串是一种数据对象和操作都特殊的线性表。（　　）

三、填空题

1. 空格串是指________，其长度等于________。

2. 组成串的数据元素只能是________。

3. 一个字符串中________称为该串的子串。

4. INDEX('DATASTRUCTURE','STR')=________。

5. 设正文串长度为 n，模式串长度为 m，则串匹配的 KMP 算法的时间复杂度为________。

6. 模式串 P='abaabcac'的 next()函数值序列为________。

7. 字符串'ababaaab'的 nextval()函数值为________。

8. 设 T 和 P 是两个给定的串，在 T 中寻找等于 P 的子串的过程称为________，又称 P 为________。

9. 串是一种特殊的线性表，其特殊性表现在________；串的两种最基本的存储方式是________、________；两个串相等的充分必要条件是________。

10. 两个字符串相等的充分必要条件是________。

第6章 广义表和数组

在前几章讨论的线性结构中，同一个线性表的数据元素都属于相同的数据类型。而在本章对介绍的广义表的数据元素类型进行了一些拓展，即允许广义表中的元素为某一类型数据或者子表。

数组是人们熟悉的一种数据结构，它的特点是给定一组下标，能唯一地确定一个数据元素。几乎所有的程序设计语言都提供数组类型。数组中的数据元素本身还可以是具有某种结构的，但要属于同一种数据类型。数组一旦被定义，它的维数和维界就不再改变。除了数组结构的初始化和销毁之外，数组只有存取元素和修改元素值的操作。

6.1 案例引入及分析

本节从本科生导师制问题入手，分析其内部的组织结构，进而引出解决该问题适用的数据结构——广义表。

6.1.1 本科生导师制问题

【案例引入】

在高校的教学改革中，有很多学校实行了本科生导师制。将一个班级的学生分给 m 个导师，每个导师带 n 个学生，如果该导师还带研究生，那么该研究生也可以带本科生。

【案例分析】

一个学校可能有若干导师，导师可能直接带本科生，也可能通过研究生间接地带本科生，可以将每个导师及其带的学生作为表中的一个基本数据元素来组成一个线性表。每个导师及其管理的学生之间又形成一个线性关系，这就是广义表所要描述的数据结构。

用广义表来实现本科生导师制问题，其表中的数据元素有如下两种情况：

（1）导师不带研究生：

(导师,(本科生 1,本科生 2,⋯,本科生 n))

（2）导师带研究生：

(导师,((研究生 1,(本科生 n_1,本科生 n_2,⋯)),(研究生 2,(本科生 m_1,本科生 m_2,⋯)),⋯,本科生 k_1,本科生 k_2,⋯))

6.1.2 广义表的定义

广义表是线性表的推广。也有人称其为**列表**（lists，用复数形式以示与统称的表 list 的区别）。

广义表的抽象数据类型定义如下：

```
ADT GList {
数据对象 D: D={eᵢ|i=1,2,…,n;n≥0;eᵢ∈AtomSet 或 eᵢ∈GList, AtomSet 为某种原子
数据对象}
数据关系 R: Rᵢ={<eᵢ₋₁,eᵢ>|eᵢ₋₁,eᵢ∈D, 2≤i≤n}
基本操作 P: 创建空的广义表 L;
           销毁广义表 L;
           复制广义表 L 得到广义表 T;
           求广义表的长度;
           求广义表的深度;
           判定广义表是否为空;
           遍历广义表;
           等等。
} ADT GList
```

广义表一般记作：

$$LS=(\alpha_1,\alpha_2,\alpha_3,\cdots,\alpha_n)$$

其中：LS 是广义表$(\alpha_1,\alpha_2,\alpha_3,\cdots,\alpha_n)$的名称；$n$ 是它的长度。在线性表的定义中，a_i（$1\leqslant i\leqslant n$）只限于是单个元素。而在广义表的定义中，α_i 可以是单个元素，也可以是广义表，分别称为广义表 LS 的**原子**和**子表**。习惯上，用大写字母表示广义表的名称，用小写字母表示原子。当广义表 LS 非空时，称第一个元素 α_1 为 LS 的**表头**（head），称其余元素组成的表$(\alpha_2,\alpha_3,\cdots,\alpha_n)$为 LS 的**表尾**（tail）。

显然广义表的定义是一个递归的定义，因为在描述广义表时又用到了广义表的概念。下面列举一些广义表的例子。

（1）A=()表示 A 是一个空表，它的长度为零。

（2）B=(e)表示列表 B 只有一个原子 e，B 的长度为 1。

（3）C=(a,(b,c,d))表示列表 C 的长度为 2，两个元素分别为原子 a 和子表(b,c,d)。

（4）D=(A,B,C)表示列表 D 的长度为 3，3 个元素都是列表。显然，将子表的值代入后，有 D=((),(e),(a,(b,c,d)))。

（5）E=(a,E) 表示 E 是一个递归表，它的长度为 2。E 相当于一个无限列表 E=(a,(a,(a,...)))。

从上述定义和例子可以推出列表的 3 个重要结论：

（1）列表的元素可以是子表，而子表的元素还可以是子表。由此，列表是一个多层次的结构，广义表中元素的最大层次数为表的**深度**，可以用图形象地表示。例如，图 6-1 表示的是列表 D，图中以圆圈表示列表，以方块表示原子。D 对应的圆圈表示广义表 D 本身，故从图中可以看到 A、B、C 位于第一层，e、a 位于第二层，b、c、d 位于第三层，故表 D 的深度为 3。

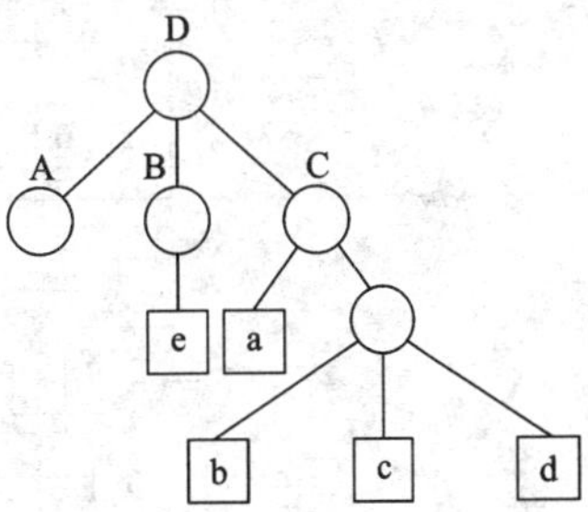

图 6-1　列表 D 的图形表示

（2）列表可被其他表所共享。例如，在上述例子中，列表 A、B 和 C 为 D 的子表，则在 D 中可以不必列出子表的值，而是通过子表的名称来引用。

（3）列表可以是一个递归的表，即列表也可以是其自身的一个子表。例如，E 就是一个递归表。根据前述对表头、表尾的定义可知：任何一个非空列表其表头可能是原子，也可能是列表，而其表尾必定为列表。例如：GetHead(B)=e，GetTail(B)=()，GetHead(D)=A，GetTail(D)=(B,C)。

由于(B,C)为非空列表，则可继续分解得到：GetHead((B,C))=B，GetTail((B,C))=(C)。

需要注意的是，列表( )和(( ))不同。前者为空表，长度 n=0；后者长度 n=1，可分解得到其表头、表尾均为空表( )。

6.1.3 广义表的存储结构

由于广义表($\alpha_1,\alpha_2,\alpha_3,\cdots,\alpha_n$)中的数据元素可以具有不同的结构（或是原子，或是表），因此难以用顺序存储结构表示，通常采用链式存储结构，主要有**头尾链表存储结构**和**扩展线性链表存储结构**两种方法，表中每个元素可用一个结点表示。

由于列表中的数据元素可能为原子或列表，由此需要两种结构的结点：一种是表的结点，用以表示列表；一种是原子结点，用以表示原子。上节讲到，若列表不为空，则可分解为表头和表尾；反之，一对确定的表头和表尾可唯一确定列表。因此，一个表结点可由 3 个域组成：标志域 tag（1 标明是表，0 标明是原子）、指示表头的指针域 hp 和指示表尾的指针域 tp；而原子结点只需要两个域：标志域 tag 和值域 atom，如图 6-2 所示。

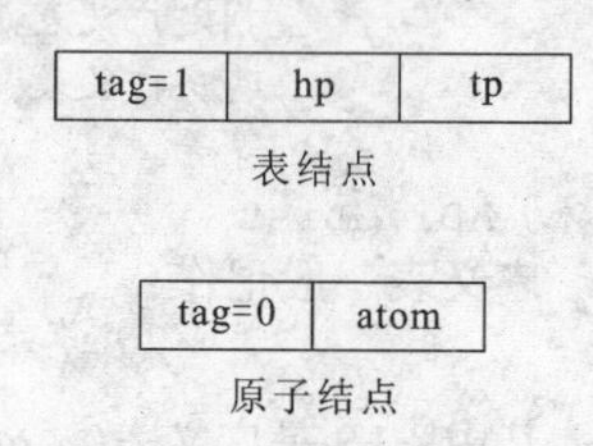

图 6-2 头尾链表存储结点结构

1. 广义表的头尾链表存储元素的结点结构定义

```
typedef int AtomType;                 //假设原子结点的值域为 int 型
struct GLNode{
    int tag;                          //标志域 0 或 1，用来区分原子和表
    union{                            //原子结点和表结点的联合部分
        struct ptrpt{
            GLNode *hp,*tp;           //ptr 是表结点的指针域，ptr.hp 和 ptr.tp 分别
                                        指向表头和表尾
        }ptr;
        AtomType atom;                //atom 是原子结点的值域，AtomType 由用户定义
    };
};
```

2. 广义表头尾链表存储结构图

根据广义表的存储表示，结合前文 A、B、C、D、E 五个广义表例子，它们的头尾链表存储结构如图 6-3 所示。

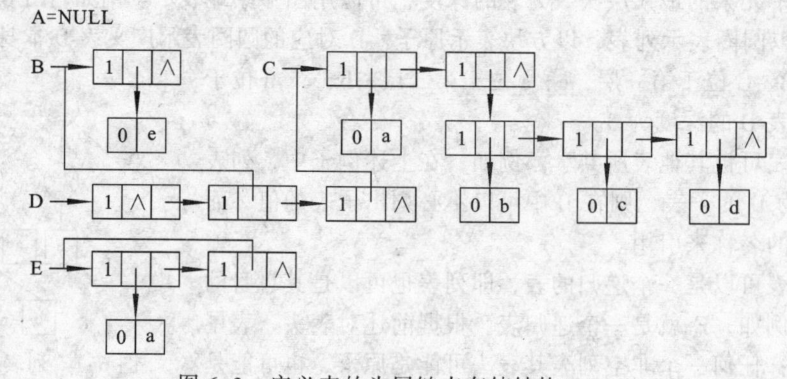

图 6-3 广义表的头尾链表存储结构

在这种存储结构中有几种情况：

（1）除空表的表头指针为空外，对任何非空列表，其表头指针均指向一个表结点，且该结点中的 hp 域指向另一个结点（或为原子结点，或为表结点）。

（2）容易分清列表中原子和子表所在层次。如在列表 D 中，原子 a 和 e 在同一层次上，而 b、c 和 d 在同一层次且比 a 和 e 低一层，B 和 C 是同一层的子表。

（3）最高层的表结点个数即为列表的长度。

以上 3 个特点在某种程度上给列表的操作带来了方便。

对于扩展线性链表存储结构，其结点结构如图 6-4 所示。其结点结构定义如下：

```
typedef char AtomType;
                    //假设原子结点的值域为 char 型
struct GLNode{
    int tag;        //标志域 0/1，用来区分原子和表
    union{          //原子结点和表结点的联合部分
        GLNode *hp;                     //表头指针域
        AtomType atom;                  //atom 是原子结点的值域，AtomType 由用户定义
    };
    GLNode *tp;                         //表尾指针域
};
```

tag=1	hp	tp

表结点

tag=0	atom	tp

原子结点

图 6-4　扩展线性链表存储结点结构

仍以前文 5 个广义表 A、B、C、D、E 为例，它们的扩展线性链表储存结构如图 6-5 所示。

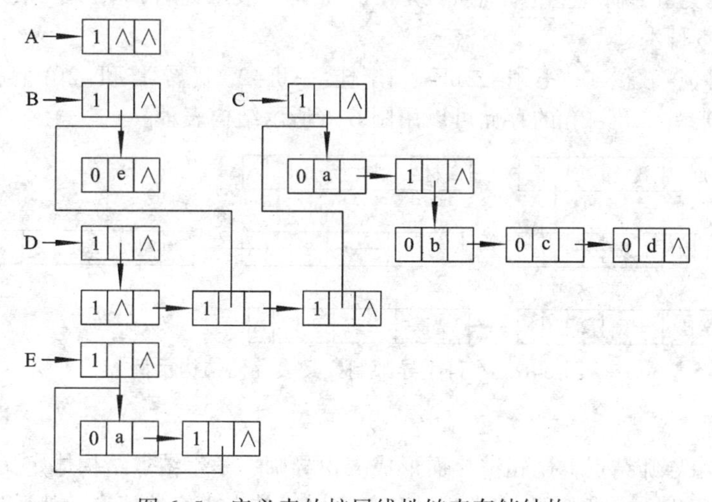

图 6-5　广义表的扩展线性链表存储结构

6.2　本科生导师制问题的实现

本科生导师制问题在实现过程中使用的数据结构是广义表，并采用头尾链表存储结构进行存储。

6.2.1　实现内容

要求完成以下功能：

（1）建立：建立导师广义表。

（2）插入：将某位本科生或研究生插入到广义表的相应位置。

（3）删除：将某本科生或研究生从广义表中删除。

（4）查询：查询某导师、某研究生或某本科生的信息。

（5）输出：输出广义表全部信息。

6.2.2 实现过程

1. 导师、学生结点结构体定义

```
struct GLNode{
    int tag;                    //结点类型: 导师-0, 研究生-1, 本科生-2
    struct{                     //结构体成员, 存放指针
        GLNode* next;           //指向同一级的下一个结点
        GLNode* lower;          //指向下一级的首结点
    }ptr;
    char name[20];              //导师或学生的姓名
    char occup[20];             //导师结点表示职称, 学生结点表示班级
};
```

结构体所表示的人员信息可用如下形式表示：李明亮-教授-0，王刚-二班-1，贺磊-一班-2。人员的各部分信息用“-”隔开，如李明亮-教授-0：“李明亮”表示姓名，“教授”表示职称，“0”表示该人员类型为导师；同理，王刚-二班-1：“王刚”表示姓名，“二班”表示班级，“1” 表示该人员类型为研究生；贺磊-一班-2：“贺磊”表示姓名，“一班”表示班级，“2” 表示该人员类型为本科生。

广义表((梁胜河-教授-0, (王刚-二班-1, (李佳-一班-2, 贺磊-二班-2))), (高材生-副教授-0, (马伟-一班-2, 刘星-二班-2)))的存储可以用图 6-6 所示结构表示。

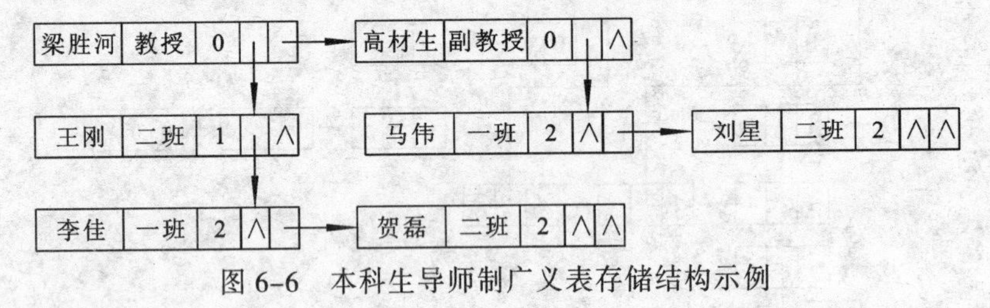

图 6-6　本科生导师制广义表存储结构示例

2. 建立导师广义表

导师广义表由导师结点首尾相链接而形成。由导师、学生结点结构体定义可知，需要用户提供“姓名”、“职称（或班级）”、“类型”信息来完成结点内容的填充，然后通过 next 指针链接同级结点，通过 lower 指针链接下一级结点。

导师广义表建立的函数 GListCreate()的具体代码如下：

```
GLNode* GListCreate(){                  //建立导师广义表
    GLNode* start=NULL,*temp;
    char name[20];
    char occup[20];
    cout<<"请按照提示输入各位导师的信息"<<'\n';
    cout<<"请输入第一位导师的姓名: ";
    cin>>name;
    if(strcmp(name,"0")){                       //对第一位导师的信息进行赋值
        GLNode* startTeacher=new GLNode;
        startTeacher->tag=0;
```

```
        strcpy(startTeacher->name,name);
        cout<<"请输入该导师的职称: ";
        cin>>occup;
        strcpy(startTeacher->occup,occup);
        startTeacher->ptr.next=NULL;
        startTeacher->ptr.lower=NULL;
        start=temp=startTeacher;
    }
    else{
        return NULL;
    }
    while(1){
        cout<<'\n'<<"请输入下一位导师的姓名(如完成输入请输入\"0\"): ";
        cin>>name;
        if(strcmp(name,"0")){                          //对后续导师的信息进行赋值
            GLNode* newTeacher=new GLNode;
            newTeacher->tag=0;
            strcpy(newTeacher->name,name);
            cout<<"请输入该导师的职称: ";
            cin>>occup;
            strcpy(newTeacher->occup,occup);
            newTeacher->ptr.next=NULL;
            newTeacher->ptr.lower=NULL;
            //将前一个插入的导师结点的 next 指针指向新插入的导师结点
            temp->ptr.next=newTeacher;
            temp=newTeacher;
        }
        else {
            cout<<"导师信息链表输入完成! "<<'\n'<<'\n';
            break;
        }
    }
    return start;                                      //返回导师广义表的首指针
}
```

3．插入学生结点

插入学生结点时，首先要输入学生结点的类型是本科生还是研究生，然后输入该学生的信息进行学生结点的填充，最后输入导师的姓名进行学生和导师关系的建立。但是，在建立师生关系时，由于学生结点类型的不同，因此会导致结点插入方式不同。

（1）研究生结点的插入。插入研究生结点时，根据输入的导师姓名决定该学生要插入到哪位导师结点的下级链表中。但在插入前首先要判断该导师是否已经带有学生，如果还没有带学生，则新插入的研究生结点作为导师下级链表的首结点；如果已经带有学生，则新插入的研究生结点将链接到该导师学生链表的末尾。

（2）本科生结点的插入。插入本科生结点时，首先要输入该学生是由导师直接带，还是由导师的研究生带。如果由导师直接带，其插入方式与研究生结点的插入方式相同；如果由研究生带，还需要输入该导师名下相应的研究生姓名，然后将此本科生结点插入到该研究生结点的下级链表中，其插入方式仍与研究生结点插入到导师结点下级链表中的方式相同。

插入学生结点函数 insertStudent(GLNode* start)的具体代码如下：

```
void insertStudent(GLNode* start){                    //插入学生结点
    int tag;
    char name[20];
    char occup[20];
    cout<<"请输入该学生的类型(研究生-1,本科生-2): ";
    cin>>tag;
    GLNode* newStudent=new GLNode;
    newStudent->tag=tag;
    cout<<"请输入该学生的姓名: ";
    cin>>name;
    strcpy(newStudent->name,name);
    cout<<"请输入该学生的班级: ";
    cin>>occup;
    strcpy(newStudent->occup,occup);
    newStudent->ptr.next=NULL;
    newStudent->ptr.lower=NULL;
    cout<<"请输入该学生的导师姓名: ";
    cin>>name;
    GLNode* temp=start;
    if(newStudent->tag==1{)                           //研究生结点的插入
        while(temp){                                  //遍历导师链表
            if(!strcmp(temp->name,name)){             //查找给定姓名的导师
                if(temp->ptr.lower){                  //导师已经带有学生
                    GLNode* temp1=temp->ptr.lower;
                    while(temp1->ptr.next){           //寻找研究生链表尾
                        temp1=temp1->ptr.next;
                    }
                    temp1->ptr.next=newStudent;       //插入新的研究生结点
                }
                else{                                 //导师还没有学生
                    //该研究生作为导师结点的下一级链表首结点
                    temp->ptr.lower=newStudent;
                }
                break;
            }
            temp=temp->ptr.next;
        }
    }
    else{                                             //本科生结点的插入
        int choose;
        cout<<"该本科生由导师带还是由研究生带(导师-0,研究生-1): ";
        cin>>choose;
        if(choose==0){             //如由导师直接带，其原理同研究生结点的插入
            while(temp){
                if(!strcmp(temp->name,name)){
                    if(temp->ptr.lower){
                        GLNode* temp1=temp->ptr.lower;
                        while(temp1->ptr.next){
                            temp1=temp1->ptr.next;
```

```
                }
                temp1->ptr.next=newStudent;
            }
            else{
                temp->ptr.lower=newStudent;
            }
            break;
        }
        temp=temp->ptr.next;
    }
}
else{           //如由该导师下的某研究生带，还需要查找该导师下的相应研究生
    while(temp){
        if(!strcmp(temp->name,name)){
            if(temp->ptr.lower){
                GLNode* temp1=temp->ptr.lower;
                cout<<"请输入相应研究生的姓名：";
                cin>>name;
                while(temp1){                   //遍历研究生链表
                    if(!strcmp(temp1->name,name) && temp1->tag==1)
                                                //查找给定姓名的研究生
                    {
                        if(temp1->ptr.lower){   //研究生已经带有学生
                            GLNode* temp2=temp1->ptr.lower;
                            while(temp2->ptr.next){
                                                //寻找本科生链表尾
                                temp2=temp2->ptr.next;
                            }
                            temp2->ptr.next=newStudent;
                                                //插入新的本科生结点
                        }
                        else{                   //研究生还没有学生
                            temp1->ptr.lower=newStudent;
                                                //该本科生作为研
                            //究生结点的下一级链表首结点
                        }
                        break;
                    }
                    temp1=temp1->ptr.next;
                }
                if(temp1==NULL){
                    cout<<"错误，没有姓名为："<<name<<" 的研究生！\n";
                    return;
                }
            }
            else{
                cout<<"插入结点失败，该导师还没有学生！\n";
                return;
            }
```

```
                        break;
                    }
                    temp=temp->ptr.next;
                }
            }
        }
        if(temp==NULL){
            cout<<"插入结点失败，没有姓名为: "<<name<<" 的导师！\n";
        }
        else{
            cout<<"结点插入成功！\n";
        }
    }
```

4．删除学生结点

删除学生结点时，由于不涉及导师级别链表中结点的删除，故只在第二、三级别链表中进行结点的删除。

（1）第二级别链表结点的删除（本科生结点或研究生结点的删除）。当删除的是第二级别首结点时，如果此结点是研究生结点，要分两种情况进行处理：该结点如果没有后继结点，则该结点的下级链表的首结点直接取代该结点，第三级别链表直接上升为第二级别链表；该结点如果有后继结点，那么要将此结点替换为后继结点，并使其下级链表首结点链接到当前级别结点链表的末尾，此时，第三级别链表上升为第二级别链表的一部分。如果此结点是本科生结点，直接将此结点替换为后继结点即可。

当删除的不是第二级别首结点时，将此结点替换为后继结点，同时将此结点下级链表首结点链接到当前级别结点链表的末尾即可。

（2）第三级别链表结点的删除（本科生结点的删除）。当删除的是第三级别结点时，情况比较简单，将此结点替换为后继结点即可。

删除学生结点函数 deleting(GLNode* start)的具体代码如下：

```
void deleting(GLNode* start){          //删除学生结点
    GLNode* temp=start;
    char name[20];
    cout<<"请输入要删除的学生对象的姓名: ";
    cin>>name;
    while(temp){                       //从导师结点级别链表开始遍历
        if(temp->ptr.lower){           //如果有第二级的结点，则进行第二级结点的遍历
            GLNode* temp1,*temp1Start,*temp1Pre=NULL;
            temp1Start=temp1=temp->ptr.lower;
            while(temp1 {      //遍历第二级结点(可能为研究生结点，也可能是本科生结点)
                if(!strcmp(temp1->name,name)){    //在第二级找到要删除的结点
                    if(temp1Start==temp1){        //要删除的是第二级首结点
                        if(temp1->tag==1){        //要删除的是研究生结点
                            //要删除的研究生结点没有后继结点
                            if(temp1->ptr.next==NULL){
                                temp->ptr.lower=temp1->ptr.lower;
                            }
                            else{
                                while(temp1Start->ptr.next){
```

```
                temp1Start=temp1Start->ptr.next;
            }
            //将要删除结点的下一级链表首结点链接到当前
            //级别结点链表的末尾
            temp1Start->ptr.next=temp1->ptr.lower;
            temp->ptr.lower=temp1->ptr.next;
        }
    }
    else{                //要删除的是本科生结点
        temp->ptr.lower=temp1->ptr.next;
    }
}
else{                    //要删除的不是第二级链表首结点
    while(temp1Start->ptr.next){
        temp1Start=temp1Start->ptr.next;
    }
    temp1Start->ptr.next=temp1->ptr.lower;
    temp1Pre->ptr.next=temp1->ptr.next;
}
cout<<"删除学生姓名为: "<<temp1->name<<"的对象成功! "<<'\n';
delete temp1;            //释放该结点指针
return;
}
//如果有第三级链表的结点，则进行第三级链表结点的遍历
if(temp1->ptr.lower){
    GLNode* temp2,*temp2Start,*temp2Pre=NULL;
    temp2Start=temp2=temp1->ptr.lower;
    while(temp2){        //遍历第三级链表结点(本科生结点)
                         //在第三级链表找到要删除的结点
        if(!strcmp(temp2->name,name){
            if(temp2Start==temp2){      //要删除的是第三级链表首结点
                temp1->ptr.lower=temp2->ptr.next;
            }
            else{        //要删除的不是第三级链表首结点
                temp2Pre->ptr.next=temp2->ptr.next;
            }
            cout<<"删除学生姓名为: "<<temp2->name<<" 的对象成功!
            "<<'\n';
            delete temp2;  //释放该结点指针
            return;
        }
        temp2Pre=temp2;
        temp2=temp2->ptr.next;
    }
}
temp1Pre=temp1;
temp1=temp1->ptr.next;
}
}
temp=temp->ptr.next;
```

```
    }
    if(temp==NULL){
        cout<<"删除学生结点失败，没有姓名为: "<<name<<" 的对象! "<<'\n';
    }
}
```

5．查询广义表中人员信息

查询人员时，在本案例中采用深度优先搜索的方式进行查找，即查询完一个导师及其全部学生后，开始下一个导师及其学生的查询。找到与用户输入姓名相同的人员时，输出该人员的全部信息，然后结束查询。

查找人员函数 querying(GLNode* start)的具体代码如下：

```
void querying(GLNode* start){              //查询广义表中人员信息
    GLNode* temp=start;
    char name[20];
    cout<<"请输入要查询对象的姓名: ";
    cin>>name;
    while(temp){                           //导师级链表结点的查询
        if(!strcmp(temp->name,name)){
            cout<<"查找成功! "<<'\n'<<"查询结果: ";
            cout<<temp->name<<"-"<<temp->occup<<"-"<<temp->tag<<'\n';
            return;
        }
        if(temp->ptr.lower){      //如果有第二级链表的结点，则在第二级链表结点中查询
            GLNode* temp1=temp->ptr.lower;
            //第二级链表结点(可能为研究生结点，也可能是本科生结点)的查询
            while(temp1){
                if(!strcmp(temp1->name,name)){
                    cout<<"查找成功! "<<'\n'<<"查询结果: ";
                    cout<<temp1->name<<"-"<<temp1->occup<<"-"<<temp1->tag<<'\n';
                    return;
                }
                //如果有第三级链表的结点，则在第三级链表结点中查询
                if(temp1->ptr.lower){
                    GLNode* temp2=temp1->ptr.lower;
                    while(temp2){          //第三级链表结点的查询
                        if(!strcmp(temp2->name,name) ){
                            cout<<"查找成功! "<<'\n'<<"查询结果: ";
                            cout<<temp2->name<<"-"<<temp2->occup <<"-"<<
                            temp2-> tag<<'\n';
                            return;
                        }
                        temp2=temp2->ptr.next;
                    }
                }
                temp1=temp1->ptr.next;
            }
        }
        temp=temp->ptr.next;
    }
    if(temp==NULL){
```

```
        cout<<"查找失败！"<<'\n';
    }
}
```

6．输出整个广义表

输出整个广义表，其实就是表中所有结点的一个遍历过程，仍按照深度优先搜索的方式进行遍历，遍历到每个人员结点时，输出其全部信息。

输出整个广义表函数 outputAll(GLNode* start)的具体代码如下：

```
void outputAll(GLNode* start){            //输出整个广义表
    GLNode* temp=start;
    while(temp){                           //输出导师级链表结点
        cout<<"("<<temp->name<<"-"<<temp->occup<<"-"<<temp->tag;
        if(temp->ptr.lower){//如果有第二级链表的结点，则进行第二级链表结点的输出
            cout<<",(";
            GLNode* temp1=temp->ptr.lower;
            //输出第二级链表结点(可能为研究生结点，也可能是本科生结点)
            while(temp1){
                //如果还有第三级链表，在第二级链表内部加一层括号标志
                int anotherBracket=0;
                //如果还有第三级链表，需要在第二级链表内部加一层括号
                if(temp1->ptr.lower){
                    cout<<"(";
                    anotherBracket=1;
                }
                cout<<temp1->name<<"-"<<temp1->occup<<"-"<<temp1->tag;
                //如果有第三级链表的结点，则进行第三级链表结点的输出
                if(temp1->ptr.lower){
                    cout<<", (";
                    GLNode* temp2=temp1->ptr.lower;
                    while(temp2){           //输出第三级链表结点(本科生结点)
                        cout<<temp2->name<<"-"<<temp2->occup<<"-"<<temp2->tag;
                        //如果后面还有同一级链表结点，则输出一个逗号
                        if(temp2->ptr.next){
                            cout<<", ";
                        }
                        temp2=temp2->ptr.next;
                    }
                    cout<<")";
                    if(anotherBracket==1){
                        cout<<")";
                    }
                }
                if(temp1->ptr.next){  //如果后面还有同一级链表结点，则输出一个逗号
                    cout<<", ";
                }
                temp1=temp1->ptr.next;
            }
            cout<<")";
        }
        cout<<")"<<'\n';
```

```
            temp=temp->ptr.next;
        }
    }
```

7. 主函数

```
void main(){
    GLNode* start= GListCreate();
    int caseType;
    cout<<"请按照各操作之前的编号进行选择: "<<'\n';
    cout<<"[1] 插入: 将某位本科生或研究生插入到广义表的相应位置; "<<'\n';
    cout<<"[2] 删除: 将某本科生或研究生从广义表中删除; "<<'\n';
    cout<<"[3] 查询: 查询某导师、某研究生或某本科生的信息; "<<'\n';
    cout<<"[4] 输出: 输出广义表全部信息; "<<'\n';
    cout<<"[5] 退出: 程序结束。"<<'\n';

    while(1){                                          //广义表的各项操作
        cout<<'\n'<<"请选择操作编号: ";
        cin>>caseType;
        if(caseType==1){insertStudent(start);}
        else if(caseType==2)deleting(start);}
        else if(caseType==3){querying(start);}
        else if(caseType==4){outputAll(start);}
        else {break;}
    }
}
```

6.3 数　组

数组是一个由若干同类型变量组成的集合，在使用时只要满足这个条件都可以看作数组的使用案例；同时，数组可以被看作是线性表的推广。本节不对数组作案例引入，只对数组在矩阵压缩存储问题上的应用进行叙述。

6.3.1 数组的定义

数组（Array）是具有相同类型的数据元素的有序集合。数组中的每一数据元素通常称为数组元素，数组元素用下标识别，下标的个数取决于数组的维数。本节将从一维数组、二维数组定义的介绍，逐步过渡到 n 维数组的定义。

1. 一维数组

通常，一维数组可表示为如下形式：

$$(a_0,a_1,a_2,\cdots,a_{n-1})$$

该数组具有 n 个元素，由于它的每个元素只有一个下标，因此它是一维数组。数据元素之间的逻辑关系是线性的，不难看出其实质是一个线性表。

在这里，用 1_Array 表示一维数组，其逻辑结构的形式化定义如下：

1_Array=(D, R)

其中，D 表示数组中元素，R 表示数组中相邻元素的关系，则

$D=\{a_i \mid a_i \in D_0, i=0,1,2,\cdots,n-1;\}$

$R=\{<a_{i-1},a_i> \mid a_{i-1},a_i \in D, i=1,2,\cdots,n-1;\}$

D_0 表示某类型的数据对象。数组中所有的数据元素具有相同的数据类型。

2. 二维数组

对于二维数组，可以将其转化为一维数组来考虑。可以将二维数组看作是元素为一维数组的一维数组；也可以把二维数组看成是这样一个定长的线性表：它的每个数据元素也是一个定长的线性表。例如，图 6-7（a）所示为一个二维数组，以 m 行 n 列的矩阵形式表示。它可以看成是一个线性表：

$$A=(\alpha_0,\alpha_1,\alpha_3,\cdots,\alpha_p) \qquad (p=m-1 \text{ 或 } n-1)$$

可以将每个数据元素 α_j 看作是一个列向量形式的线性表：

$$\alpha_j=(\alpha_{0j},\alpha_{1j},\alpha_{2j},\cdots,\alpha_{(m-1),j}) \qquad (0\leqslant j\leqslant n-1)$$

如图 6-7（b）所示。

也可以将每个数据元素 α_i 看作是一个行向量形式的线性表：

$$\alpha_i=(\alpha_{i0},\alpha_{i1},\alpha_{i2},\cdots,\alpha_{i,(n-1)}) \qquad (0\leqslant i\leqslant m-1)$$

如图 6-7（c）所示。

$$A_{m\times n}=\begin{bmatrix} a_{00} & a_{01} & a_{02} & \cdots & a_{0,n-1} \\ a_{10} & a_{11} & a_{12} & \cdots & a_{1,n-1} \\ \vdots & \vdots & \vdots & & \vdots \\ a_{m-1,0} & a_{m-1,1} & a_{m-1,2} & \cdots & a_{m-1,n-1} \end{bmatrix}$$

（a）矩阵形式表示

$$A_{m\times n}=\left[\begin{bmatrix} a_{00} \\ a_{10} \\ \vdots \\ a_{m-1,0} \end{bmatrix}\begin{bmatrix} a_{01} \\ a_{11} \\ \vdots \\ a_{m-1,1} \end{bmatrix}\cdots\begin{bmatrix} a_{0,n-1} \\ a_{1,n-1} \\ \vdots \\ a_{m-1,n-1} \end{bmatrix}\right]$$

（b）列向量的一维数组

$$A_{m\times n}=((a_{00},a_{01},\cdots,a_{0,n-1}),(a_{10},a_{11},\cdots,a_{1,n-1}),\cdots,(a_{m-1,0},a_{m-1,1},\cdots,a_{m-1,n-1}))$$

（c）行向量的一维数组

图 6-7　二维数组图例

类似于一维数组，二维数组 2_Array 逻辑结构的形式化定义如下：

```
2_Array=(D,R)
```

其中：

```
D={aij|aij∈D0,i=0,1,…,m-1,j=0,1…,n-1;}
R={ROW,COL}
ROW={<ai,j-1,aij>|ai,j-1,aij∈D,0≤i≤m-1,1≤j≤n-1;}              //行关系
COL={<ai-1,j,aij>|ai-1,j,aij∈D,1≤i≤m-1,0≤j≤n-1;}              //列关系
```

在二维数组中，每个数据元素 a_{ij} 都受到两个关系的约束，它们分别是行关系 ROW 和列关系 COL。a_{ij} 是 $a_{i,j-1}$ 在行关系中的直接后继元素；而 a_{ij} 是 $a_{i-1,j}$ 在列关系中的直接后继元素。

因此，一个 n 维数组可以表示为数据元素为 n-1 维数组的一维数组。其抽象数据类型可形式地定义为：

```
ADT Array{
数据对象 D: D={aj1j2…jn |n 称为数组的维数，且 n>0，ji=0，1，…，bi-1，i=1，2，…，n，其中，
bi 是数组第 i 维的长度，ji 是数组元素的第 i 维下标，aj1j2…jn ∈ElemSet}
数据关系 R: R={R1，R2，…，Rn}
Ri={<aj1…ji…jn,aj1…ji+1…jn>|0≤jk≤bk-1，1≤k≤n 且 k≠i，0≤ji≤bi-2，<aj1…ji…jn,aj1…ji+1…jn>∈
D，i=2，3，…，n}
基本操作 P: 数组初始化;
          销毁数组;
          数组元素取值操作;
```

```
        数组元素赋值操作;
        等等。
}ADT Array
```

从上述定义可见，n 维数组中含有 $\prod_{i=1}^{n} b_i$ 个数据元素，每个元素都受着 n 个关系的约束。在每个关系中，$a_{j_1}a_{j_2}\cdots a_{j_n}$（$0 \leqslant j_i \leqslant b_i-2$）都有一个直接的后继元素。因此，就其单个关系而言，这 n 个关系仍是线性关系；和线性表一样，所有的数据元素都必须属于同一数据类型。数组中的每个数据元素都对应于一组下标$(j_1, j_2, \cdots, j_n)$，每个下标的取值范围是 $0 \leqslant j_i \leqslant b_i-1$，$b_i$ 称为第 i 维的长度（i=1，2，…，n）。显然，当 n=1 时，n 维数组退化为定长的线性表。

6.3.2 数组的存储结构

一维数组是用内存中一段连续的存储空间进行存储，数组在内存中采用顺序存储结构。由于计算机的内存结构是一维的，因此要用一维的内存来存储多维数组，就必须按照某种次序将数组元素排成一个序列，然后将这个线性序列放在内存中。对于二维数组，其存储可按行或列的次序用一组连续存储单元存放数组中的元素，如在 C、Pascal、BASIC 等多数程序语言中，采用的是以行为主序的存储结构，如图 6-8（a）所示，即先存储第 0 行，然后紧接着存储第 1 行，依此类推，最后存储第 m–1 行。而在 FORTRAN 等少数程序语言中，采用的是以列序为主序的存储方式，如图 6-8（b）所示，即先存储第 0 列，然后紧接着存储第 1 列，依此类推，最后存储第 n–1 列。

另外，数组一般不进行插入或删除操作，一旦建立了数组，其结构中的数据元素个数和元素之间的关系就不再发生变动，一旦规定了它的维数和各维的长度，便可以为它分配存储空间。反之，只要给出一组下标便可求得相应数组元素的存储位置。下面仅用以行序为主序的存储结构为例进行说明。

假设每个数据元素占 L 个存储单元，则二维数组 A 中任一元素 a_{ij} 的储存位置 LOC(i,j)可由下式确定：

$$\mathrm{LOC}(i,j)=\mathrm{LOC}(0,0)+(b_2\times i+j)L \tag{6-1}$$

式中：LOC(i,j)是 a_{ij} 的存储位置；LOC(0,0)是 a_{00} 的存储位置，即二维数组 A 的起始存储位置，也称为该数组的基地址或基址。

将式（6-1）推广到一般情况，可得到 n 维数组的数据元素存储位置的计算公式：

$$\mathrm{LOC}(j_1,j_2,\cdots,j_n)=\mathrm{LOC}(0,0,\cdots,0)+(b_2\times\cdots\times b_n\times j_1+b_3\times\cdots\times b_n\times j_2+\cdots+b_n\times j_{n-1}+j_n)L$$

$$=\mathrm{LOC}(0,0,\cdots,0)+(\sum_{i=1}^{n-1} j_i \prod_{k=i+1}^{n} b_k + j_n)L$$

可缩写成

$$\mathrm{LOC}(j_1,j_2,\cdots j_n)=\mathrm{LOC}(0,0,\cdots,0)+\sum_{i=1}^{n} c_i j_i \tag{6-2}$$

其中：$c_n = L$，$c_{i-1} = b_i \times c_i$。在这里，$c_i j_i = b_{i+1} \times \cdots \times b_n \times j_i$，$1<i\leqslant n$。

式（6-2）称为 n 维数组的映像函数。容易看出，数组元素的存储位置是其下标的线性函数，一旦确定了数组的各维的长度，c_i 就是常数。由于计算各个元素存储位置的时间相等，所以存取数组中任一元素的时间也相等，故称具有这一特点的存储结构为随机存储结构。

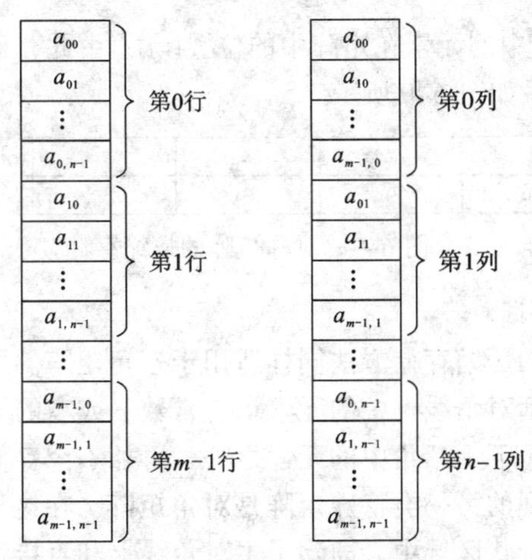

（a）以行序为主序　　　（b）以列序为主序

图 6-8　二维数组的两种存储方式

6.4　矩阵的压缩存储

矩阵是许多科学与工程计算问题中研究的数学对象。用高级语言编写程序时一般都是用二维数组来存储矩阵元素。在实际应用中，常常出现一些阶数较高的矩阵，同时在矩阵中有许多值相同的元素，或者在矩阵中出现许多零元素。为了节省存储空间，可以对这类矩阵进行**压缩存储**。所谓压缩存储是指为多个值相同的元素只分配一个存储空间，对零元素不分配空间。

假若值相同的元素或者零元素在矩阵中的分布有一定规律，则称此类矩阵为**特殊矩阵**；反之，称之为**稀疏矩阵**。

6.4.1　特殊矩阵的压缩存储

在这里，主要介绍两种特殊矩阵的压缩存储，一种是对称矩阵，另一种是三角矩阵。

1．对称矩阵的压缩存储

在一个 n 阶方阵 A 中，若所有元素满足如下性质：

$$a_{ij}=a_{ji} \qquad (1 \leqslant i,\ j \leqslant n)$$

则称 A 为 n 阶对称矩阵。

由于对称矩阵中的元素关于主对角线对称，因而只要存储矩阵中上三角或下三角中的元素，让每两个对称的元素共享一个存储空间，就可以将 n^2 个元素压缩存储到 $n(n+1)/2$ 个元素的空间中，能节约近一半的存储空间。这里按“行优先顺序”存储其下三角（包括对角线）中的元素。

假设以一维数组 sa[$n(n+1)/2$]作为 n 阶对称矩阵 A 的存储结构，则 sa[k]和矩阵元素 a_{ij} 之间存在着一一对应的关系，如式（6-3）所示：

$$k=\begin{cases}\dfrac{i(i+1)}{2}+j & \text{当 } i \geqslant j \\[2ex] \dfrac{j(j+1)}{2}+i & \text{当 } i<j\end{cases} \qquad (6\text{-}3)$$

对于任意给定的一组下标(i,j)，均可在 sa 中找到矩阵元素 a_{ij}，反之，对所有的 k=0，1，2，⋯，

$n(n+1)/2-1$，都能确定 sa[k]中的元素在矩阵中的位置(i,j)。由此，称 sa[$n(n+1)/2$]为 n 阶对称矩阵 A 的压缩存储。其存储关系如图 6-9 所示。

k	0	1	2	3	…	$n(n-1)/2$	…	$n(n+1)/2-1$
sa[k]	a_{00}	a_{10}	a_{11}	a_{20}	…	$a_{n-1,0}$	…	$a_{n-1,n-1}$

图 6-9　对称矩阵的压缩存储

2．三角矩阵的压缩存储

上面介绍的对称矩阵的压缩存储方法同样适用于三角矩阵。所谓上（下）三角矩阵是指矩阵的下（上）三角（不包括对角线）中的元素均为常数 c 或零的 n 阶矩阵。三角矩阵除了和对称矩阵一样，只存储其上（下）三角中的元素之外，再加一个存储常数 c 的存储空间即可。

在数值分析中经常出现的另一类特殊矩阵是**对角矩阵**。在这种矩阵中，所有的非零元素都集中在以对角线为中心的带状区域中。即除了主对角线上和直接在对角线上、下方若干条对角线上的元素之外，其他所有元素皆为零，如图 6-10 所示。对这种矩阵，也可按某种规则（如以行为主序，或以对角线的顺序）将其压缩存储到一堆数组上。

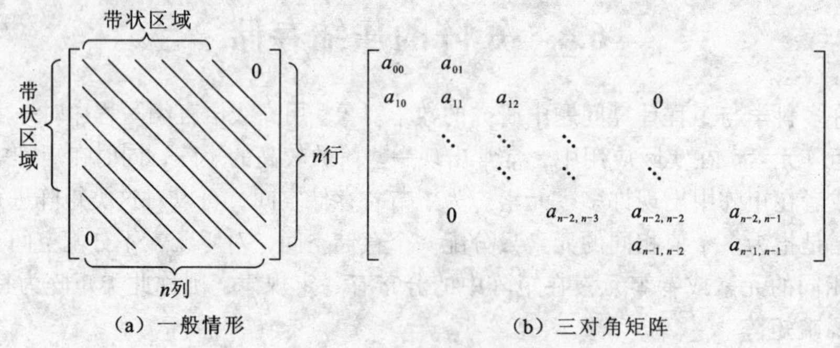

（a）一般情形　　（b）三对角矩阵

图 6-10　对角矩阵

在上述这些特殊矩阵中，非零元素的分布都具有一个明显的规律，从而可将其压缩存储到一维数组中，并找到每个非零元素在一维数组中的对应关系。

然而，在实际应用中，还经常用到一类矩阵，其非零元素较少，且分布没有一定规律，这类矩阵称为稀疏矩阵。稀疏矩阵的压缩存储比特殊矩阵复杂，这就是接下来要介绍的问题。

6.4.2　稀疏矩阵的压缩存储

稀疏矩阵指矩阵的非零元较多，且其分布没有一个明显的规律。

稀疏因子 δ：$\delta=t/(m\times n)$，其中，t 指非零元素或值为常数 c 的元素个数；$m\times n$ 是矩阵所有元素个数。通常认为当矩阵的 $\delta\leq 0.05$ 时，其为稀疏矩阵。

按照压缩存储的概念，只需存储稀疏矩阵的非零元素。对于非零元素来说，除了存储非零元素的值之外，还必须同时记下它所在行和列的位置(i,j)。所以，一个三元组(i,j,a_{ij})唯一确定了矩阵 A 的一个非零元素。由此，稀疏矩阵可由表示非零元素的三元组及其行列数唯一确定。例如，三元组表((0,1,15),(0,4,8),(2,0,2),(2,5,4),(3,2,12),(4,1,16),(5,0,11),(5,4,-5))加上(6,7)这一对行、列数的值便可作为图 6-11 中矩阵 M 的另一种描述。本章将要介绍两种借助三元组表来对稀疏矩阵进行压缩存储的方法。

$$M=\begin{bmatrix} 0 & 15 & 0 & 0 & 8 & 0 & 0 \\ 0 & 0 & 0 & 0 & 0 & 0 & 0 \\ 2 & 0 & 0 & 0 & 0 & 4 & 0 \\ 0 & 0 & 12 & 0 & 0 & 0 & 0 \\ 0 & 16 & 0 & 0 & 0 & 0 & 0 \\ 11 & 0 & 0 & 0 & -5 & 0 & 0 \end{bmatrix} \quad T=\begin{bmatrix} 0 & 0 & 2 & 0 & 0 & 11 \\ 15 & 0 & 0 & 0 & 16 & 0 \\ 0 & 0 & 0 & 12 & 0 & 0 \\ 0 & 0 & 0 & 0 & 0 & 0 \\ 8 & 0 & 0 & 0 & 0 & -5 \\ 0 & 0 & 4 & 0 & 0 & 0 \\ 0 & 0 & 0 & 0 & 0 & 0 \end{bmatrix}$$

图 6-11　稀疏矩阵 M 及其转置矩阵 T

1. 三元组顺序表法

以顺序存储结构来表示三元组，则可得稀疏矩阵的一种压缩存储方式——三元组顺序表。假设按照“行序优先”原则存放所有的非零元素，则图 6-11 中的稀疏矩阵 M 可用如图 6-12 所示三元组表表示。

i	j	a_{ij}
0	1	15
0	4	8
2	0	2
2	5	4
3	2	12
4	1	16
5	0	11
5	4	-5

M 的三元组表

i	j	a_{ij}
0	2	2
0	5	11
1	0	15
1	4	16
2	3	12
4	0	8
4	5	-5
5	2	4

T 的三元组表

图 6-12　稀疏矩阵 M 及其转置矩阵 T 的三元组表

三元组结构如下：

```
struct TripElem{                              //定义三元组结构
   int i;                                     //非零元素的行号
   int j;                                     //非零元素的列号
   ElemValue v;                               //非零元素的数据值
};
```

上述结构体 TripElem 是用来存放矩阵的一个非零元素的三元组(i,j,a_{ij})信息的。下面就定义一个三元组表类（ThripeTable），在 ThripeTable 类中来实现矩阵的转置运算。

前面提到，三元组表只能存储矩阵中非零元素的信息，还需要矩阵的行、列数的值才能还原整个矩阵的结构，故需要用 ThripeTable 类中相关成员变量来记录这一信息。

ThripeTable 类的定义如下：

```
const int MAXSIZE=100;                        //定义常量，表示三元组表中最大元素数量
typedef int ElemValue;                        //定义非零元素的数据值类型
//---------定义三元组结构体 TripElem
struct TripElem{
   int i;                                     //非零元素的行号
   int j;                                     //非零元素的列号
   ElemValue v;                               //非零元素的数据值
};
//---------三元组表 TripleTable 类定义
```

```
class TripleTable{
private:
    int m;                              //矩阵总行数
    int n;                              //矩阵总列数
    int t;                              //矩阵中非零元素的总个数
    TripElem data[MAXSIZE];             //三元组表
public:
    TripleTable();                      //构造函数
    void Create();                      //创建矩阵的成员函数
    TripleTable TransmatOne();          //矩阵转置方法一
    TripleTable TransmatTwo();          //矩阵转置方法二
    void ShowMatrix();                  //矩阵输出
};
```

下面先给出 TripleTable 类中构造函数 TripleTable()、创建矩阵的成员函数 Create()以及矩阵输出的成员函数 ShowMatrix()的实现方法，对于矩阵的转置方法，将在后面的算法 6-1 和算法 6-2 中介绍。

```
//……………………………………………………基本操作的算法描述……………………………………
TripleTable::TripleTable(){             //构造函数，初始化一个三元组表
    m=0;n=0;t=0;
}

void  TripleTable ::Create(){
    int ii,jj;
    ElemValue element;
    cout<<"\n  请输入您要创建的稀疏矩阵的行数和列数:"<<endl<<endl;
    cout<<"\n  总行数:m=";cin>>m;
    cout<<"\n  总列数:n=";cin>>n;
    cout<<"\n  非零元素总个数:t=";cin>>t;
    cout<<"\n  输入此"<<m<<"×"<<n<<"稀疏矩阵的各非零元素的信息:"<<endl;
    for(int p=0;p<t;p++){
        cout<<"\n  第"<<p+1<<"个元素的信息"<<endl;
        cout<<"\n  行号:i=";cin>>ii;data[p].i=ii;
        cout<<"\n  列号:j=";cin>>jj;data[p].j=jj;
        cout<<"\n  非零元素的值:v=";cin>>element;
        data[p].v=element;
        cout<<"-----------------------------------------------";
    }
    cout<<endl<<"\n  三元组表元素信息输入完成，矩阵创建完成!"<<endl;
}

void TripleTable::ShowMatrix(){            //输出矩阵成员函数
    for(int i=0;i<m;i++){                  //矩阵行的控制
        cout<<endl;
        for(int j=0;j<n;j++){              //矩阵列的控制
            bool isFound=false;            //矩阵中找到非零元素标志
            int foundIndex=0;              //找到的非零元素下标
            for(int p=0;p<t;p++)
```

```
            if(data[p].i==i && data[p].j==j){
                                        //判断三元组表中元素在矩阵中的位置
                isFound=true;
                foundIndex=p;
            }
        if(isFound==true)       //如矩阵当前位置上的元素为非零元素则输出该元素
            cout<<setw(5)<<data[foundIndex].v;
        else  cout<<setw(5)<<0;       //否则输出 0
    }//for j
  }//for i
  cout<<endl<<endl;
}
//……………………………………………基本操作的算法描述…………………………………
```

转置运算是一种最简单的矩阵运算。对于一个 $m\times n$ 的矩阵 M，它的转置矩阵 T 是一个 $n\times m$ 的矩阵，且 $T(i,j)=M(j,i)$，$0\leqslant i\leqslant n-1$，$0\leqslant j\leqslant m-1$。显然，一个稀疏矩阵的转置矩阵仍然是稀疏矩阵。利用三元组实现稀疏矩阵的转置只需做到 3 点：

（1）将矩阵的行列值相互交换。

（2）将每个三元组中的 i 和 j 相互调换。

（3）重排三元组之间的次序。

做到以上三点便可以实现矩阵的转置。前两条比较容易做到，关键是如何实现第三条，即如何使图 6-12 中 T 的三元组表能够以图 6-11 中 T 矩阵的行（M 的列）为主序依次排列。

在这里，我们介绍两种处理方法：

（1）按照矩阵 T 中三元组的次序依次在 M 中找到对应的三元组来进行转置。按照次序找到 M 每一列中所有的非零元素，每确定 M 的一列的非零元素时，都需要对其三元组表从第一行起整个扫描一遍，由于 M 的三元组表是以 M 的行序为主序来存放每个非零元素的，由此得到的恰是矩阵三元组表应有的顺序。具体的实现如算法 6-1 所示。

【算法 6-1】TransmatOne。

输入：当前 TripleTable 类对象中存放的转置前的三元组的 data。

输出：转置后存放三元组的 TripleTable 类对象 b。

代码如下：

```
TripleTable TripleTable::TransmatOne(){
    TripleTable b;
    cout<<"\n  矩阵转置开始……"<<endl;
    b.m=n;b.n=m;b.t=t;                    //交换矩阵行列号
    if(t!=0){                             //非零元素个数 t 为零，不执行操作
        int q=0;                          //q 为三元组表中元素的下标
        for(int col=0;col<n;col++){
                                //矩阵的列循环一次，TripleTable 类对象 b 排完一行
            for(int p=0;p<t;p++){     //针对矩阵每一列扫描三元组表所有对象
                if(data[p].j==col){
                    b.data[q].j=data[p].i;
                    b.data[q].i=data[p].j;
```

```
                    b.data[q].v=data[p].v;
                    q++;
                }
            }//for p
        }//for col
    }
    cout<<"\n  矩阵转置完成! "<<endl;
    return b;                          //返回转置后的三元组表b对象
}
```

该算法中，b 即为转置后的稀疏矩阵，转置前的矩阵为该类成员函数的调用者。分析该算法主要的工作是在 col 和 p 的两重循环中完成的，故算法的时间复杂度为 $O(n \times t)$，即与 M 的列数和非零元素的个数的乘积成正比。我们知道，一般矩阵的转置算法为：

```
for(int col=0;col<n;col++)
    for(int row=0;row<m;row++)
        T[col][row]=M[row][col];
```

该算法的时间复杂度为 $O(m \times n)$。当稀疏矩阵中非零元素的个数 t 和 $m \times n$ 同数量级时，算法 6-1 时间复杂度就为 $O(m \times n \times n)$了（例如，假如在 100×500 的矩阵中有 t=10000 个非零元素时），虽然节省了存储空间，但时间复杂度提高了，因此算法 6-1 仅适合 $t << m \times n$ 的情况。

（2）按照 M 中三元组的次序进行转置，并将转置后的三元组置于 T 中恰当的位置。如果能预先确定矩阵 M 中每一列（即 T 中每一行）的第一个非零元素在 T 三元组表中应有的位置，那么在对 M 三元组表中三元组依次进行转置时，便可以直接放到 T 三元组表中恰当的位置上去。为了确定这些位置，在转置前，应先求得三元组表中 M 每一列中非零元素的个数，进而求得每一列的第一个非零元素在 T 三元组表中应有的位置。

在此，需要定义 num 和 pot 两个变量。num[pot]表示矩阵 M 中第 col 列中非零元素的个数，pot[col]指示 M 中第 col 列的第一个非零元在 T 三元组表中的恰当位置。于是有：

```
pot[0]=0;
pot[col]=pot[col-1]+num[col-1];  1≤col≤n-1
```

例如，图 6-11 中所示矩阵 M 的 num 和 pot 的值如表 6-1 所示。

表 6-1　矩阵 *M* 的 num 和 pot 值

col	0	1	2	3	4	5	6
num[col]	2	2	1	0	2	1	0
pot[col]	0	2	4	5	5	7	8

这种转置方法也被称为快速转置，具体的实现如算法 6-2 所示。

【算法 6-2】 TransmatTwo。

输入：当前 TripleTable 类对象中存放转置前的三元组的 data。

输出：转置后存放三元组的 TripleTable 类对象 b。

代码如下：

```
TripleTable TripleTable::TransmatTwo(){
    TripleTable b;
    cout<<"\n  矩阵转置开始……"<<endl;
    int num[MAXSIZE];            //存储矩阵每列非零元素的个数
    int pot[MAXSIZE];            //存储矩阵中每列中第一个非零元素在三元组表中的位置
```

```
    int col,q,p;
    b.m=n;b.n=m;b.t=t;
    if(t!=0){                    //非零元素个数 t 为零，不执行操作
        for(col=0;col<n;col++){
            num[col]=0;
        }
        for(p=0;p<t;p++){        //扫描三元组表，得到矩阵每列中非零元素的个数
            num[data[p].j]++;
        }
        pot[0]=0;
        for(col=1;col<n;col++){//得到矩阵中每列第一个非零元素在三元组表中的位置
            pot[col]=pot[col-1]+num[col-1];
        }
        for(p=0;p<t;p++){        //进行转置
            col=data[p].j;
            q=pot[col];
            b.data[q].j=data[p].i;
            b.data[q].i=data[p].j;
            b.data[q].v=data[p].v;
            pot[col]++;
        }//for p
    }
    cout<<"\n  矩阵转置完成! "<<endl;
    return b;                 //返回转置后的三元组表 b 对象
}
```

同理，该算法中，b 即为转置后的稀疏矩阵，转置前的矩阵为该类成员函数的调用者。这个算法仅比前一个算法多用了两个辅助数组变量 num[MAXSIZE]和 pot[MAXSIZE]。从时间上看，算法中有 4 个并列的单循环，因此算法的时间复杂度为 $O(n+t)$。当稀疏矩阵中非零元素的个数 t 和 $m\times n$ 同数量级时，算法 6–2 时间复杂度就为 $O(m\times n)$，和经典算法的时间复杂度相同。但在 $t<<m\times n$ 时，此算法是比较有效的。比较算法 6–1 的时间复杂度 $O(n\times t)$，显然算法 6–2 更优。

2．十字链表法

当矩阵的非零元素个数和位置在操作过程中变化较大时，就不宜采用三元组顺序结构来表示的线性表。例如，在做“矩阵 A 加到矩阵 B 上”的操作时，由于非零元素的插入或删除将会引起 B 矩阵三元组表中元素的移动。为此，对于这种类型的矩阵，采用三元组链式存储结构表示的线性表更为合适。

（1）十字链表的结构。在链表中，每个非零元素可用一个含有 5 个域的结点表示，其中 i、j、e 这 3 个域分别表示该非零元素所在的行、列和非零元素的值；right 指向同一行下一个非零元素，down 指向同一列下一个非零元素，如图 6–13 所示。

同一行的非零元素通过 right 域链接成一个线性表，同一列的非零元素通过 down 域链接成一个线性表，每个非零元素既是某个行链表中的一个结点，又是某一个列链表中的一个结点，整个矩阵构成了一个十字交叉链表，故称这样的存储结构为十字链表。可用两个一维数组分别存储行链表的头指针和列链表的头指针。例如，图 6–14 所示矩阵 A 的十字链表如图 6–15 所示。

图 6-13 非零元素结点

$$A=\begin{bmatrix} 2 & 0 & 0 & 4 \\ 0 & 0 & 0 & 0 \\ 0 & -3 & 0 & 0 \\ 5 & 0 & 0 & 0 \\ 0 & 0 & 0 & 6 \end{bmatrix}$$

图 6-14 稀疏矩阵

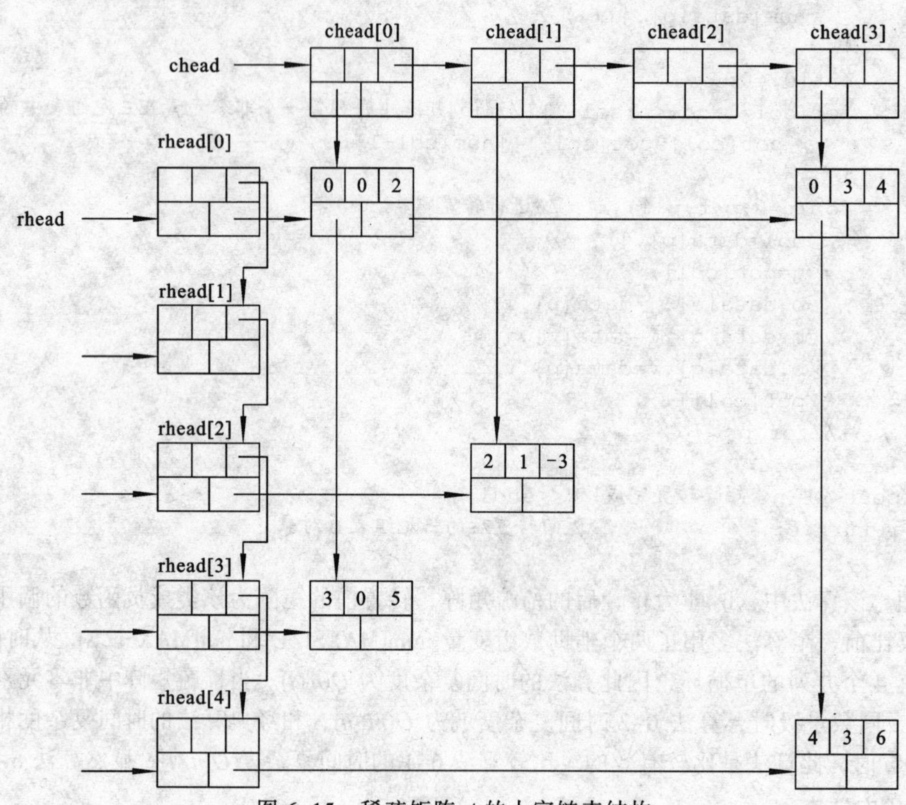

图 6-15 稀疏矩阵 *A* 的十字链表结构

（2）十字链表的类定义：

```
typedef int ElemValue;
struct OLNode{
    int i,j;                        //非零元素的行、列下标
    ElemValue e;                    //非零元素的值
    OLNode *right,*down;            //非零元素所在行表和列表的后继链域
};

typedef OLNode OLink;
//---------十字链表 CrossList 类定义
class CrossList{
public:
    CrossList();                    //构造函数，初始化行、列链表头指针
    ~CrossList();                   //析构函数，销毁十字链表内存空间
    void Create();                  //创建十字链表的成员函数
```

```
    void Add();                        //矩阵加法
    void Show();                       //输出十字链表的成员函数
    int getRow(){                      //返回矩阵的行数
        return m;
    }
    int getCol(){                      //返回矩阵的列数
        return n;
    }
    OLink* getRhead(){                 //返回十字链表的行链表头指针
        return rhead;
    }
    OLink* getChead(){                 //返回十字链表的列链表头指针
        return chead;
    }
private:
    int m,n,t;                         //矩阵的行、列数及非零元素的个数
    OLink *rhead,*chead;               //行、列链表头指针
};
```

构造函数、析构的函数及矩阵输出的成员函数的实现代码如下：

```
//……………………………………………基本操作的算法描述…………………………………
CrossList::CrossList(){                //初始化行、列链表头指针
    rhead=NULL;
    chead=NULL;
}
CrossList::~CrossList(){               //销毁十字链表所申请的堆内存空间
    OLNode *p,*pDel;
    for(int i=0;i<m;i++){
        p=rhead[i].right;
        if(p){
            pDel=p;
            p=p->right;
            delete pDel;
        }
    }
    delete []rhead;
    delete []chead;
}
void CrossList::Show(){                //显示十字链表存储的稀疏矩阵
    int i,j;
    OLNode *p;
    cout<<"\n十字链表存储的矩阵为: "<<endl<<endl;
    for(i=0;i<m;i++){
        //行表输出矩阵
        p=rhead[i].right;
        for(j=0;j<n;j++){
            if(p&&(p->j==j)){
```

```
                cout<<setw(5)<<p->e;
                if(p->right){
                    p=p->right;
                }
            }
            else  cout<<setw(5)<<0;
        }
        cout<<endl<<endl;
    }
}
//……………………………………………基本操作的算法描述…………………………………
```

十字链表的创建如算法 6-3 所示。

【算法 6-3】 Create。

输入：空指针 rhead、chead。

输出：十字链表头指针 rhead、chead。

代码如下：

```
void CrossList::Create(){
    int i=0,j=0;
    OLNode *olNode,*p;
    //----------输入行列数和非零元素个数
    cout<<"请输入要创建矩阵的维数: "<<endl;
    cout<<"\n行数 m="; cin>>m;
    cout<<"\n列数 n="; cin>>n;
    cout<<"\n请输入非零元素的个数 t=";
    cin>>t;
    //----------创建行、列链表头空间
    rhead=new OLink[m];
    chead=new OLink[n];
    //----------初始化行、列链表头空间
    for(i=0;i<m;i++){
        rhead[i].right=NULL;
    }
    for(i=0;i<n;i++){
        chead[i].down=NULL;
    }
    cout<<"\n行列链表头指针创建完毕，请进行矩阵中非零元素的输入！"<<endl;
    //----------按任意次序输入非零元素
    if(0!=t){
        int num=1;
        while(num<=t){
            //----------生成结点
            olNode=new OLNode;
            olNode->right=NULL;
            olNode->down=NULL;
            cout<<"\n请输入第 "<<num<<" 个元素的输入"<<endl;
```

```
            cout<<"\n 行号 i=";cin>>olNode->i;
            cout<<"\n 列号 j=";cin>>olNode->j;
            cout<<"\n 元素的值 e=";cin>>olNode->e;
            i=olNode->i;
            j=olNode->j;
            if(rhead[i].right==NULL||rhead[i].right->j>olNode->j){
                olNode->right=rhead[i].right;
                rhead[i].right=olNode;
            }
            else{                          //----------在行表中插入非零元素
                p=&rhead[i];
                while(p->right&&p->right->j<olNode->j){
                    p=p->right;
                }                          //----------完成行插入
                olNode->right=p->right;
                p->right=olNode;
            }
            if(chead[j].down==NULL||chead[j].down->i>olNode->i){
                olNode->down=chead[j].down;
                chead[j].down=olNode;
            }
            else{                          //----------在列表中插入非零元素
                p=&chead[j];
                while(p->down&&p->down->i<olNode->i){
                    p=p->down;
                }                          //----------完成列插入
                olNode->down=p->down;
                p->down=olNode;
            }
            cout<<"\n 第 "<<num<<" 个元素输入完成! "<<endl;
            cout<<"-----------------------------------"<<endl;
            num++;
        }
    }
}
```

对于 m 行 n 列的且有 t 个非零元素的稀疏矩阵，算法 6-3 的执行时间为 $O(t \times s)$, $s=\max\{m,n\}$，这是因为每建立一个非零元素的结点时都要查找它在行表和列表中的插入位置，此算法对非零元素输入的先后次序没有任何要求。反之，若按以行序为主序的次序依次输入三元组，则可将建立十字链表的算法改写成 $O(t)$数量级的（t 为非零元素的个数）。

下面讨论在十字链表表示稀疏矩阵时，如何实现“将矩阵 B 加到矩阵 A 上”的运算。

两个矩阵相加时，矩阵中每个非零元有两个变元（行值和列值），每个结点既在行表中又在列表中，致使插入和删除结点时指针的修改较复杂，故需要更多的辅助指针。

将矩阵 B 加到矩阵 A 上后，A 中的非零元素 a_{ij} 有 3 种情况。a_{ij} 或者变为 $a_{ij}+b_{ij}$；或者依然是 a_{ij}（$b_{ij}=0$ 时）；或者变为 b_{ij}（$a_{ij}=0$ 时）。由此，将 B 加到 A 上去时，对 A 矩阵的十字链表来说，或者是改变结点的 e 域的值（$a_{ij}+b_{ij}\neq 0$）、或者不变（$b_{ij}=0$）、或者插入一个新的结点（$a_{ij}=0$）。

还有一种可能的特殊情况：对 A 的操作是删除一个结点（$a_{ij}+b_{ij}=0$）。由此，整个运算过程可从矩阵的第一行起逐行进行。对每一行都从行表头出发分别找到 A 和 B 在该行中的第一个非零结点后开始比较，然后按上述 4 种不同情况进行处理。

假设指针 Ap 和 Bp 分别指向矩阵 A 和 B 中行值相同的两个结点。如 Ap=NULL，表明矩阵 A 在该行中没有非零元素，则上述 4 种情况的处理过程为：

（1）若 Ap==NULL 或 Ap->j>Bp->j，则需要在 A 矩阵的链表中插入一个值为 b_{ij} 的结点。此时，需改变同一行中前一个结点的 right 域值，以及同一列中前一结点的 down 域值。

（2）若 Ap->j<Bp->j，则只需要将 Ap 指针往右推进一步。

（3）若 Ap->j==Bp->j 且(Ap->e+Bp->e)!=0，则只要将 $a_{ij}+b_{ij}$ 的值送到 Ap 所指结点的 e 域即可，其他所有的域的值都不变。

（4）若 Ap->j==Bp->j 且 (Ap->e+Bp->e)==0，则需要在 A 矩阵的链表中删除 Ap 所指的结点。此时，需改变同一行中前一结点的 right 域值，以及同一列中前一个结点的 down 域值。

为了便于插入和删除结点，还需要设立一些辅助指针。其一是在 A 矩阵的行链表上设置 pre 指针，指示 Ap 所指结点的前驱结点；其二是在 A 矩阵每一列的链表上设一个指针 hl[j]，它的初值和列链表的头指针相同。实现矩阵相加如算法 6-4 所示。

【算法 6-4】 Add。

输入：矩阵 A、矩阵 B。

输出：$A+B$ 的和。

代码如下：

```
void CrossList::Add(){
    cout<<"\n 请依次输入要作加法运算的矩阵 A、B 的信息"<<endl;
    cout<<"\n 矩阵 A 的信息"<<endl;
    CrossList A;
    A.Create();                                 //创建矩阵 A
    cout<<"\n 矩阵 B 的信息"<<endl;
    CrossList B;
    B.Create();                                 //创建矩阵 B
    OLNode *Ap,*Bp,*p;                          //辅助指针
    OLNode **hl=new OLNode*[n];                 //列链表辅助指针
    int i=0,j,m,n,sign=0;
    m=A.getRow();
    n=A.getCol();
    for(j=0;j<n;j++){                           //初始化列链表辅助指针 hl[j]
        hl[j]=(A.getChead())[j].down;
    }
    //---------------矩阵加法算法
    for(i=0;i<m;i++){
        Ap=(A.getRhead())[i].right;
        Bp=(B.getRhead())[i].right;
        OLNode *pre=NULL;
        while(Bp!=NULL){
            if(Ap==NULL||Ap->j>Bp->j){
                p=new OLNode;
```

```
            *p=*Bp;
            if(pre==NULL){
                (A.getRhead())[p->i].right=p;
            }
            else{pre->right=p;}
            p->right=Ap;
            pre=p;
            if(!(A.getChead())[p->j].down||(A.getChead())[p->j].down->
            i>p->i){
                p->down=(A.getChead())[p->j].down;
                 (A.getChead())[p->j].down=p;
            }
            else{
                p->down=hl[p->j]->down;
                hl[p->j]->down=p;
            }
            hl[p->j]=p;
            sign=1;
        }
        if(Ap!=NULL&&Ap->j<Bp->j){
            pre=Ap;
            Ap=Ap->right;
            sign=0;
        }
        if(Ap!=NULL&&Ap->j==Bp->j&&(Ap->e+Bp->e)!=0)    {
            Ap->e+=Bp->e;
            sign=1;
        }
        if(Ap!=NULL&&Ap->j==Bp->j&&(Ap->e+Bp->e)==0)    {
            if(pre==NULL){
                (A.getRhead())[Ap->i].right=Ap->right;
            }
            else{pre->right=Ap->right;}
            p=Ap;
            Ap=Ap->right;
            if((A.getChead())[p->j].down==p) {
                 (A.getChead())[p->j].down=hl[p->j]=p->down;
            }
            else{hl[p->j]->down=p->down;}
            delete p;
            sign=1;
        }
        if(sign==1){Bp=Bp->right;}
    }
}
cout<<"\n 矩阵 A、B 相加后的结果为: "<<endl;
```

```
    A.Show();
}
```

小　　结

广义表放宽了对线性表中元素类型的限制，是线性表的扩展，允许表中元素也具有表的结构，且表长可变。由于元素的结构不统一，不能采用顺序存储结构，由此引入了广义表的头尾链表存储结构和扩展线性链表存储结构。

数组由若干类型相同的数据元素组成。从数据的逻辑结构角度认识数组，一维数组的逻辑结构就是线性表，二维数组和多维数组均属线性表的拓展。每个元素在数组中的位置由它的下标决定。在数组的顺序存储中，数组分为以行为主序和以列为主序的存储方式。因此，对于数组而言，一旦给定了它的维数和各维的长度，便可为它分配存储空间，并可求出任何数组元素的存储地址。

特殊矩阵中，非零元素的分布有一定规律。为节省空间，可用一维数组实现其压缩存储。关键问题是找到一维数组下标和矩阵中元素的对应关系。对于稀疏矩阵的压缩存储，可采用顺序结构存储非零元的三元组表和基于链式存储结构的十字链表方式。

习　　题

一、选择题

1. 设有一个 10 阶的对称矩阵 A，采用压缩存储方式，以行序为主存储其下三角矩阵中的元素，a_{11} 为第一元素，其存储地址为 1，每个元素占一个地址空间，则 a_{85} 的地址为（　　）。

A. 13　　B. 33　　C. 18　　D. 40

2. 有一个二维数组 A[1:6,0:7]，每个数组元素用相邻的 6 个字节存储，存储器按字节编址，那么这个数组的体积是（①）个字节。假设存储数组元素 A[1,0]的第一个字节的地址是 0，则存储数组 A 的最后一个元素的第一个字节的地址是（②）。若按行存储，则 A[2,4]的第一个字节的地址是（③）。若按列存储，则 A[5,7]的第一个字节的地址是（④）。就一般情况而言，当（⑤）时，按行存储的 A[I,J]地址与按列存储的 A[J,I]地址相等。供选择的答案：

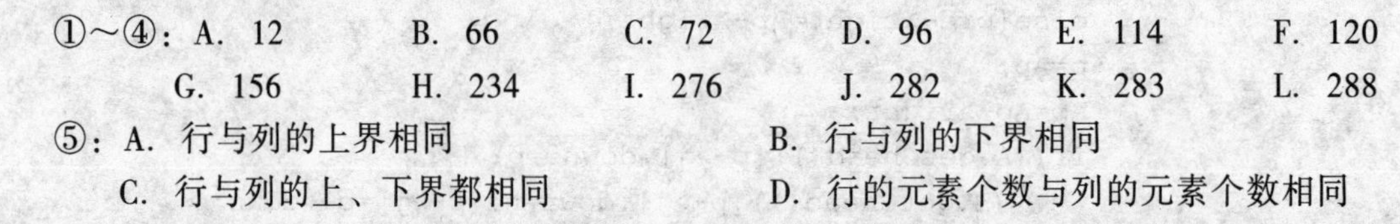

①～④：A. 12　B. 66　C. 72　D. 96　E. 114　F. 120

G. 156　H. 234　I. 276　J. 282　K. 283　L. 288

⑤：A. 行与列的上界相同　　B. 行与列的下界相同

C. 行与列的上、下界都相同　　D. 行的元素个数与列的元素个数相同

3. 设有数组 A[i,j]，数组的每个元素长度为 3 字节，i 的值为 1～8，j 的值为 1～10，数组从内存首地址 BA 开始顺序存放，当用以列为主存放时，元素 A[5,8]的存储首地址为（　　）。

A. BA+141　　B. BA+180　　C. BA+222　　D. BA+225

4. 假设以行序为主序存储二维数组 A=array[1..100,1..100]，设每个数据元素占 2 个存储单元，基地址为 10，则 LOC[5,5]=（　　）。

A. 808　　B. 818　　C. 1010　　D. 1020

5. 数组 A[0..5,0..6]的每个元素占 5 个字节，将其按列优先次序存储在起始地址为 1000 的内存单元中，则元素 A[5,5]的地址是（　　）

A. 1175　　B. 1180　　C. 1205　　D. 1210

6. 将一个 A[1..100,1..100]的三对角矩阵，按行优先存入一维数组 B[1‥298]中，A 中元素 A_{6665}（即该元素下标 i=66，j=65），在 B 数组中的位置 K 为（　　）。

A. 198　　B. 195　　C. 197　　D. 196

7. 有一个 100×90 的稀疏矩阵，非 0 元素有 10 个，设每个整型数占 2 字节，则用三元组表示该矩阵时，所需的字节数是（　　）。

A. 60　　B. 66　　C. 18000　　D. 33

8. 数组 A[0..4,−1..−3,5..7]中含有元素的个数（　　）。

A. 55　　B. 45　　C. 36　　D. 16

9. 对稀疏矩阵进行压缩存储目的是（　　）。

A. 便于进行矩阵运算　　B. 便于输入和输出

C. 节省存储空间　　D. 降低运算的时间复杂度

10. 已知广义表 L=((x,y,z),a,(u,t,w))，从 L 表中取出原子项 t 的运算是（　　）。

A. GetHead(GetTail(GetTail(L)))

B. GetTail(GetHead(GetHead(GetTail(L))))

C. GetHead(GetTail(GetHead(GetTail(L))))

D. GetHead(GetTail(GetHead(GetTail(GetTail(L)))))

11. 已知广义表 LS = ((a,b,c),(d,e,f)),运用 GetHead 和 GetTail 函数取出 LS 中原子 e 的运算是（　　）。

A. GetHead(GetTail(LS))

B. GetTail(GetHead(LS))

C. GetHead(GetTail(GetHead(GetTail(LS)))

D. GetHead(GetTail(GetTail(GetHead(LS))))

12. 广义表 A=(a,b,(c,d),(e,(f,g)))，则 GetHead(GetTail(GetHead(GetTail(GetTail(A)))))的值为（　　）。

A. (g)　　B. (d)　　C. c　　D. d

13. 已知广义表: A=(a,b), B=(A,A), C=(a,(b,A),B)，则 GetTail(GetHead(GetTail(C)))=（　　）。

A.（a）　　B. A　　C. a　　D. (b)

E. b　　F. (A)

14. 广义表运算式 Tail(((a,b),(c,d)))的操作结果是（　　）。

A. (c,d)　　B. c,d　　C. ((c,d))　　D. d

15. 设广义表 L=((a,b,c))，则 L 的长度和深度分别为（　　）。

A. 1 和 1　　B. 1 和 3　　C. 1 和 2　　D. 2 和 3

16. 下面说法不正确的是(　　)。

A. 广义表的表头总是一个广义表

B. 广义表的表尾总是一个广义表

C. 广义表难以用顺序存储结构

D. 广义表可以是一个多层次的结构

二、简答题

1. 设矩阵 $A=\begin{bmatrix}2&0&0&4\\0&0&3&0\\0&3&0&0\\4&0&0&0\end{bmatrix}$。

（1）若将 A 视为对称矩阵，画出对其压缩存储的存储表，并讨论如何存取 A 中元素 a_{ij}（$0\leqslant i,j<4$）。

（2）若将 A 视为稀疏矩阵，画出 A 的十字链表结构。

2. 画出下列广义表的两种存储结构图((),A,(B,(C,D)),(E,F))。

3. 已知广义表 A=(((a)),(b),c,(a),(((d,e))))

（1）画出其一种存储结构图。

（2）写出表的长度与深度。

（3）用求头部，尾部的方式求出 e。

第7章 树和二叉树

本章讨论了一类重要的非线性数据结构——树形结构。与线性结构相比，树形结构中数据元素之间的关系是 1:n 的，即层次型的。树形结构的应用范围非常广泛，例如我们日常事务处理中的文件夹的包含关系、家族的家谱和各个单位的行政关系都可以用树来表示。

7.1 案例引入及分析

本章通过对家谱管理这个实例的分析引入树的定义术语表示方法和存储结构，树和二叉树的转换；通过对家族族谱管理这个实例的实现过程说明树结构的具体应用方法。后面几节讨论线索二叉树及树的其他应用：哈夫曼树及编码。

7.1.1 家谱管理

【案例引入】

家谱对于每个家庭非常重要，家谱中成员的诞生，成员的逝世，成员的查找和信息更改可以用计算机程序来模拟。

红楼梦中荣国府贾代善与贾母的家族关系如图 7-1 所示。

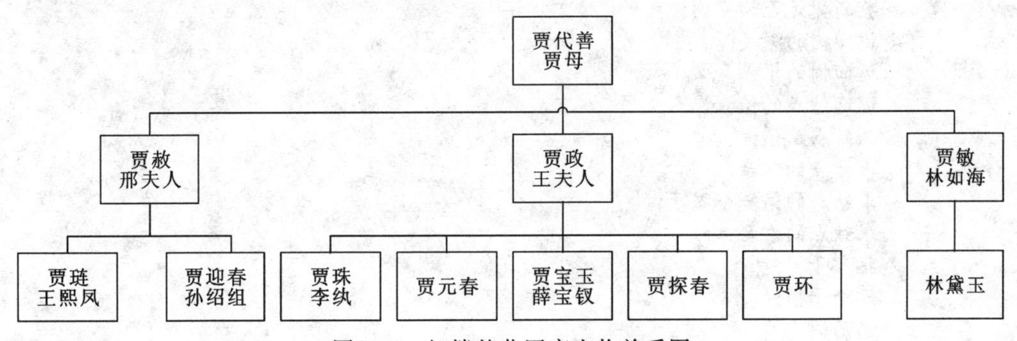

图 7-1 红楼梦荣国府人物关系图

【案例分析】

这样的家族关系图形成了一棵倒置的树。也就是本章介绍的层次型的树状结构。家族关系中每个结点代表家族中一个人物。家族关系中的父母与孩子的关系相当于树形结构中结点之间的双亲关系。家族中孩子的诞生就是在树上添加叶子结点的过程，成员的查找和成员信息的修改就是对这个树状结构进行遍历的过程，这些过程都可以通过对树状结构实现完成。

对一般树的算法研究较少，因此需要研究相应的二叉树，本章通过将树转换成二叉树对家谱进行管理。所以下面几节先讨论树和二叉树的定义存储结构及互相之间的转换，然后在第二节讨论案例的具体实现过程。

7.1.2 树和二叉树的定义

树（tree）T 是由 n（$n \geqslant 0$）个结点构成的有限集合（不妨用 D 表示）。当 n=0 时，称该树为**空树**（empty tree）。在任何一棵非空的树中，有一个特殊的结点 $t \in D$，称之为该树的**根结点**（root）；其余结点 D $\{t\}$被分割成 m>0 个不相交的子集 $D_1,D_2,\cdots,D_m$,其中每一个子集 D_i 又为一棵树，分别称之为 t 的**子树**（subtree）。如图 7-2 表示一棵具有 10 个结点的树，根结点为 A，共有 3 棵子树 $T_1=\{B，E，F，G\}$,$T_2=\{C，H\}$，$T_3=\{X，I，J\}$。子树 T_1 的根为 B，$T_{11}=\{E\}$、$T_{12}=\{F\}$和 $T_{13}=\{G\}$构成了 T_1 的 3 棵子树。

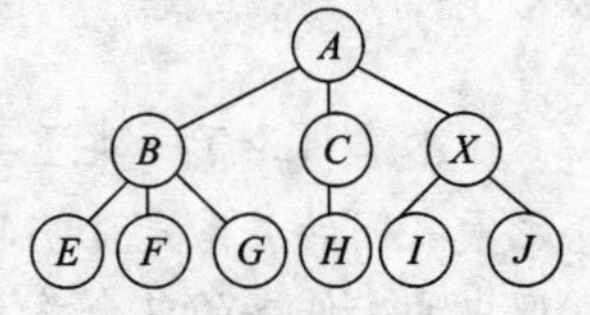

图 7-2 树的定义

树的抽象数据类型定义如下：

```
ADT Tree {
数据对象D: D={是具有相同特性的数据元素的集合}
数据关系R: 若D为空集，则称为空树。若D仅含一个数据元素，则R为空集，否则R={H}，H是
如下二元关系：
（1）在D中存在唯一称为根的数据元素root，它在H关系下无前驱。
（2）若D-{root}≠φ,则存在D-{root}的一个划分D1,D2,...,Dm,（m>0）,对任意j ≠k(1≤j,k ≤
m) Dj∩Dk= φ,且对任意的i∈(1≤i≤m),唯一存在数据元素xi ∈Di, 有<root,xi> ∈H。
（3）对应于D-{root}的划分,H-{<root,x1>,...,<root,xm>,有唯一的一个划分H1,H2,...,Hm(m>0),
对任意j≠k(1≤j,k≤m)有Hj∩Hk= φ,且对任意i(1≤i≤m),Hi是Di上的二元关系，(Di,{Hi})是一棵
符合本定义的树，称为根root的子树。
基本操作: 构造空树;
          销毁树T;
          构造树T;
          将树清为空树;
          判断树是否为空树;
          返回树的深度;
          返回树的根;
          返回结点的值;
          为结点赋值;
          求结点的双亲;
          求结点的第一个孩子;
          求结点的右兄弟;
          插入子树;
          删除子树;
          遍历树;
          等等。
}ADT Tree
```

对应于上述抽象数据类型，下面给出树的类定义。

```
Class Tree {
   Public:
      //初始化空树
      Tree InitTree();
      //销毁一棵树
      Boolean DestroyTree(Tree T);
      //建立一棵树
      Tree CreateTree();
```

```
    //清空一棵树
    Tree ClearTree(Tree T);
    //判空一棵树
    Boolean TreeEmpty(Tree T);
    //求一棵树的深度
    int TreeDepth(Tree T);
    //求一棵树的根
    Tree Root(Tree T);
    //求某个结点的值
    ElemType Value(Tree T,Tree cur_e);
    //将值赋值给某个结点
    Tree Assign(Tree T,Tree cur_e,ElemType value);
    //求某个结点的双亲
    Tree Parent(Tree T,Tree cur_e);
    //求某个结点的第一个孩子
    Tree LeftChild(Tree T,Tree cur_e);
    //求某个结点的右兄弟
    Tree RightSibling(Tree T,Tree cur_e);
    //给某个结点插入第 i 棵子树
    Tree InsertChild(Tree T,Tree p,i,Tree c);
    //删除某个结点的第 i 个孩子
    Tree DeleteChild(Tree T,Tree p,i);
    //遍历树
    void TraverseTree(Tree T,Visit());
} //Class Tree
```

（1）**结点的度**（degree）：该结点拥有的子树的数目。如图 7-3 中结点 *A* 的度为 3，结点 *C* 的度为 3，结点 *X* 的度为 1。

（2）**树的度**：树中结点度的最大值。图 7-3 中树的度为 3。

（3）**叶结点**（leaf）：度为 0 的结点。如 *E*、*F*、*G*、*H*、*I*、*J*。

（4）**分支结点**：度非 0 的结点。如 *A*、*B*、*C*、*X*。

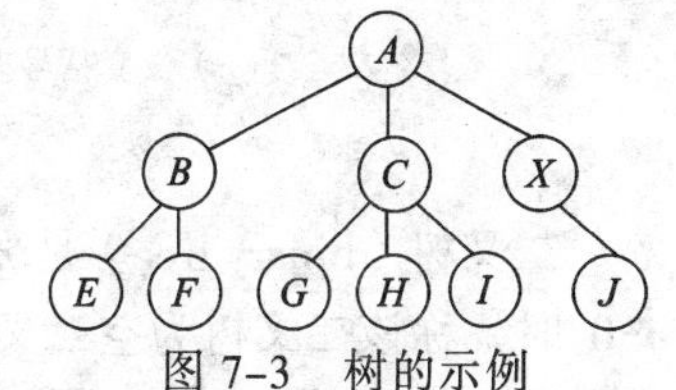

图 7-3　树的示例

（5）**孩子**（child）与**双亲**（parent）：结点的子树的根称为该结点的孩子，相应地，该结点称为孩子的双亲。图 7-3 中结点 *B*、*C* 和 *X* 是结点 *A* 的孩子。结点 *A* 是结点 *B*、*C* 和 *X* 的双亲。结点 *H* 是结点 *C* 的孩子，结点 *C* 是结点 *H* 的双亲。

（6）**兄弟**（sibling）：同一个双亲的孩子互称兄弟。图 7-3 中结点 *H*、*I* 和 *G* 互称兄弟。

（7）**祖先**（ancestor）：结点的祖先是从根到该结点所经分支上的所有结点。图 6-3 中结点 E 的祖先为 *B*、*A*。

（8）**子孙**（descendant）：以某结点为根的子树中的任一结点都称为该结点的子孙。图 7-3 中结点 *C* 的子孙为 *G*、*H* 和 *I*。

（9）**层次**（level）：根结点为第 1 层，若某结点在第 i 层，则其孩子结点（若存在）为第 i+1 层。图 7-3 中结点 *A* 为第 1 层，结点 *B* 为第 2 层，结点 *E* 为第 3 层。

（10）**树的深度**（depth）：树中结点所处的最大层次数称为树的深度。图 7-3 中树的深度为 3。

（11）**树林（森林）**（forest）：$m \geq 0$ 棵不相交的树组成的树的集合。对树中的每个结点而言，其子树的集合即为森林。

（12）**树的有序性**：若树中结点的子树的相对位置不能随意改变，则称该树为有序树，否则称该树为无序树。

图 7-4 为树的几种表示方法。

（1）文氏图表示法。图 7-4（a）使用集合以及集合的包含关系描述树结构。

（2）凹入表示法，如图 7-4（b）所示。

（3）嵌套括号表示法（广义表表示法），如图 7-4（c）所示。

（4）树形表示法，如图 7-4（d）所示。

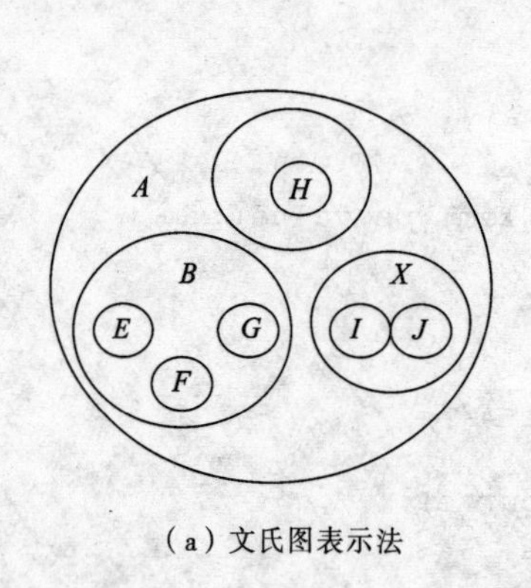

（a）文氏图表示法

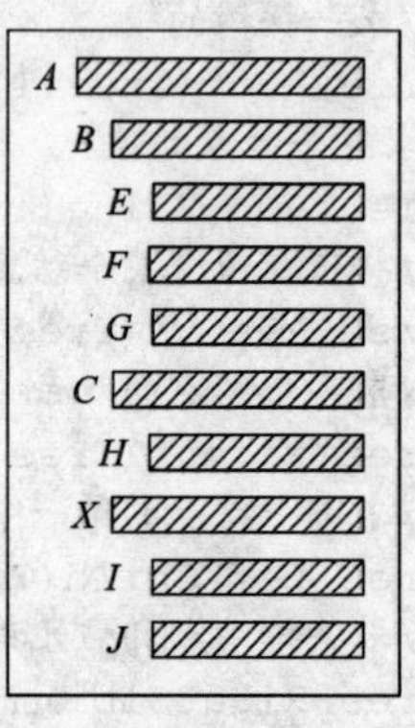

（b）凹入表示法

$A(B(E,F,G),C(H),X(I,J))$

（c）嵌套括号表示法

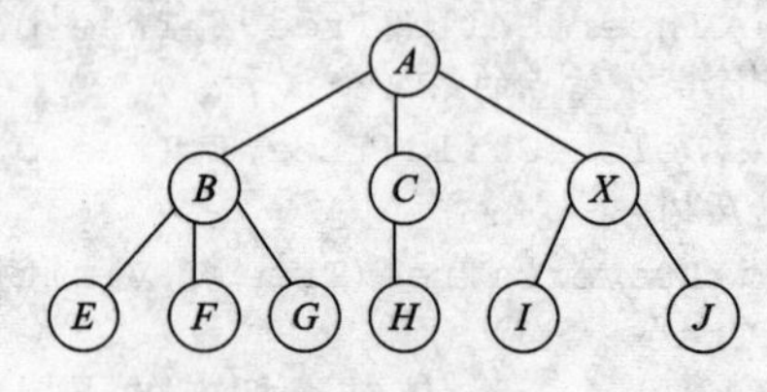

（d）树形表示法

图 7-4　树的表示方法

二叉树（binary tree）是 $n \geqslant 0$ 个结点的有穷集合 D 与 D 上关系的集合 R 构成的结构。当 $n=0$ 时，称该二叉树为空二叉树；否则，它为包含了一个根结点以及两棵不相交的、分别称之为左子树与右子树的二叉树。

二叉树的抽象数据类型定义如下：

ADT BinaryTree {

数据对象 D: D={具有相同特性的数据元素的集合}

数据关系 R: 若 $D=\phi$，则 BinaryTree 为空二叉树。若 $D\neq\phi$，则 $R=\{H\}$，H 是如下二元关系:

（1）在 D 中存在唯一称为根的数据元素 root，它在 H 关系下无前驱。

（2）若 D-{root}$\neq\phi$，则存在 D-{root}=$\{D_l, D_r\}$，$D_l \cap D_r=\phi$，且对任意的 $i\in(1\leqslant i\leqslant m)$，唯一存在数据元素 $x_i \in D_i$，有 $<\text{root}, x_i> \in H$。

（3）若 $D_l\neq\phi$，则 D_l 中存在唯一的元素 x_l，$<\text{root}, x_l> \in H$，且存在 D_l 上的关系 H_l 属于 H；若 $D_r\neq\phi$，则 D_r 中存在唯一的元素 x_r，$<\text{root}, x_r> \in H$，且存在 D_r 上的关系 H_r 属于 H；

$H=\{<\text{root}, x_l>, <\text{root}, x_r>, H_l, H_r\}$；

（4）$(D_l, \{H_l\})$ 是一棵符合本定义的二叉树，称为根的左子树；$(D_r, \{H_r\})$ 是一棵符合本定义的二叉树，称为根的右子树。

基本操作：初始化二叉树；

销毁二叉树；

构造二叉树 T；

将二叉树 T 清为空树；

判空二叉树；

求二叉树的深度；

```
        求二叉树的根;
        返回二叉树中某个结点的值;
        给二叉树中某个结点赋值。
        求二叉树中某个结点的双亲;
        求二叉树中某个结点的左孩子;
        求二叉树中某个结点的右孩子;
        求二叉树中某个结点的左兄弟;
        求二叉树中某个结点的右兄弟;
        在二叉树的某个结点上插入左子树或者右子树;
        删除二叉树中指定结点的左子树或者右子树;
        前序遍历二叉树;
        中序遍历二叉树;
        按层次遍历二叉树;
        等等。
}ADT Binary Tree
```

对应于上述抽象数据类型，下面给出二叉树的类定义。

```
Class Binary Tree {
    Public:
        //初始化一棵空二叉树
        BiTree InitBiTree();
        //销毁一棵二叉树
        Boolean DestroyBiTree(BiTree T);
        //建立一棵二叉树
        BiTree CreateBiTree();
        //清空一棵二叉树
        BiTree ClearBiTree(BiTree T);
        //判空一棵二叉树
        public Boolean BiTreeEmpty(BiTree T);
        //求二叉树的深度
        int BiTreeDepth(BiTree T);
        //求二叉树的树根
        BiTree Root(BiTree T);
        //求二叉树中某个结点的值
        TelemType Value(BiTree T,BiTree e);
        //给二叉树中某个结点赋值
        public BiTree Assign(BiTree T,BiTree e,TelemType value);
        //求二叉树中某个结点的双亲
        BiTree Parent(BiTree T,BiTree e);
        //求二叉树中某个结点的左孩子
        BiTree LeftChild(BiTree T,BiTree e);
        //求二叉树中某个结点的右孩子
        BiTree RightChild(BiTree T,BiTree e);
        //求二叉树中某个结点的左兄弟
        BiTree LeftSibling(BiTree T,BiTree e);
        //求二叉树中某个结点的右兄弟
        BiTree RightSibling(BiTree T,BiTree e);
        //在二叉树的某个结点上插入左子树或者右子树
        BiTree InsertChild(BiTree T,BiTree p,int LR,BiTree c);
        //删除二叉树中某个结点的左子树或者右子树
        BiTree DeleteChild(BiTree T,BiTree p,int LR);
```

```
        //先序遍历二叉树
        void PreOrderTraverse(BiTree T,Visit());
        //中序遍历二叉树
        void InOrderTraverse(BiTree T,Visit());
        //按层次遍历二叉树
        void LevelOrderTraverse(BiTree T,Visit());
} // Class Binary Tree
```

二叉树的定义表明二叉树有 5 种形态，如图 7-5 所示。

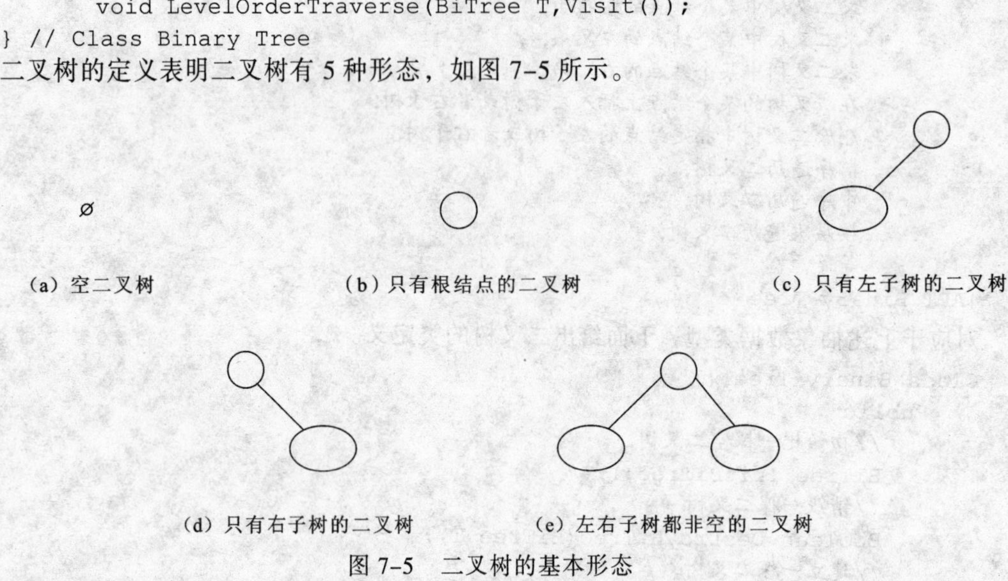

图 7-5　二叉树的基本形态

7.1.3　树和二叉树的存储结构

树的存储结构有几种，主要有双亲表示法、孩子表示法和孩子-兄弟表示法。

1. 双亲表示法

双亲表示法是指以一组地址连续的空间存储树中结点，同时在每个结点上附设一个指针指向该结点的双亲在存储空间中的位置，如图 7-6 所示。

```
#define MAX_TREE_SIZE  100
typedef struct PTNode {                     //结点结构
     TElemType  data;
     int  parent;                           //双亲位置域
} PTNode;
typedef struct {                            //树结构
    PTNode nodes[MAX_TREE_SIZE];
    int  r,n;                               //根结点的位置和结点个数
} PTree;
```

0	*A*	-1
1	*B*	0
2	*C*	0
3	*D*	0
4	*E*	2
5	*F*	2
6	*G*	5

图 7-6　树的双亲表示法

实现树的双亲表示法可以定义一个 ParentTree 类，将 PTree 类型的变量作为 ParentTree 类的私有数据成员。在树上作的任何操作都是 ParentTree 类的成员函数。树的双亲表示法的优点是查找结点的双亲比较容易，而查找某个结点的孩子结点需要遍历整个存储空间。

2．孩子表示法

孩子表示法是指以一组地址连续的空间存储树中结点，同时在每个结点上附设一个指针指向由它的所有孩子结点构成的链表，如图 7-7 所示。

```
typedef struct CTNode {                //孩子结点结构
    int         child;
    struct CTNode *nextchild;
} *ChildPtr;
typedef struct {                       //双亲结点结构
    TElemType    data;                 //(int parent;)
    ChildPtr  firstchild;              //孩子链表头指针
} CTBox;
typedef struct{                        //树结构
    CTBox  nodes[MAX_TREE_SIZE];
    int    n,r;                        //结点数和根结点的位置
} CTree;
```

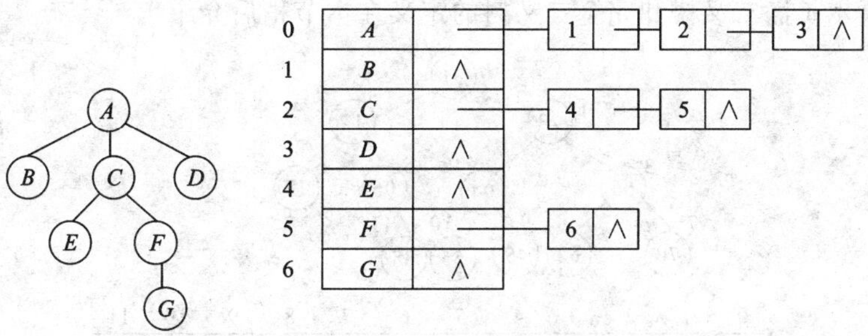

图 7-7　树的孩子表示法

实现树的孩子表示法可以定义一个 ChildrenTree 类，将 CTree 类型的变量作为 ChildrenTree 类的私有数据成员。在树上进行的任何操作都是 ChildrenTree 类的成员函数。孩子表示法与双亲表示法正好相反，每个结点可以很容易的查找孩子结点，但是如果搜索它的双亲结点，需要遍历整个存储空间。

3．树的孩子-兄弟表示法

树的孩子-兄弟表示法是指树中每个结点由一个链结点存储，链结点附设 2 个指针分别指向该结点的第一个孩子和下一个兄弟，如图 7-8 所示。

```
typedef struct CSNode{
    ElemType   data;
    struct CSNode  *firstchild,*nextsibling;
} CSNode,*CSTree;
```

实现树的孩子-兄弟表示法可以定义一个 CSiblingTree 类，将 CSTree 类型的变量作为 CSiblingTree 类的私有数据成员。在树上进行的任何操作都是 CSiblingTree 类的成员函数。树的孩子-兄弟表示法可以方便的查找一个结点的第一个孩子和下一个兄弟，但是不能定位该结点的双亲。

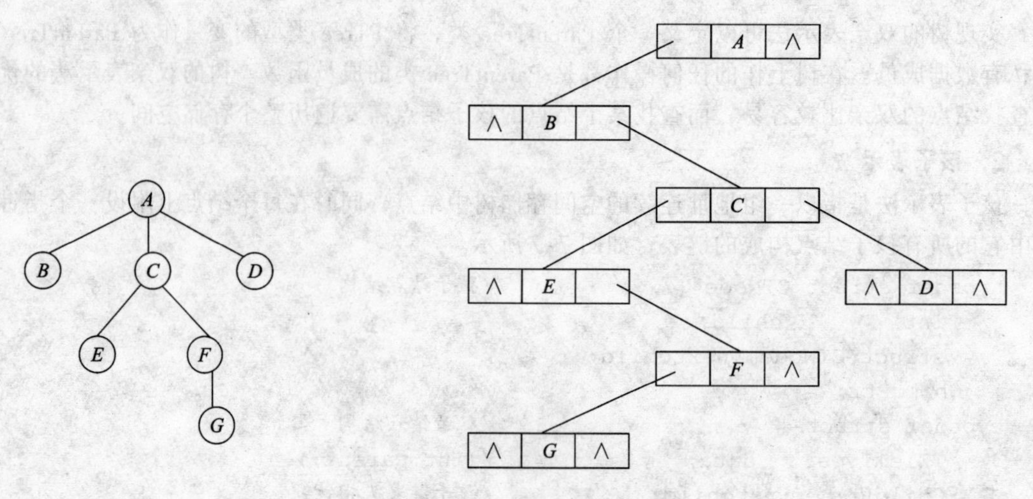

图 7-8 树的孩子-兄弟表示法

二叉树的存储结构有以下几种：

1. 顺序存储结构

顺序存储结构按满二叉树的结点层次自左至右的顺序编号，依次存放二叉树中的数据元素，如图 7-9 所示（满二叉树和完全二叉树的定义在本节稍后介绍）。

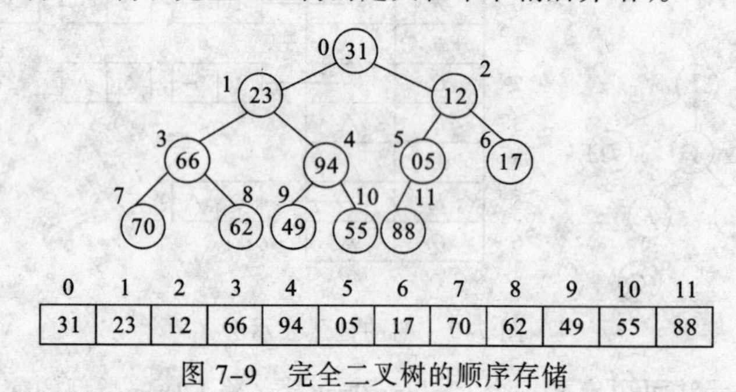

0	1	2	3	4	5	6	7	8	9	10	11
31	23	12	66	94	05	17	70	62	49	55	88

图 7-9 完全二叉树的顺序存储

特点：结点间关系蕴含在其存储位置中。对于一般二叉树会浪费存储空间，适于存满二叉树和完全二叉树，如图 7-10 所示。

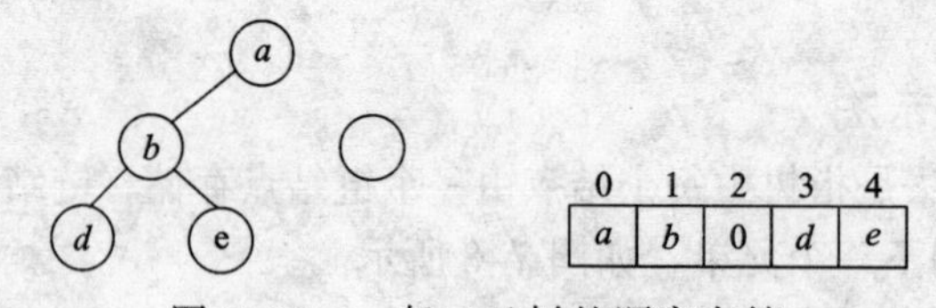

图 7-10 一般二叉树的顺序存储

2. 链式存储结构（二叉链表）

二叉链表是二叉树链式存储结构的常用方法。每个结点结构由一个数据域和两个指针域构成。数据域存放结点，指针域分别指向该结点的左右孩子结点。结点结构描述如下：

```
typedef struct BiTNode{
    TelemType data;
    struct BiTNode *lchild,*rchild;
}BiTNode,*BiTree;
```

二叉树的二叉链表如图 7-11 所示。

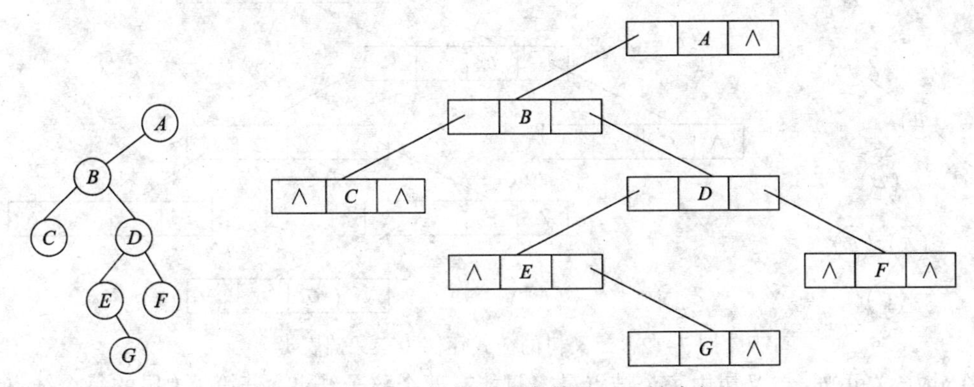

图 7-11　二叉树的链式存储（二叉链表）

实现二叉树的二叉链表存储方法需要创建一个二叉链表类：BiTreeLinkList。将 BiTree 类型的变量作为 BiTreeLinkList 类的私有成员变量，二叉树上的操作作为该类的成员函数。

二叉链表类定义如下：

```
Class BiTreeLinkList{
   private:
      BiTree T;                                              //树根指针
   public:
      BiTreeLinkList(){root=NULL;}                           //构造函数
      ~ BiTreeLinkList(){destroy(root);root=NULL;}           //析构函数
      void creat();                                          //建立二叉树
      void inorder(BiTree p);                                //中序遍历二叉树
      void preorder(BiTree p);                               //前序遍历二叉树
      void postorder(BiTree p);                              //后序遍历二叉树
}
```

在该二叉链表类中有一个私有成员是指向二叉树树根的指针。对该二叉树的操作包含建立一棵二叉树的二叉链表，前序、中序和后序遍历二叉树。如果还有其他操作都可以加入到该类中。使用二叉链表存储二叉树时，只能访问结点的左右子树，而不能访问结点的根。

3．链式存储结构（三叉链表）

三叉链表是二叉树链式存储结构的另一种存储方法。每个结点结构由一个数据域和 3 个指针域构成。数据域存放结点数据，指针域分别指向该结点的左右孩子结点和双亲结点，如图 7-12 所示。结点结构描述如下：

```
typedef struct TriTNode{
   TelemType data;
   struct TriTNode *lchild,*parent,*rchild;
}TriTNode,*TriTree;
```

二叉树有以下性质：

（1）一棵非空二叉树的第 i 层最多有 2^{i-1} 个结点（$i\geq 1$）。

证明：（采用归纳法）

① 当 i=1 时，结论显然正确。非空二叉树的第 1 层最多只能有一个结点，即树的根结点。

② 假设对于第 j 层（$1\leq j\leq i-1$）结论也正确，即第 j 层最多有 2^{j-1} 个结点。

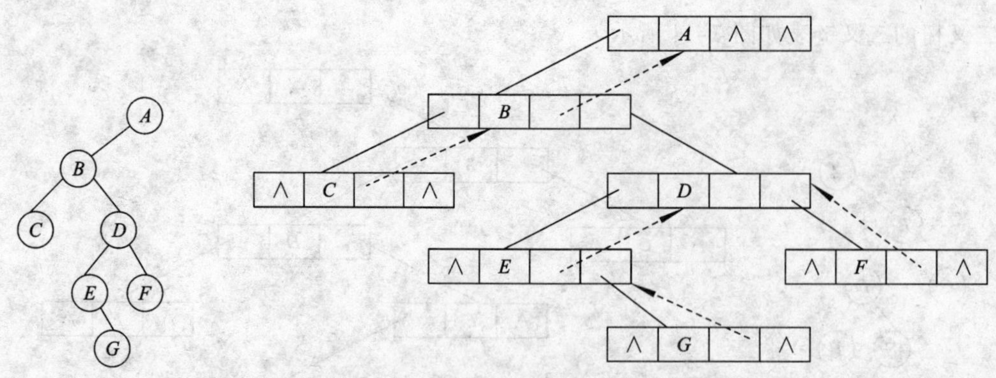

图 7-12　二叉树的链式存储（三叉链表）

③ 由定义可知，二叉树中每个结点最多只能有两个孩子结点。若第 i–1 层的每个结点都有两棵非空子树，则第 i 层的结点数目达到最大。而第 i–1 层最多有 2^{i-2} 个结点已由假设证明，于是，应有

$$2\times2^{i-2}=2^{i-1}$$

（2）深度为 h 的非空二叉树最多有 2^{h-1} 个结点。

证明：由性质 1 可知，若深度为 h 的二叉树的每一层的结点数目都达到各自所在层的最大值，则二叉树的结点总数一定达到最大。即有

$$2^0+2^1+2^2+\cdots+2^{i-1}+\cdots+2^{h-1}=2^h-1$$

（3）若非空二叉树有 n_0 个叶结点,有 n_2 个度为 2 的结点,则 $n_0=n_2+1$。

证明：

设该二叉树有 n_1 个度为 1 的结点，结点总数为 n，有

$$n=n_0+n_1+n_2 \tag{6-1}$$

设二叉树的分支数目为 B，有

$$B=n-1 \tag{6-2}$$

这些分支来自度于为 1 的结点与度度为 2 结点，即

$$B=n_1+2n_2 \tag{6-3}$$

由式（6-1）、（6-2）和式（6-3）得

$$n_0=n_2+1$$

如图 7-13 所示，若一棵二叉树中的结点或者为叶结点，或者具有两棵非空子树，并且叶结点都集中在二叉树的最下面一层。这样的二叉树为**满二叉树**。若一棵二叉树中只有最下面两层的结点的度可以小于 2，并且最下面一层的结点（叶结点）都依次排列在该层从左至右的位置上，这样的二叉树为**完全二叉树**。

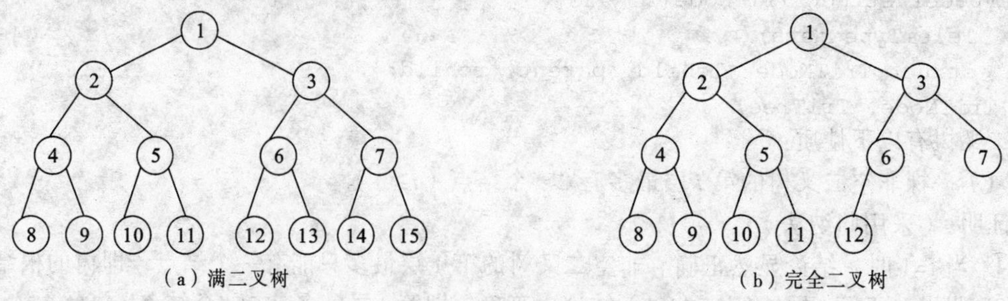

图 7-13　满二叉树和完全二叉树

（4）具有 n 个结点的完全二叉树的深度 $h=\lfloor \log_2 n \rfloor+1$。

证明：设具有 n 个结点的完全二叉树的深度为 k，则根据第（2）条性质得 $2^{k-1}-1<n\leqslant 2^k-1$，有 $2^{k-1}\leqslant n<2^k$，即 $k-1\leqslant \log_2 n<k$；因为 k 只能是整数，所以 $k=\lfloor \log_2 n \rfloor+1$。

（5）若对具有 n 个结点的完全二叉树按照层次从上到下，每层从左到右的顺序进行编号，则编号为 i 的结点具有以下性质：

① 当 $i=1$，则编号为 i 的结点为二叉树的根结点；若 $i>1$,则编号为 i 的结点的双亲结点的编号为 $\lfloor i/2 \rfloor$。

② 若 $2i>$n，则编号为 i 的结点无左子树；若 $2i\leqslant n$，则编号为 i 的结点的左子树的根的编号为 $2i$。

③ 若 $2i+1>n$，则编号为 i 的结点无右子树；若 $2i+1\leqslant n$，则编号为 i 的结点的右子树的根的编号为 $2i+1$。

证明①：

当 $i=1$ 时，当前结点为根结点，因此无双亲；当 $i>1$ 时，如果 i 为左孩子，即 $2\times(i/2)=i$，则 $i/2$ 是 i 的双亲；如果 i 为右孩子，$i=2p+1$，i 的双亲应为 p，$p=(i-1)/2=\lfloor i/2 \rfloor$。

证明②和③：

对于 $i=1$，由完全二叉树的定义，其左孩子是结点 2，若 $2>n$，即不存在结点 2，结点 i 无孩子。结点 i 的右孩子也只能是结点 3，若结点 3 不存在，即 $3>n$，此时结点 i 无右孩子。

对于 $i>1$，可分为两种情况：

- 设第 j（$1\leqslant j\leqslant \lfloor \log_2 n \rfloor$)层的第一个结点的编号为 i，由二叉树的性质 2 和定义知 $i=2^{j-1}$，结点 i 的左孩子必定为 $j+1$ 层的第一个结点，其编号为 $2^j=2\times 2^{j-1}=2i$。如果 $2i>n$，则无左孩子。其右孩子必定为第 $j+1$ 层的第二个结点，编号为 $2i+1$。若 $2i+1>n$，则无右孩子。
- 假设第 j（$1\leqslant j\leqslant \lfloor \log_2 n \rfloor$)层上的某个结点编号为 i（$2^{j-1}\leqslant i\leqslant 2^j-1$)，且 $2i+1<n$，其左孩子为 $2i$，右孩子为 $2i+1$，则编号为 $i+1$ 的结点是编号为 i 的结点的右兄弟或堂兄弟。若它有左孩子，则其编号必定为 $2i+2=2\times(i+1)$；若它有右孩子，则其编号必定为 $2i+3=2\times(i+1)+1$。

7.1.4　树与二叉树的转换

1．树转换成二叉树

（1）加线：在兄弟之间加一连线。

（2）抹线：对每个结点，除了其左孩子外，抹掉其与其余孩子之间的连线。

（3）旋转：将树作适当的旋转即可。

树转换成二叉树的具体示例如图 7–14 所示。

树转换成的二叉树其右子树一定为空。

2．二叉树转换成树

（1）加线：若某结点是双亲结点的左孩子，则将该结点的右孩子，右孩子的右孩子，……沿分支找到的所有右孩子，都与该结点的双亲用线连起来。

（2）抹线：抹掉原二叉树中双亲与右孩子之间的连线。

（3）调整：将结点按层次排列，形成树结构。

二叉树转换成树的具体示例如图 7–15 所示。

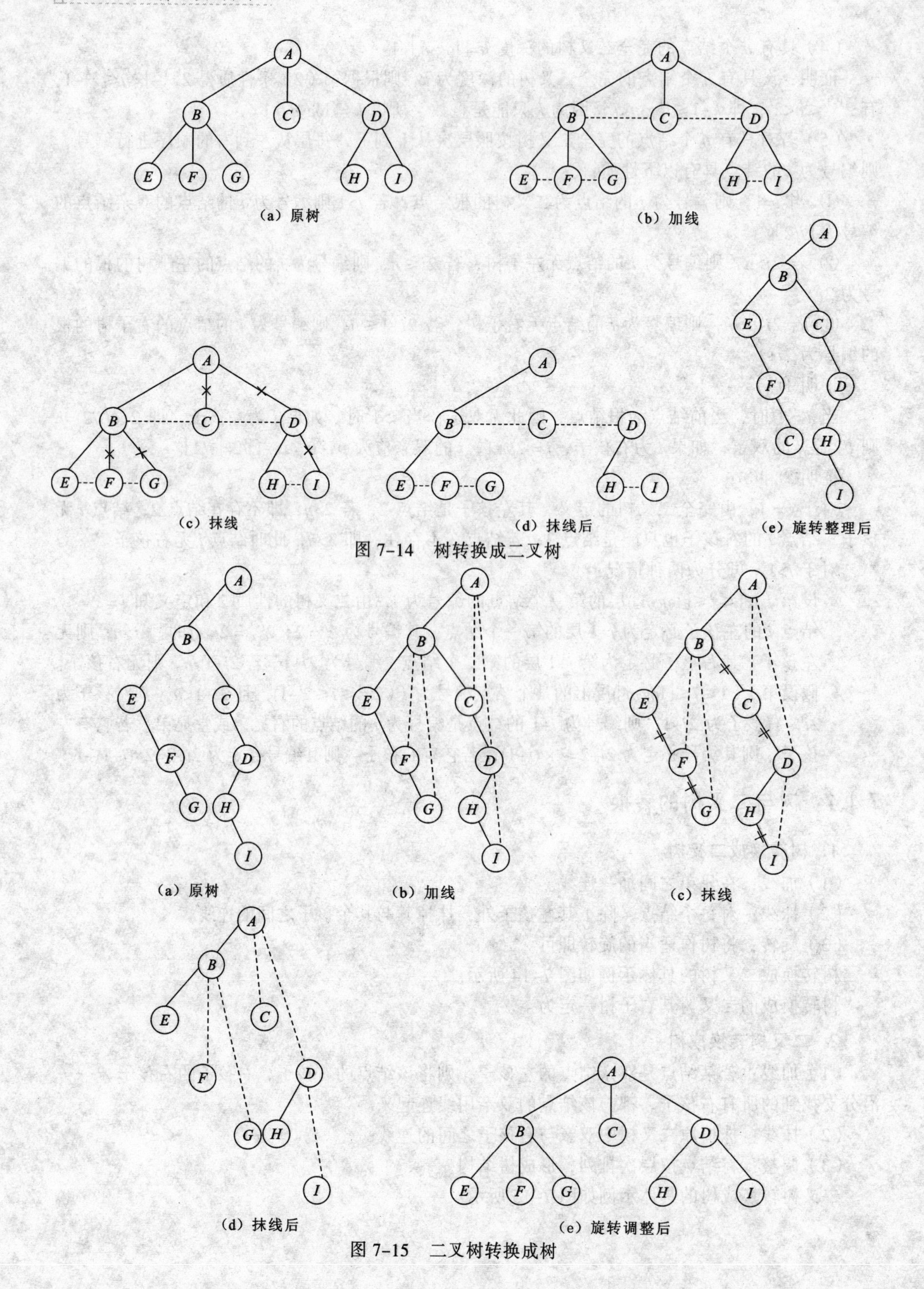

图 7-14 树转换成二叉树

图 7-15 二叉树转换成树

7.1.5　森林与二叉树的转换

1. 森林转换成二叉树

（1）将各棵树分别转换成二叉树。

（2）将每棵树的根结点用线相连。

（3）以第一棵树根结点为二叉树的根，再以根结点为轴心，顺时针旋转，构成二叉树结构。

森林转换成二叉树的具体示例如图 7-16 所示。

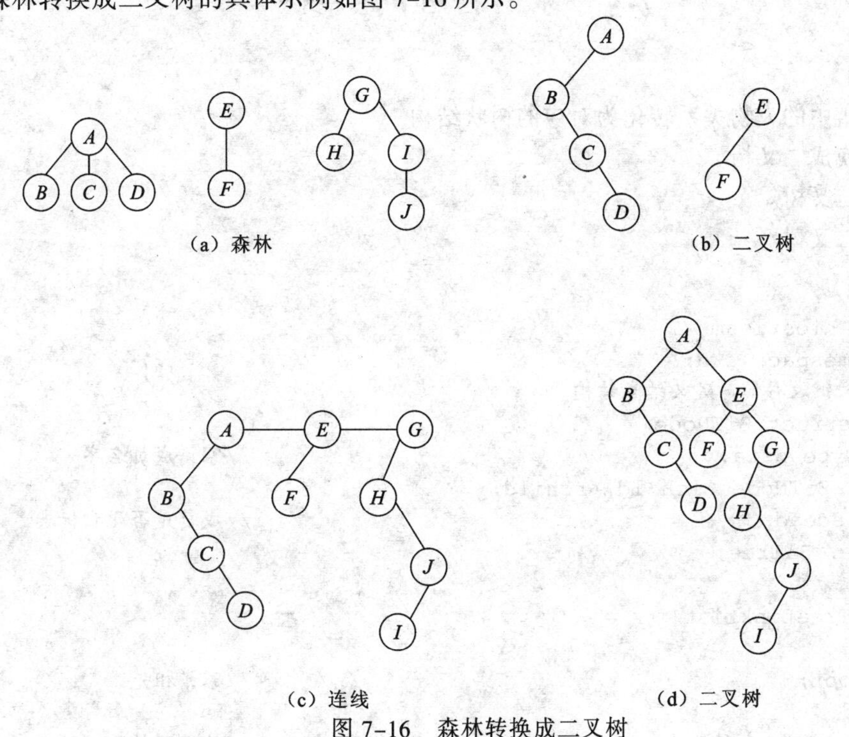

图 7-16　森林转换成二叉树

2. 二叉树转换成森林

（1）抹线：将二叉树中根结点与其右孩子连线，及沿右分支搜索到的所有右孩子间连线全部抹掉，使之变成孤立的二叉树。

（2）还原：将孤立的二叉树还原成树。

7.1.6　树与森林的遍历

1. 树的遍历

（1）树的先根遍历：若树不空，则先访问根结点，然后依次先根遍历根的每一棵子树。

（2）树的后根遍历：若树不空，则先依次后根遍历根的每棵子树，然后访问根结点。

（3）按层次遍历：若树不空，则自上而下自左至右访问树中每个结点。

2. 森林的遍历

森林的遍历可以分解成三部分：

（1）森林中第一棵树的根结点。

（2）森林中第一棵树的子树森林。

（3）森林中其他树构成的森林。

森林的先序遍历：若森林不空，则访问森林中第一棵树的根结点；先序遍历森林中第一棵树的子树森林；先序遍历森林中（除第一棵树之外）其余树构成的森林。

森林的中序遍历：若森林不空，则中序遍历森林中第一棵树的子树森林；访问森林中第一棵树的根结点；中序遍历森林中（除第一棵树之外）其余树构成的森林。

7.2 家谱管理的实现

【解决案例】

（1）将家谱中的人物关系转化为对应的树状结构。

（2）树转换成二叉树。

（3）建立二叉树。

（4）实现二叉树。

【参考代码】

```
#include <iostream>
using namespace std;
//家谱以二叉链表存储，定义结点结构
typedef struct BiTNode{
   TelemType data;                                      //家谱成员名字
   struct BiTNode *lchild,*rchild;
   bool Isdead;                                         //成员是否死亡标志
 }BiTNode,*BiTree;
//定义二叉链表类
Class BiTreeLinkList{
private:
BiTree root;                                            //家谱祖先
public:
    BiTreeLinkList(){root=NULL;}                        //构造函数
    ~ BiTreeLinkList(){destroy(root);root=NULL;}        //析构函数
    void creat(BiTree p);                               //建立家谱
    BiTree insert(BiTree t,BiTNode *c);                 //家谱新添一位成员
    void delete(BiTree t,BiTNode *p);                   //家谱去世一位成员
    void inorder(BiTree p);                             //显示家谱所有成员
}
//创建家谱
void BiTreeLinkList::creat(BiTree T){
    cin>>ch;
    if(ch=='')T=NULL;
    else{
        if(!(T=(BiTNode *)malloc(sizeof(BiTNode)))) exit (OVERFLOW);
        T->data=ch; T->Isdead=0;
        Creat(T->lchild);
        Creat(T->rchild);
    }
    Return OK;
}
```

```
//在家谱上查找一位成员
BiTree BiTreeLinkList::InOrderSearch(BiTree T,TElemType MemberName){
    if(T!=NULL){
        if(T->data=MemberName)   return T;
        else{
            InOrderSearch(T->leftChild);
            InOrderSearch(T->rightChild);
    }
    return Null;
}
//家谱中一位成员添丁
BiTree  BiTreeLinkList::insert(BiTree T,TElemType parent,TElemType child){
    s=InOrderSearch(T,parent);                          //搜索双亲
    if(s==null)    cout<<"家谱中没有此人！";
    else{
        while(s->rchild!=null)
            s->rchild=s->rchild->next;
        if(!(p=(BiTNode *)malloc(sizeof(BiTNode)))) exit (OVERFLOW);
                                                    //为插入结点申请一个结点空间
        p->data=child;
        p->next=null;
        s->rchild=p;                                    //插入
    }
    return T;
}
//家谱中一位成员辞世
void BiTreeLinkList::delete(BiTree T,TElemType parent){
    s=InOrderSearch(T,parent);                          //搜索双亲
    if(s==null)    cout<<"家谱中没有此人！";
    else{
        s->IsDead=1;
    }
}
void BiTreeLinkList::InOrder (BiTree T){
//显示所有家族成员
    if(T!=NULL){
        InOrder(T->leftChild);
        cout<<T->data;
        InOrder(T->rightChild);
    }
}
int main(){
    BiTreeLinkList Family;
    Family.creat();                                     //创建一个家谱
    cin>>"请输入要查找的成员？">>name;
    s=Family.InOrderSearch(Family.root,name);
    cin>>"请输入新双亲的名字和新生儿的名字">>parent;
    cin>>child;
    Family.Insert(Family.root,parent,child);
    cin>>"请输入辞世长者的名字">>oldman;
```

```
    Family.delete(Family.root, oldman);
    Family.InOrder(Family.root);                    //显示家族中所有成员
}
```

7.3 遍历二叉树

按照一定的顺序（原则）对二叉树中每一个结点都访问一次（仅访问一次），得到一个由该二叉树的所有结点组成的序列，这一过程称为**二叉树的遍历**。对二叉树遍历的目的是能够对每个结点进行访问。访问的含义有多种，可以打印结点的值，对结点作各种处理等。访问二叉树中每个结点不同于对线性表的遍历。由于二叉树由根和左右子树 3 部分构成，因此，需要寻求一种规律和顺序来对二叉树进行遍历。若限定先左后右，那么二叉树的遍历方法有前序遍历、中序遍历、后序遍历和按层次遍历 4 种。其中，前序遍历、中序遍历和后序遍历是以根作为参照的。

7.3.1 前序遍历

原则：若被遍历的二叉树非空，则

（1）访问根结点。

（2）以前序遍历原则遍历根结点的左子树。

（3）以前序遍历原则遍历根结点的右子树。

如图 7-17 所示的二叉树，根据前序遍历原则共 3 步：第一步，访问根结点 A，第二步，以前序遍历原则遍历根的左子树，第三步，以前序遍历原则遍历根的右子树。由此可见，对二叉树的前序遍历是一个递归的过程。以图 7-17 为例，二叉树的前序遍历过程如下：

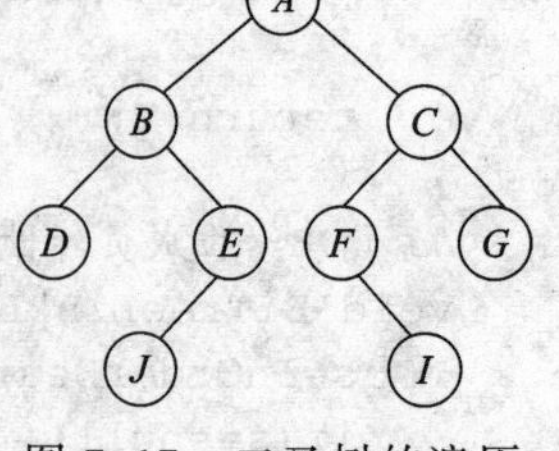

图 7-17 二叉树的遍历

第 1 步：二叉树不空，访问根结点 A。

第 2 步：以 A 为根的左子树不空，前序遍历以 A 为根的左子树。

第 2.1 步：访问根结点 B。

第 2.2 步：以 B 为根的左子树不空，前序遍历以 B 为根的左子树。

第 2.2.1 步：访问根结点 D。

第 2.2.2 步：以 D 为根的左子树为空，前序遍历以 D 为根的右子树，即转 2.2.3 步。

第 2.2.3 步：以 D 为根的右子树为空，前序遍历以 B 为根的右子树，即转 2.3 步

第 2.3 步：以 E 为根的左子树不空，前序遍历以 E 为根的左子树。

第 2.3.1 步：访问根结点 E。

第 2.3.2 步：以 E 为根的左子树不空，前序遍历以 E 为根的左子树。

第 2.3.1.1 步：访问根结点 J。

第 2.3.1.2 步：以 J 为根的左子树为空，前序遍历以 J 为根的右子树，即转 2.3.1.3 步。

第 2.3.1.3 步：以 J 为根的右子树为空，前序遍历以 E 为根的右子树，即转 2.3.3 步。

第 2.3.3 步：以 *E* 为根的右子树为空，前序遍历以 *A* 为根的右子树，即转 3 步。

第 3 步：以 *A* 为根的右子树不空，前序遍历以 *A* 为根的右子树。

第 3.1 步：访问根结点 *C*。

第 3.2 步：以 *C* 为根的左子树不空，前序遍历以 *C* 为根的左子树，即转 3.2.1 步。

第 3.2.1 步：访问根结点 *F*。

第 3.2.2 步：以 *F* 为根的左子树为空，前序遍历以 *F* 为根的右子树，即转 3.2.3 步。

第 3.2.3 步：以 *F* 为根的右子树不空，前序遍历以 *F* 为根的右子树，即转 3.2.3.1 步。

第 3.2.3.1 步：访问根结点 *I*。

第 3.2.3.2 步：以 *I* 为根的左子树为空，前序遍历以 *I* 为根的右子树，即转 3.2.3.3 步。

第 3.2.3.3 步：以 *I* 为根的右子树为空，前序遍历以 *C* 为根的右子树，即转 3.3 步。

第 3.3 步：以 *C* 为根的右子树不空，前序遍历以 *C* 为根的右子树，即转 3.3.1 步。

第 3.3.1 步：访问根结点 *G*。

第 3.3.2 步：以 *G* 为根的左子树为空，前序遍历以 *G* 为根的右子树，即转 3.3.3 步。

第 3.3.3 步：以 *G* 为根的右子树为空，遍历结束。

总结上述过程，图 7-17 的二叉树的前序序列为：*A B D E J C F I G*。

根据上述过程，总结出二叉树的前序递归算法 7-1。

【算法 7-1】 PreOrder。

输入：二叉树。

输出：二叉树的前序遍历序列。

代码如下：

```
void BiTreeLinkList::PreOrder(BiTree T){
//前序遍历二叉树的递归算法
    if(T!=NULL){
        cout<<T->data;
        PreOrder(T->leftChild);
        PreOrder(T->rightChild);
    }
}
```

7.3.2　中序遍历

原则：若被遍历的二叉树非空，则

（1）以中序遍历原则遍历根结点的左子树。

（2）访问根结点。

（3）以中序遍历原则遍历根结点的右子树。

类似于前序遍历过程，图 7-17 的中序序列为：*D B J E A F I C G*。

【算法 7-2】InOrder。

输入：二叉树。

输出：二叉树的中序遍历序列。

代码如下：

```
void BiTreeLinkList::InOrder(BiTree T){
//中序遍历二叉树的递归算法
    if(T!=NULL){
        InOrder(T->leftChild);
        cout<<T->data;
        InOrder(T->rightChild);
    }
}
```

7.3.3 后序遍历

原则：若被遍历的二叉树非空，则

（1）以后序遍历原则遍历根结点的左子树。

（2）以后序遍历原则遍历根结点的右子树。

（3）访问根结点。

类似的，图 7-17 的后序序列为：*DJEBIFGCA*。

【算法 7-3】PostOrder。

输入：二叉树。

输出：二叉树的后序遍历序列。

代码如下：

```
void BiTreeLinkList::PostOrder(BiTree T){
//后序遍历二叉树的递归算法
    if(T!=NULL){
        PostOrder(T->leftChild);
        PostOrder(T->rightChild);
        cout<<T->data;
    }
}
```

7.3.4 按层次遍历

原则：从上到下从左到右依次访问二叉树中每一个结点。

根据层次遍历原则，图 7-17 所示二叉树的层次序列为：*ABCDEFGJI*。

上面介绍的前序遍历、中序遍历以及后序遍历方法都是递归的，算法 7-4 通过引入一个栈来存放未被访问的结点，给出了中序遍历二叉树的非递归过程。而算法 7-5 给出了由先序遍历序列创建二叉链表的过程。

【算法 7-4】InOrder。

输入：二叉树。

输出：二叉树的中序遍历序列。

代码如下：

```
void BiTreeLinkList::InOrder(BiTree T){
```

```
//中序遍历二叉树的非递归算法
    stack S;                                        //递归工作栈
    InitStack(&S);                                  //递归工作栈初始化
    BinTreeNode *p=T;                               //初始化
    while(p!=NULL||!StackEmpty(&S)){
       if(p!=NULL){
          Push(&S,p);
          p=p->leftChild;
       }//end-if
       if(!StackEmpty(&S)){                         //栈非空
          Pop(&S,p);                                //退栈
          cout<<p->data<<endl;                      //访问根
          p=p->rightChild;
       }//end-if
    }//end-while
    return OK;
}
```

【算法 7-5】 Creat。

输入：二叉树各个结点的值。

输出：二叉树的二叉链表。

代码如下：

```
void BiTreeLinkList::Creat(ifstream& in,BiTree &T){
//按先序遍历序列创建二叉链表
    TreeData x;
    if(!in.eof()){
       in>>x;                          //读入根结点的值
       if(x!=RefValue){
          T=new BiTree;                //建立根结点
          if(T==NULL){
             cerr<<"存储分配错！"<<endl;
             exit(1);
          }//end-if
          T->data=x;
       Creat(in,T->leftChild);
          Creat(in,T->rightChild);
       }//end-if
       else T=NULL;
   }//end-if
}
```

图 7-18 所示的二叉树的前序遍历顺序为 *A B C @ @ D E @ G @ @ F @ @ @*。

图 7-18　先序遍历序列创建二叉树

7.4　线索二叉树

通过对二叉树的遍历讨论可知，遍历二叉树是以一定规则（前序遍历、中序遍历、后序遍历以及按层次遍历）将二叉树中结点排列成一个线性序列。其本质是将一个非线性结构进行线性化操作，使得每一个结点（除第一个结点和最后一个结点）都有且仅有一个直接前驱和直接

后继。图 7-19 所示的二叉树的结点的中序遍历序列 *DBFEAC* 中，*A* 的直接前驱是 *E*，*A* 的直接后继是 C。

当用二叉链表作为二叉树的存储结构时，每一个结点只能找到其左、右孩子的信息，而不能得到结点在任意序列中直接前驱和直接后继的信息，这种信息只能在遍历过程中动态得到。如何在遍历过程中将这些信息记录下来呢？一个简单的办法就是在每个结点上增加两个指针域 precursor 和 successor，分别用于记录结点在遍历过程中得到的直接前驱和直接后继信息。显然这样做会使得存储结构的存储密度大大降低。分析二叉链表存储结构，如图 7-19 所示的二叉树，结点个数为 6，二叉链表的空指针域的个数为 7。可以证明，具有 n 个结点的二叉树对应的二叉链表中有 $n+1$ 个空指针域。有一半以上的指针域浪费掉了，可否利用这些空的指针域来记录结点的前驱和后继信息呢？答案是肯定的。

试作如下规定：若结点有左子树，则令其左子树的指针 lchild 指向其左孩子，否则令 lchild 指向其前驱；若结点有右孩子，则令右子树的指针 rchild 指向其右子树，否则令 rchild 指向其后继。为了避免混淆，需要改变二叉链表结点的结构，增设两个标志域，如图 7-20 所示。

图 7-19 示例二叉树

lchild	ltag	data	rtag	rchild

图 7-20 线索二叉树的结点结构

其中：

LTag：若 LTag=0，lchild 域指向左孩子；
　　　若 LTag=1，lchild 域指向其前驱。

RTag：若 RTag=0，rchild 域指向右孩子；
　　　若 RTag=1，rchild 域指向其后继。

我们把加了 LTag 域和 RTag 域的结点结构存储二叉树的链表称为**线索链表**，这些指向前驱和后继的指针称为**线索**，加了线索的二叉树称为**线索二叉树**。对二叉树以某种次序遍历使其变为线索二叉树的过程称为**线索化**。

二叉树的二叉线索存储表示如下：

```
Typedef enum PointerTag {Link,Thread};      //Link==0:指针,Thread==1:线索
Typedef struct BiThrNode{
   TelemType  data;
   struct BiTreeNode *lchild,*rchild;        //左右孩子指针
   PointerTag  LTag,Rtag;                    //左右标志
}BiTreeNode,*BiThrTree;
```

实现线索链表的方法是创建一个线索链表类：BiTreeThrLinkList。将指向根结点的指针作为该类的私有成员变量。图 7-21 是一棵二叉树以及它对应的线索二叉树和中序线索链表。

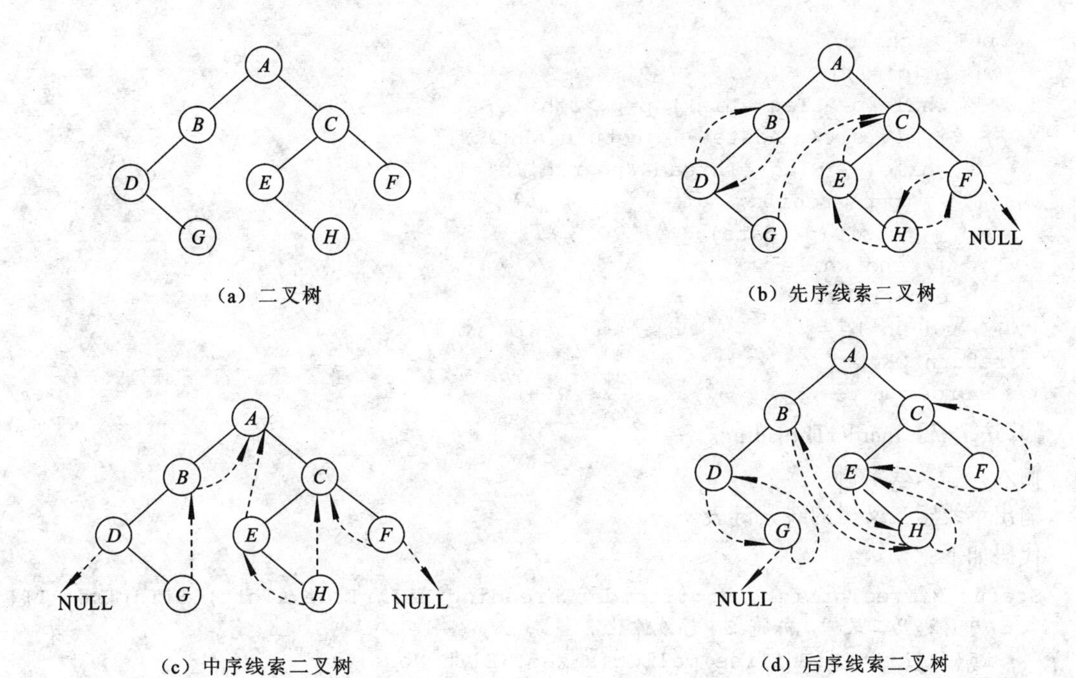

(a) 二叉树　(b) 先序线索二叉树　(c) 中序线索二叉树　(d) 后序线索二叉树

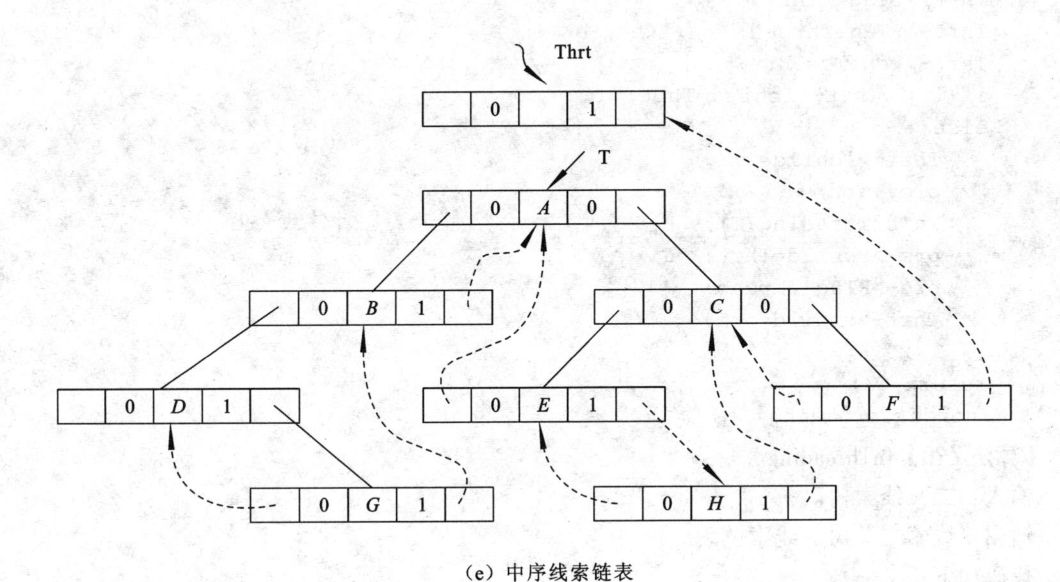

(e) 中序线索链表

图 7-21　线索二叉树和线索链表

【算法 7-6】Inorder_Thr。

输入：二叉线索树。

输出：中序遍历二叉线索树的遍历序列。

代码如下：

```
Status BiTreeThrLinkList::Inorder_Thr(BiThrTree T, int(*visit)(TElemType)){
    //中序遍历二叉线索树的非递归算法，对每个数据元素调用 visit()函数
    //T 指向头结点，头结点的 lchild 左链指向根结点
```

```
    p=T->lchild;
    while(p!=T){
        while(p->LTag==Link) p=p->lchild;
        if(!visit(p->data))   return ERROR;
        while(p->RTag==Thread&&p->rchild!=T){
            p=p->rchild;
            visit(p->data);
        }//end-while
        p=p->rchild;
    }//end-while
    return OK;
}//Inorder_Thr
```

【算法 7-7】InorderThreading。

输入：二叉线索树。

输出：线索二叉树的线索链表。

代码如下：

```
Status BiTreeThrLinkList::InorderThreading(BiThrTree &Thrt, BiThrTree T){
    //中序遍历二叉树，并将之中序线索化
    if(!(Thrt=(BiThrTree)malloc(sizeof(BiThrNode))))
        exit(OVERFLOW);
    Thrt->LTag=Link;
    Thrt->RTag=Thread;
    Thrt->rchild=Thrt;
    if(!T)  Thrt->lchild=Thrt;
    else{
        Thrt->lchild=T;
        pre=Thrt;
        InThrTreading(T);                          //中序线索化
        pre->rchild=Thrt;
        pre->RTag=Thread;
        Thrt->rchild=pre;
    }
    return OK;
}//InorderThreading
```

【算法 7-8】InThreading。

输入：二叉线索树。

输出：线索二叉树的线索链表。

代码如下：

```
Void BiTreeThrLinkList::InThreading(BiThrTree p){
    //对二叉树p进行中序线索化
    if(p){
        InThreading(p->lchild);                    //左子树线索化
        if(!p->lchild){
            p->LRag=Thread;
            p->lchild=pre;
        }//end-if
        if(!pre->rchild){
            pre->RRag=Thread;
```

```
            pre ->rchild=p;
        }//end-if
            pre=p;
            InThreading(p->rchild);                    //右子树线索化
        }//end-if
    }
```

7.5　树的其他应用——哈夫曼树及编码

7.5.1　哈夫曼树

哈夫曼树（Huffman）树也称最优树，是一类带权路径长度最短的树，有着广泛的应用。

从树中一个结点到另一个结点之间的分支构成这两个结点间的**路径**。**路径长度**是路径上的分支数。结点的路径长度定义为从根结点到该结点的路径上分支的数目。**树的路径长度定义为**树中每个结点的路径长度之和。**结点的带权路径长度**为从该结点到树根的路径长度与结点上权的乘积。**树的带权路径长度**定义为树中所有叶子结点的带权路径长度之和。记作

$$\mathrm{WPL}=\sum_{k=1}^{n} w_k l_k$$

其中：w_k 为权值；l_k 为结点到根的路径长度。

有 n 个叶子结点且其权值分别为 $w_1,w_2,\cdots,w_n$ 的二叉树中，带权路径长度 WPL 最小的二叉树叫**最优二叉树（哈夫曼树）**，如图 7-22 所示。

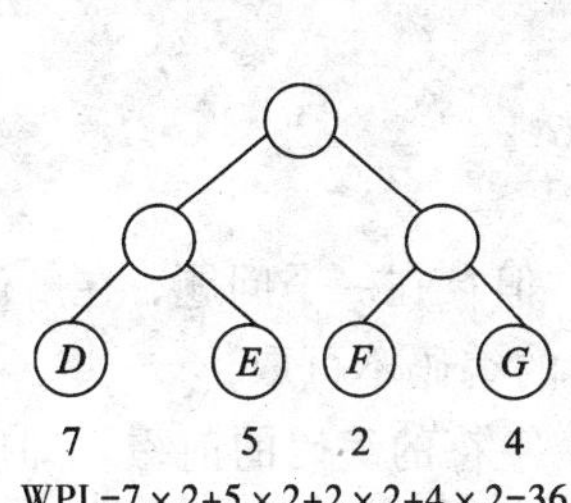

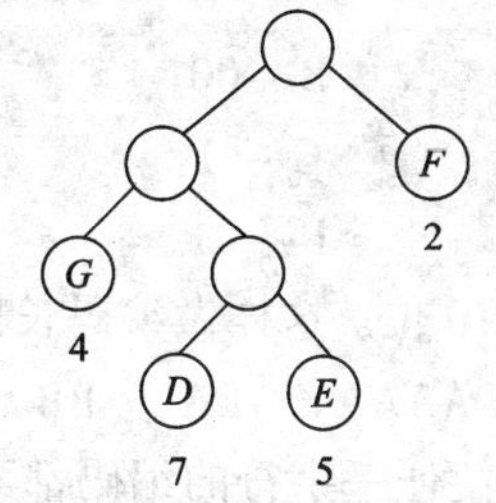

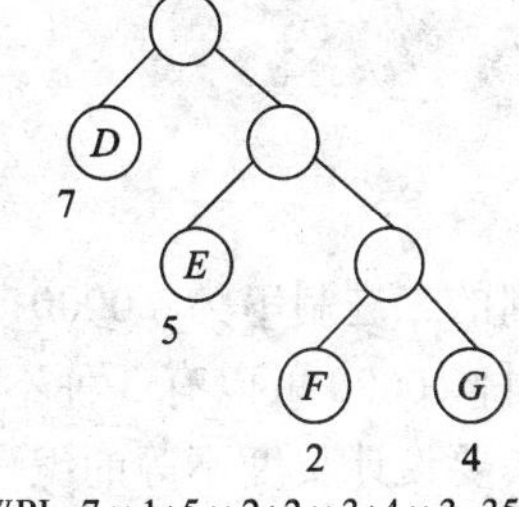

图 7-22　最优二叉树

下面给出哈夫曼树的构造过程：

（1）根据给定的 n 个权值$\{w_1,w_2,\cdots,w_n\}$，构造 n 棵二叉树的集合 $F=\{T_1,T_2,\cdots,T_n\}$，其中每棵二叉树中均只含一个带权值为 w_i 的根结点，其左、右子树为空树。

（2）在 F 中选取其根结点的权值为最小的两棵二叉树，分别作为左、右子树构造一棵新的二叉树，并置这棵新的二叉树根结点的权值为其左、右子树根结点的权值之和。

（3）从 F 中删去这两棵树，同时将新生成的二叉树加入 F 中。

（4）重复第（2）和（3）两步，直至 F 中只含一棵树为止。

哈夫曼树中没有度为 1 的结点（这类树又称严格的或正则的）二叉树。图 7-23 给出了一个哈夫曼树的构造过程。

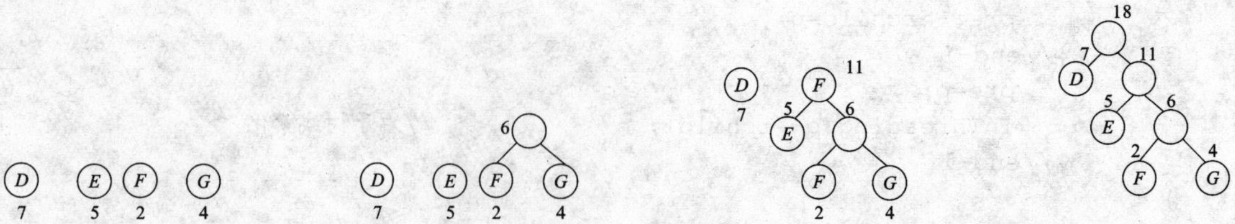

图 7-23 最优二叉树的构造

7.5.2 哈夫曼编码

在远程通信中，通常要将待传送的字符转换成二进制字符组成的字符串。设要传送的字符为：ABACCDAA。若编码为：

A--00
B--01
C--10
D--11

则得到的二进制串为 0001001010110000，共 16 位。

若将编码设计为长度不等的二进制编码，即让待传字符串中出现次数较多的字符采用尽可能短的编码，则转换的二进制字符串的位数便可能减少。通过分析：要传送的字符为：ABACCDAA。A 出现 4 次，B 出现 1 次，C 出现 2 次，D 出现 1 次。如果使出现次数多的字符的编码短，总的编码长度就会变短。例如，设计如下编码：

A-- 0
B--00
C-- 1
D--01

得到的二进制串为：0000110100，共 10 位。这样做编码长度变短了，但存在一个问题，在解码的时候 0000 可以有 3 种不同的解释：AAAA、ABA 或 BB。因此这样的编码不可取。

要设计长度不等的编码，则必须使任一字符的编码都不是另一个字符的编码的前缀。即所谓的**前缀编码**。**前缀编码**是指任何一个字符的编码都不是同一字符集中另一个字符的编码的前缀。

利用哈夫曼树可以构造一种不等长的二进制编码，并且构造所得的哈夫曼编码（见图 7-24）是一种最优前缀编码，即使所传电文的总长度最短。

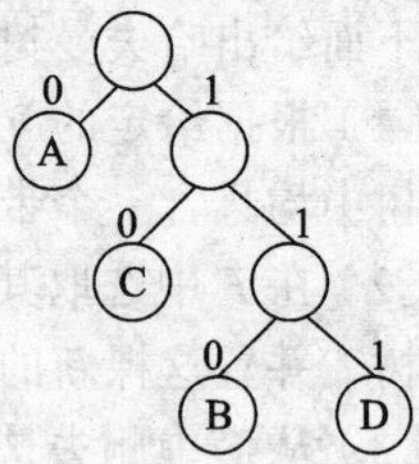

设要传送的字符为：ABACCDAA，A 出现 4 次，B 出现 1 次，C 出现 2 次，D 出现 1 次。以字符出现的次数作为它们的权值构造最优二叉树。

图 7-24 哈夫曼编码示例

规定左分支标“0”，右分支标“1”，得到 4 个字符的编码：

A--0
B--110
C--10
D--111

则 ABACCDAA 最终的编码为 0110010101110，共计 13 位。

译码过程：分解接收字符串：遇“0”向左，遇“1”向右；一旦到达叶子结点，则译出一个字符，反复由根出发，直到译码完成。

例如，假设某系统在通信联络中只可能出现 A、B、C、D、E、F、G、H 这 8 个字符，其概率分别为 0.05,0.29,0.07,0.08,0.14,0.23,0.03,0.11，请设计哈夫曼编码。

每个字符出现的概率就是每个字符对应的权值，将概率扩大 100 倍得到每个字符的权值。

根据权值构造哈夫弗曼树，如图 7-25 所示。

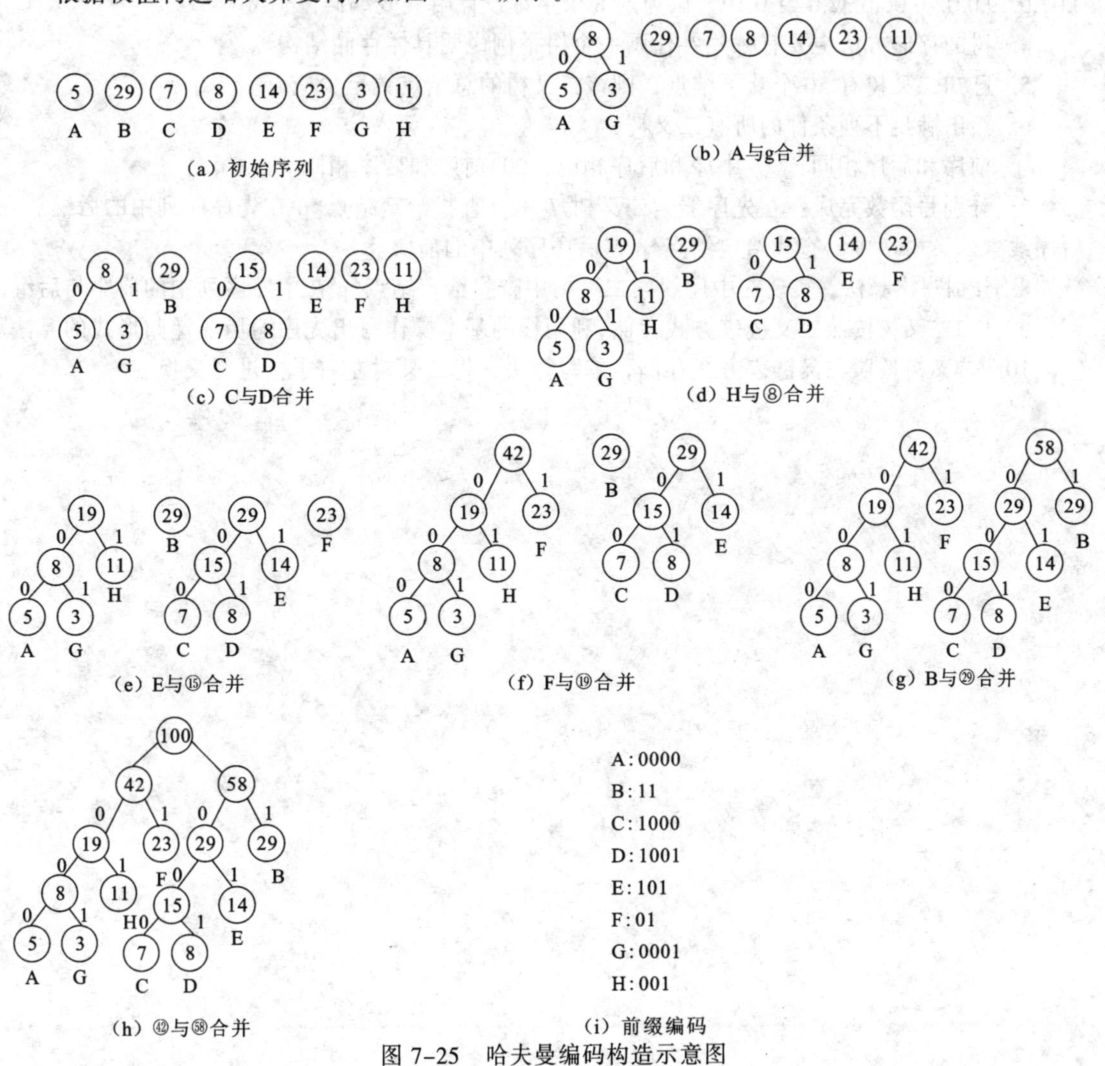

图 7-25　哈夫曼编码构造示意图

小　　结

本章讨论了非线性类型数据结构——树，采用家谱管理的案例引入，通过对家族成员的查找，插入和删除等操作，引入树的定义术语，树与二叉树的转换关系等树的知识点，最后讨论了树的其他应用——哈夫曼树及编码。

习 题

1. 画出具有 3 个结点的树和 3 个结点的二叉树的所有不同形态。

2. 已知一棵树有 n_1 个度为 1 的结点，n_2 个度为 2 的结点，n_3 个度为 3 的结点……n_k 个度为 K 的结点，问树中有多少个叶子结点？

3. 假设用于通信的电文仅由 8 个字母组成，字母在电文中出现的频率分别为 0.07,0.19,0.02,0.06,0.32,0.21,0.10，试为这 8 个字母设计哈夫曼编码。

4. 树的存储方法主要有哪些？任画一个树举例说明具体存储结构。

5. 已知二叉树有 50 个叶子结点，则该二叉树的总结点数至少应有多少个？

6. 给出满足下列条件的所有二叉树：

① 前序和后序相同；② 中序和后序相同；③ 前序和后序相同。

7. 分别写函数完成：在先序线索二叉树 T 中，查找给定结点*p 在先序序列中的后继。在后序线索二叉树 T 中，查找给定结点*p 在后序序列中的前驱。

8. 分别写出算法，实现在中序线索二叉树中查找给定结点*p 在中序序列中的前驱与后继。

9. 已知二叉树按照二叉链表方式存储，利用栈的基本操作写出先序遍历非递归形式的算法。

10. 二叉树按照二叉链表方式存储，编写算法，将二叉树左右子树进行交换。

第8章 图

与线性结构、树结构相比，图是一种更为复杂的数据结构。在图结构中数据元素之间的关系可以非常灵活，图中任意两个数据元素之间都可能相关。因此图的应用也极为广泛，如在控制论、人工智能、计算机网络等许多领域中都将图作为解决问题的数学手段之一。本章中主要是讨论图在计算机中的表示以及使用图解决一些实际问题的算法实现。

8.1 图的基本概念与术语

图是人们经常使用的数据结构之一。例如，对于一个新入学的学生而言，他首先要熟悉学校基本的设施环境，如教学楼、图书馆、实验室、教务处、体育馆、学生管理中心、学生宿舍、学生餐厅等。而描述这些场景最简单、最直接的方法之一就是绘制一张图，图中顶点表示相应的环境设施，顶点之间的连接线段表示可直达的路径，如图 8-1 所示。

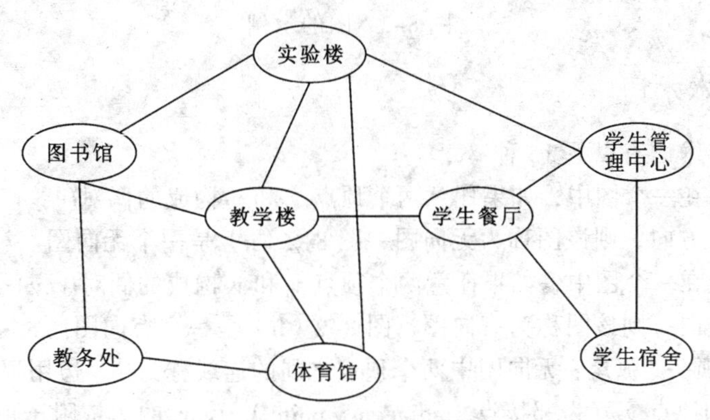

图 8-1 某校环境设施图

8.1.1 图的基本概念

图（graph）是一种网状数据结构，它由一个非空的顶点集合和一个描述顶点之间关系的集合组成。其形式化的定义如下：

$\text{Graph}=(V,E)$

$V=\{x \mid x \in \text{某个数据对象}\}$

$E=\{<u,v> \mid P(u,v) \land (u,v \in V)\}$

V 是具有相同特性的数据元素的集合，V 中的数据元素通常称为顶点（vertex）。E 是两个顶点之间关系的集合。$P(u, v)$表示 u 和 v 之间有特定的关联属性。

若$<u, v> \in E$，则必有$<v, u> \in E$，即关系 E 是对称的，可以用一个无序对(u,v)来代替两个有序对，它表示顶点 u 和顶点 v 之间的一条边，此时图中顶点之间的连线是没有方向的，这种图称为无向图（undirected graph），如图 8-2（a）所示。

若$<u,v>\in E$，则$<u,v>$表示从顶点 u 到顶点 v 的一条弧，并称 u 为弧尾或起始点，称 v 为弧头或终止点，此时图中的顶点之间的连线是有方向的，这样的图称为有向图（directed graph），如图 8-2（b）所示。

在无向图和有向图中，V 中的元素都称为顶点。而顶点之间的关系却有不同的称谓，即弧或边。本章中有些内容是既涉及无向图也涉及有向图的，因此在描述图中顶点之间的关系时，统一将它们称为边（edge）。并且约定顶点集与边集都是有限的，并记顶点与边的数量为$|V|$和$|E|$。

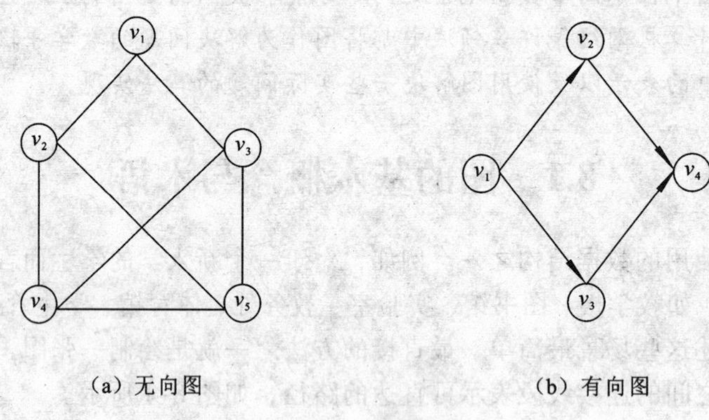

（a）无向图　　（b）有向图

图 8-2　图的示例

8.1.2　图的基本术语

有关图的基本术语有以下 15 种：

（1）**无向图**：在一个图中，如果任意两个顶点 v_i 和 v_j 构成的偶对$(v_i,v_j)\in E$ 是无序的，即顶点之间的连线没有方向，则该图称为无向图，图 8-2（a）是一个无向图。

（2）**有向图**：在一个图中，如果任意两个顶点 v_i 和 v_j 构成的偶对$(v_i,v_j)\in E$ 是有序的，即顶点之间的连线有方向，则该图称为有向图，图 8-2（b）是一个有向图。

（3）**边、弧、弧头、弧尾**：无向图中两个顶点之间的连线称为边。边用顶点的无序偶对(v_i,v_j)表示，称顶点 v_i 和顶点 v_j 互为邻接点（adjacency point），(v_i,v_j)的边依附于顶点 v_i 和顶点 v_j。有向图中两个顶点之间的连线称为弧（arc），弧用顶点的有序偶对 $<v_i,v_j>$ 表示，有序偶对的第一个结点 v_i 称为始点或弧尾，即在图中不带箭头的一端。有序偶对的第二个结点 v_j 称为终点或弧头，即在图中带箭头的一端。

（4）**无向完全图**：在一个无向图中，如果任意两个顶点之间都有边相连，则称该图为无向完全图（undirected complete graph）。图 8-3（a）为 4 个顶点的无向完全图。可以证明，在一个含有 n 个顶点的无向完全图中，有 $n(n-1)/2$ 条边。

观察结论 8.1：假设在图 $G=(V,E)$中有 n 个顶点和 m 条边，若 G 是无向图，则有 $0\leqslant m\leqslant n(n-1)/2$。

（5）**有向完全图**：在一个有向图中，如果任意两个顶点之间都有弧相连，则称该图为有向完全图（directed complete graph）。图 8-3（b）为 4 个顶点的有向完全图。可以证明，在一个含有 n 个顶点的有向完全图中，有 $n(n-1)$条弧。

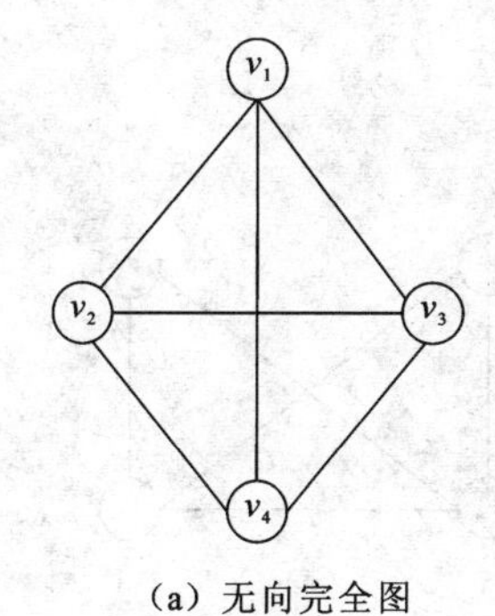

（a）无向完全图　　（b）有向完全图

图 8-3　图的示例

观察结论 8.2：假设在图 $G=(V,E)$ 中有 n 个顶点和 m 条边，若 G 是有向图，则有 $0 \leqslant m \leqslant n(n-1)$。

（6）**顶点的度、入度、出度：** 在无向图中，顶点 v 的度（degree）是指依附于顶点 v 的边数，通常记为 $TD(v)$。在有向图中，顶点的度等于顶点的入度（in degree）与顶点的出度（out degree）之和。顶点 v 的入度是指以该顶点 v 为弧头的弧的数目，记为 $ID(v)$。顶点 v 的出度是指以该顶点 v 为弧尾的弧的数目，记为 $OD(v)$。所以，顶点 v 的度 $TD(v)=ID(v)+OD(v)$。

例如，在无向图 8-2（a）中有：

$TD(v_1)=2$，$TD(v_2)=3$，$TD(v_3)=3$，$TD(v_4)=3$，$TD(v_5)=3$。

在有向图 8-2（b）中有：

$ID(v_1)=0$，$OD(v_1)=2$，$TD(v_1)=2$；
$ID(v_2)=1$，$OD(v_2)=1$，$TD(v_2)=2$；
$ID(v_3)=1$，$OD(v_3)=1$，$TD(v_3)=2$；
$ID(v_4)=2$，$OD(v_4)=0$，$TD(v_4)=2$。

通过观察可以有以下观察结论。对于任何无向图 $G=(V,E)$，都有 $\sum TD(v)=2|E|$，其中 $v_i \in V$，因为在无向图中计算各点度数之和时，每条边都恰好被统计了两次。另外，对于任何有向图 $G=(V,E)$，都有 $\sum TD(v_i)=\sum(OD(v_i)+ID(v_i))=2|E|$。通过以上分析，我们有以下结论：

在任何图 $G=(V,E)$ 中，$|E|=(\sum TD(v_i))/2$。

（7）**权、网：** 有些图的边或弧，附带有一些数据信息，这些数据信息称为边或弧的权（weight）。在实际问题中，权可以表示某种含义。例如，在铁路交通图中，边上的权值表示该条铁路的长度或等级。在一个工程进度图中，弧上的权值可以表示从前一个工程到后一个工程所需要的时间或其他代价等。边或弧上带权的图称为网或网络（network）。图 8-4 是带权图的示例图。

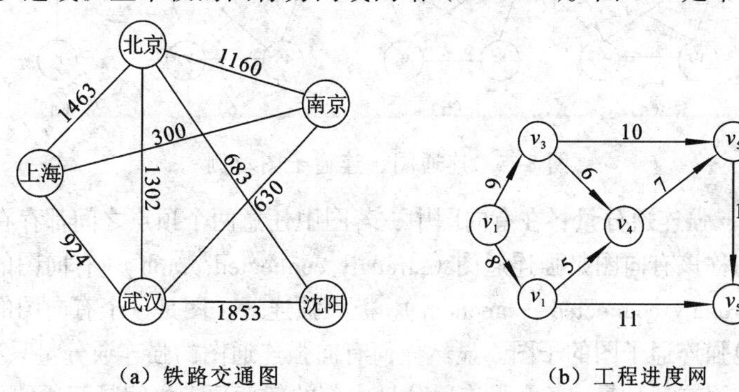

（a）铁路交通图　　（b）工程进度网

图 8-4　网的示例图

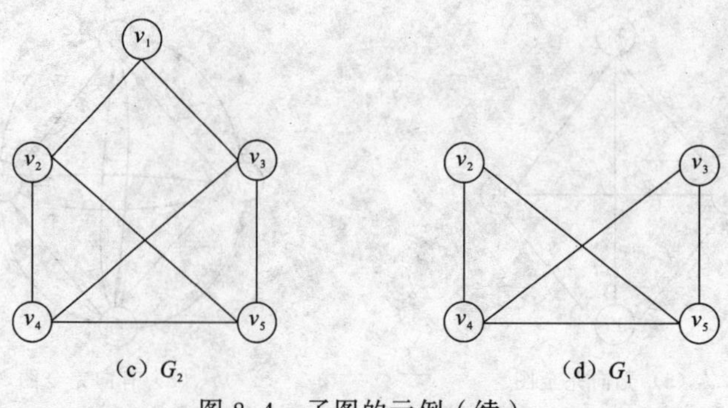

图 8-4 子图的示例（续）

（8）**子图**：设有两个图 $G_1=(V_1,E_1)$，$G_2=(V_2,E_2)$。如果 V_1 是 V_2 的子集，E_1 也是 E_2 的子集，则称图 G_1 是 G_2 的子图（subgraph），如图 8-4（c）、（d）所示。

（9）**路径、路径长度**：在无向图 G 中，若存在一个顶点序列 $v_p,v_{i1},v_{i2},\cdots,v_{im},v_q$，使得$(v_p,v_{i1})$, $(v_{i1},v_{i2}),\cdots,(v_{im},v_q)$均属于 $E(G)$，则称顶点 v_p 到 v_q 存在一条路径（path）。若 G 为有向图，则路径也是有向的。它由 $E(G)$中的弧 $<v_p,v_{i1}>,<v_{i1},v_{i2}>,\cdots,<v_{im},v_q>$ 组成。路径长度（path length）定义为路径上边或弧的数目。在图 8-2（a）中，从顶点 v_1 到顶点 v_2 存在 4 条路径，长度分别为 1、3、3、4。在图 8-2（b）中，从顶点 v_1 到顶点 v_4 存在两条路径，长度都为 2。

（10）**简单路径、回路、简单回路**：若一条路径上顶点不重复出现，则称此路径为简单路径（simple path）。第一个顶点和最后一个顶点相同的路径称为回路（cycle）或环。除第一个顶点和最后一个顶点相同其余顶点都不重复的回路称为简单回路（simple cycle），或者简单环。

（11）**连通、连通图、连通分量**：在无向图中，若两个顶点之间有路径，则称这两个顶点是连通的（connect）。如果无向图 G 中任意两个顶点之间都是连通的，则称图 G 是连通图（connected graph）。连通分量（connected compenent）是无向图 G 的极大连通子图。极大连通子图是一个图的连通子图，该子图不是该图的其他连通子图的子图。显然任何无向连通图的连通分量只有一个，即本身。而非连通图有多个连通分量，各个连通分量之间是分离的，没有任何边相连。图 8-5（a）是连通图，图 8-5（c）、（d）是图 8-5（b）的两个连通分量。

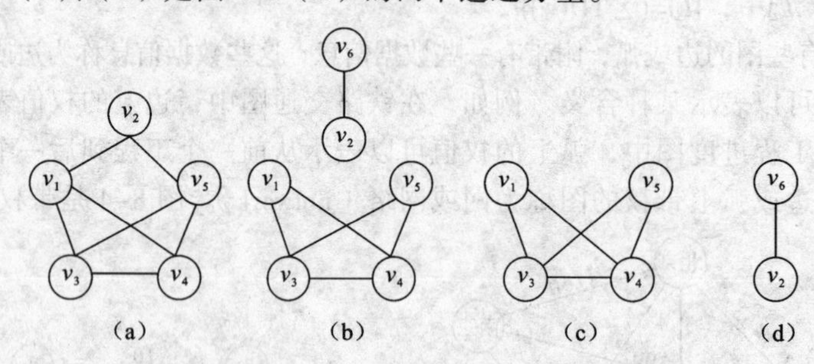

图 8-5 连通图、连通子图示例

（12）**强连通图、强连通分量**：在有向图中，若图中任意两个顶点之间都存在从一个顶点到另一个顶点的路径，则称该有向图是强连通图（strongly connected graph）。有向图的极大强连通子图称为强连通分量（strongly connected component）。极大强连通子图是一个有向图的强连通子图，该子图不是该图的其他强连通子图的子图。显然任何有向强连通图的强连通分量只有一个，即本身。而非强连通图有多个强连通分量，各个强连通分量内部的任意顶点之间是互通的，在各个强连通分量之间可能有边也可能没有边存在。图 8-6（a）是强连通图，图 8-6（c）、（d）是图 8-6（b）的两个强连通分量。

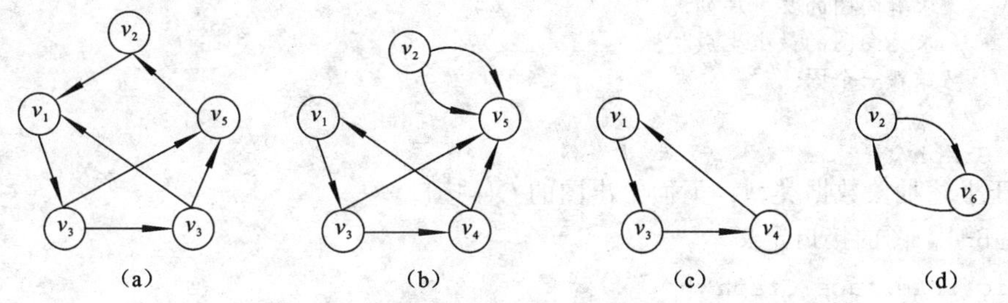

图 8-6　强连通图、强连通分量示例

（13）**生成树：** 所谓连通图 G 的生成树（spanning tree）是指 G 的包含其全部顶点的一个极小连通子图。极小连通子图是指在保证连通的前提下，包含原图所有顶点并且包含原图中最少的边。一棵具有 n 个顶点的连通图 G 的生成树有且仅有 $n-1$ 条边。如果少一条边就不是连通图；如果多一条边就一定有环。但是，有 $n-1$ 条边的图不一定是生成树。图 8-7（b）就是图 8-7（a）的一棵生成树。

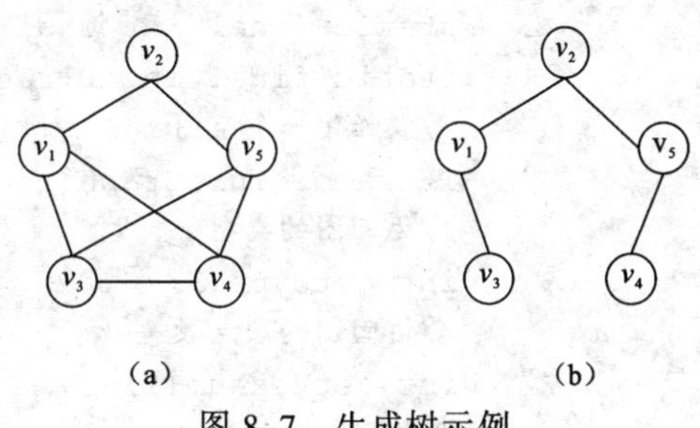

图 8-7　生成树示例

（14）**生成森林：** 在非连通图中，由每个连通分量都可得到一个极小连通子图，即一棵生成树。这些连通分量的生成树就组成了一个非连通图的生成森林（spanning forest）。

（15）**稠密图、稀疏图：** 由于图中边数与顶点数并非线性关系，因此在对有关图的算法时间复杂度、空间复杂度进行分析时，我们往往以图中的顶点数和边数作为问题的规模。

有 $n(n-1)/2$ 条边的无向图称为无向完全图，有 $n(n-1)$条边的有向图称为有向完全图。有很少边（如 $m < n \log_2 n$）的图称为稀疏图，反之边较多的图称为稠密图。

8.1.3　抽象数据类型

与其他数据结构一样，在介绍图的存储结构之前，先给出图的抽象数据类型和 C++接口。在这里与前面介绍的数据结构不同的是，图有无向图和有向图之分，有些操作是无向图支持的，例如求无向图的最小生成树；而有些操作是只有有向图才支持的，例如拓扑排序和求关键路径。下面给出图的抽象数据类型定义。

```
ADT Graph{
数据对象 D: D={是具有相同性质的数据元素的集合}
数据关系 R: R={<u,v>|P(u,v) ∧ (u,v∈D)}
基本操作: 初始化空图;
          判断图的类型;
          创建一个图;
          在图中插入一个顶点;
          在图中插入一条边;
          在图中删掉一个顶点及其相关联的边;
          在图中删掉一条边;
          确定图中顶点的数目;
          确定图中边的数目;
          广度优先遍历图;
          深度优先遍历图;
```

```
        求指定顶点 v 到其他顶点间的最短路径;
        求有向图的拓扑序列;
        求无向图的最小生成树;
        销毁一个图;
        等等;
}ADT Graph
```

对应于上述抽象数据类型，下面给出图的 C++接口。

【代码 8-1】图的接口定义。

```
public interface Graph {
   public:
        static final int UndirectedGraph=0;   //无向图
        static final int DirectedGraph=1;     //有向图
        //初始化一个空图
        Iterator InitGraph();
        //返回图的类型
        int getType();
        //返回图的顶点数
        int getVexNum();
        //返回图的边数
        int getEdgeNum();
        //返回图的所有顶点
        Iterator getVertex();
        //返回图的所有边
        Iterator getEdge();
        //删除一个顶点 v 及其相关联的边
        void remove(Vertex v);
        //删除一条边 e
        void remove(Edge e);
        //添加一个顶点 v
        Node insert(Vertex v);
        //添加一条边 e
        Node insert(Edge e);
        //对图进行深度优先遍历
        Iterator DFSTraverse(Vertex v);
        //对图进行广度优先遍历
        Iterator BFSTraverse(Vertex v);
        //求顶点 v 到其他顶点的最短路径
        Iterator shortestPath(Vertex v);
        //求无向图的最小生成树
        void generateMST();
        //求有向图的拓扑序列
        Iterator toplogicalSort();
        //求有向无环图的关键路径
        void criticalPath();
        //销毁 1 个图
        Boolean DelGraph(Graph G);
 } //interface Graph
```

8.2 图的存储结构

从图的逻辑结构定义来看，无法将图中的顶点排列成一个唯一的线性序列。在图中，可以将任何一个顶点看成是图的第一个顶点。同理，对于任何一个顶点而言，它的邻接点之间也不存在顺序关系。为了方便对图的存储及操作，需要将图中的顶点按某一序列排列起来，该排列顺序完全是人为规定的，即人为确定顶点在图序列中的位置。同理，也可以对某个顶点的邻接点进行人为的排序，在这个序列中自然地形成了第 i 个邻接点的概念。由于图的结构比较复杂，任意两个顶点之间都可能存在联系，因此无法以数据元素在存储区的位置来表示元素之间的关系，即图没有顺序映像的存储结构，但可以借助数组来表示数据元素之间的关系。

8.2.1 邻接矩阵

图的邻接矩阵（adjacent matrix）表示法是使用数组来存储图结构的方法，也被称为数组表示法。它采用两个数组来表示图，其中一个一维数组是用于存储所有顶点信息，另一个二维数组用于存储图中顶点之间关联关系，这个关联关系数组也被称为邻接矩阵。

一个含有 n 个顶点的图 $G=(V, E)$的邻接矩阵是一个 $n\times n$ 的矩阵，不妨设该关系矩阵为 A，其中矩阵 A 的每一个数据元素要么是 0，要么是 1。假设该矩阵的顶点集为：$V=\{v_0,v_1,\cdots,v_{n-1}\}$。

若 G 是一个无向图，则 A 中的元素定义如下：

$$A[i,j]=\begin{cases}1 & 边（u,v）或(v,u)\in E\\0 & 其他\end{cases}$$

若 G 是一个有向图，则 A 中的元素定义如下：

$$A[i,j]=\begin{cases}1 & 弧<u,v>\in E\\0 & 其他\end{cases}$$

例如，图 8-2 中两个图的邻接矩阵分别为：

$$A_a=\begin{bmatrix}0&1&1&1&0\\1&0&0&0&1\\1&0&0&1&1\\1&0&1&0&1\\0&1&1&1&0\end{bmatrix}\qquad A_b=\begin{bmatrix}0&1&1&0\\0&0&0&1\\0&0&0&1\\0&0&0&0\end{bmatrix}$$

从图的邻接矩阵表示法中可以得到以下结论：

（1）对于 n 个顶点的无向图，有 $A(i,i)=0$，$1\leqslant i\leqslant n$。

（2）无向图的邻接矩阵是对称的，即 $A(i,j)= A(j,i)$，$1\leqslant i\leqslant n$，$1\leqslant j\leqslant n$。

（3）有向图的邻接矩阵不一定对称，因此，用邻接矩阵来表示一个具有 n 个顶点的有向图时需要 n^2 个单元来存储邻接矩阵；而对具有 n 个顶点的无向图则只需要存入上（下）三角阵即可，因此只需 $n\times$（n+1）/2 个单元。

（4）无向图邻接矩阵的第 i 行（或第 i 列）非零元的个数正好是第 i 个顶点的度 $TD(v_i)$。

（5）有向图邻接矩阵的第 i 行非零元的个数正好是第 i 个顶点的出度 $OD(v_i)$，第 i 列非零元的个数正好是第 i 个顶点的入度 $ID(v_i)$。

对于有 n 个顶点的带权图（或网）G，若 G 是无向图，则它的邻接矩阵 A 定义为

$$A[i,j]=\begin{cases} w_{ij} & (v_i,v_j)\in E\text{且}i\neq j \\ 0 & i=j \\ \infty & \text{其他} \end{cases}$$

若 G 是有向图，则它的邻接矩阵 A 定义为

$$A[i,j]=\begin{cases} w_{ij} & <v_i,v_j>\in E\text{且}i\neq j \\ 0 & i=j \\ \infty & \text{其他} \end{cases}$$

图 8-8 给出了一个带权图和它的邻接矩阵。

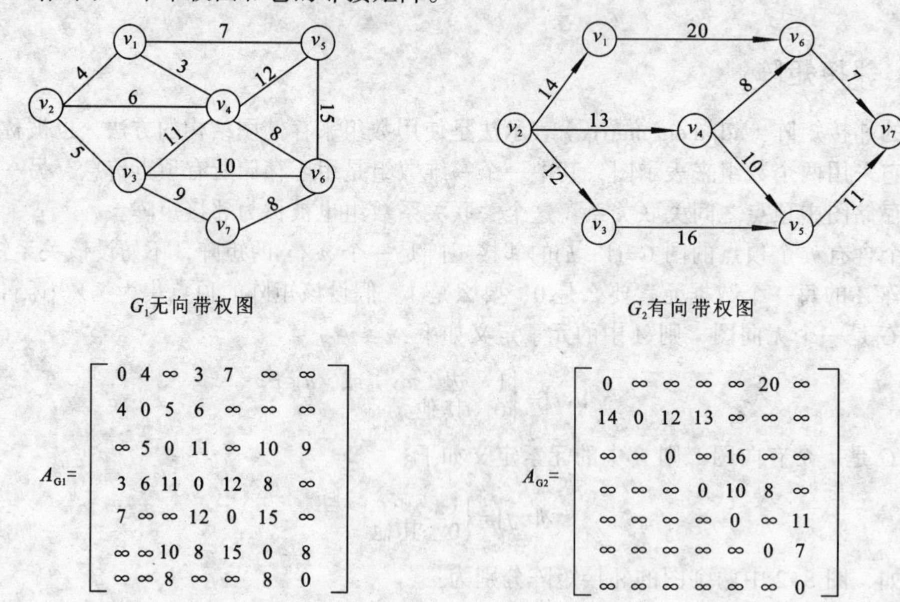

$$A_{G1}=\begin{bmatrix} 0 & 4 & \infty & 3 & 7 & \infty & \infty \\ 4 & 0 & 5 & 6 & \infty & \infty & \infty \\ \infty & 5 & 0 & 11 & \infty & 10 & 9 \\ 3 & 6 & 11 & 0 & 12 & 8 & \infty \\ 7 & \infty & \infty & 12 & 0 & 15 & \infty \\ \infty & \infty & 10 & 8 & 15 & 0 & 8 \\ \infty & \infty & 8 & \infty & \infty & 8 & 0 \end{bmatrix}\qquad A_{G2}=\begin{bmatrix} 0 & \infty & \infty & \infty & \infty & 20 & \infty \\ 14 & 0 & 12 & 13 & \infty & \infty & \infty \\ \infty & \infty & 0 & \infty & 16 & \infty & \infty \\ \infty & \infty & \infty & 0 & 10 & 8 & \infty \\ \infty & \infty & \infty & \infty & 0 & \infty & 11 \\ \infty & \infty & \infty & \infty & \infty & 0 & 7 \\ \infty & \infty & \infty & \infty & \infty & \infty & 0 \end{bmatrix}$$

图 8-8　带权图及其邻接矩阵示例

从图的邻接矩阵存储方法容易看出：

（1）无向图的邻接矩阵一定是一个对称矩阵。因此，在具体存放邻接矩阵时只需存放上（或下）三角矩阵的元素即可。

（2）对于无向图，邻接矩阵的第 i 行（或第 i 列）非∞元素的个数正好是第 i 个顶点的度 $TD(v_i)$。

（3）对于有向图，邻接矩阵的第 i 行（第 i 列）非∞元素的个数正好是第 i 个顶点的出度 $OD(v_i)$（入度 $ID(v_i)$）。

通过邻接矩阵很容易确定图中任意两个顶点之间是否有边相连。但要确定图中有多少条边，则必须按行、按列对每个元素进行检测，所花费的时间代价很大。从空间上看，不论顶点 u、v 之间是否有边，在邻接矩阵中都需预留存储空间。因为每条边所需的存储空间为常数，假设为 m，所以邻接矩阵需要占用 $m\times n^2$ 的空间，这一空间效率较低。具体来说，邻接矩阵的不足主要在两个方面：

（1）尽管由 n 个顶点构成的图中最多可以有 n^2 条边，但是在大多数情况下，边的数目远远达不到这个量级，因此在邻接矩阵中大多数单元都是闲置的。

（2）矩阵结构是静态的，其大小 N 需要预先估计，然后创建 $N \times N$ 的矩阵。然而，图的规模往往是动态变化的，N 的估计过大会造成更多的空间浪费，如果估计过小则经常会出现空间不够用的情况。

8.2.2　邻接表

图用邻接矩阵来表示空间效率之所以低，是因为其中大量的单元所对应的边有可能并未在图中出现，这是静态数据结构不可避免的问题。为了减少不必要的空间开销，可以将静态的存储结构改为动态的链式存储结构。按照这一思路可以得到图的另一种表示形式，即邻接表。邻接表（adjacency list）是图的一种链式存储方法，邻接表表示法类似于树的孩子链表表示法。在邻接表中，对于图 G 中的每个顶点 v_i 建立一个单链表，将所有邻接于 v_i 的顶点 v_j 链成一个单链表，并在表头附设一个表头结点，这个单链表就称为顶点 v_i 的邻接表。

在邻接表中共有两种结点结构，分别是边表结点和表头结点。每个边表结点由 3 个域组成，如图 8-9（a）所示。其中邻接点域 adjvex 指示与顶点 v_i 邻接的顶点在图中的位置。链域 nextedge 指向下一条边所在的结点，数据域 info 存储和边有关的信息，如权值等信息。在头结点中，结构如图 8-9（b）所示，除了设有链域 firstedge 指向链表中的第一个结点之外，还有用于存储顶点 v_i 相关信息的数据域 data。

图 8-9　邻接表结点结构

这些表头结点可以链接在一起,以顺序的结构形式进行存储,这样便可以随机访问任一顶点的链表。图 8-10（a）给出了图 8-8 中 G_2 的邻接表存储示例。

就存储空间而言，对于 n 个顶点、m 条边的无向图，若采用邻接表作为存储结构，则需要 n 个表头结点和 $2m$ 个边表结点。显然在边稀疏（$m<<n(n-1)/2$）的情况下，用邻接表存储要比使用邻接矩阵节省空间。在无向图的邻接表中，顶点 v_i 的度恰为顶点 v_i 的邻接表中边表结点的个数。而在有向图中，顶点 v_i 的邻接表中边表结点的个数仅为顶点 v_i 的出度，为求顶点 v_i 的入度必须遍历整个邻接表。在所有链表中其邻接点域的值指向 v_i 的位置的结点个数是顶点 v_i 的入度。为了方便求得有向图中顶点的入度，可以建立一个有向图的逆邻接表，如图 8-10（b）所示。

在邻接表中容易找到一个顶点的邻接点，但是要判定两个顶点 v_i 和 v_j 之间是否有边，则需要搜索顶点 v_i 或顶点 v_j 的邻接表，不如邻接矩阵方便。

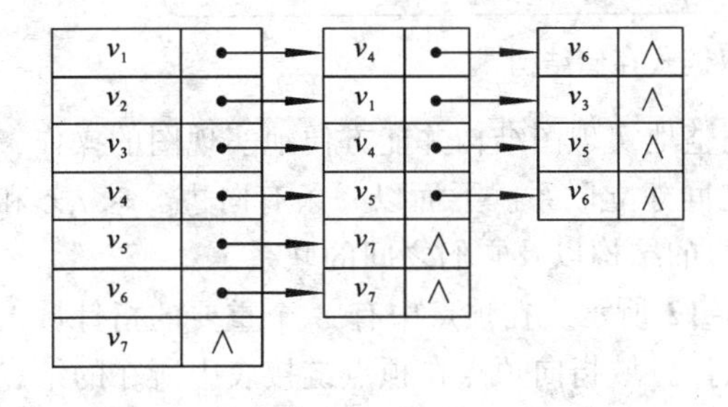

（a）图 G_2 的邻接表

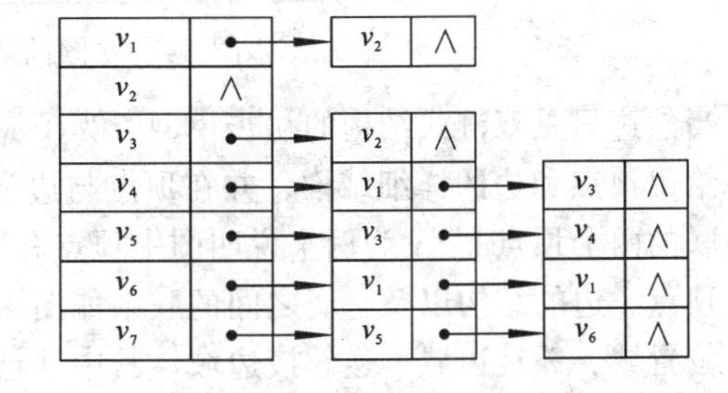

（b）图 G_2 的逆邻接表

图 8-10　邻接表与逆邻接表

8.2.3 双链式存储结构

虽然邻接表是图的一种很有效的存储结构，在邻接表中容易求得顶点和边的各种信息。但是这种结构会给图的某些操作带来不便。例如，在无向图中，每条边在邻接表中对应了两个边表结点，如果在图的应用中需要对边进行标记，或删除边等，此时需要找到表示同一条边的两个边表结点，然后执行相同的操作，以保证数据的一致性，因此操作的实现比较麻烦。另一方面，如果在邻接表中，将所有的顶点按照顺序的方式存储，会使得顶点的删除操作所需的时间代价较大。首先在数组中删除一个元素，平均需要移动大约数组中一半的元素；其次，在删除一个顶点时，需要将与之相关联的所有边删除，如上所述，在无向图中删除一条边需要删除两个边表结点，较为复杂；再次，由于在删除某个顶点以后，会造成后续顶点在顶点数组中的位置发生变化，因此要判断所有边表结点的邻接点域是否需要修改，如果其邻接点域所指顶点位置发生变化，则需要使用新的指向替换原来的指向。以上操作总共需要$\Theta(|V|+|E|)$的时间。解决这个问题的一种办法是，在删除顶点时，并不将数组中其后续顶点前移，只是将相应位置设置为空，然后删除与之关联的所有边。但是这种方法会使得在图中添加顶点之前需要先遍历顶点数组，查找数组中为空的位置，如果有则将新的顶点放入该位置，如果没有则放到数组的尾部。这样添加一个新顶点的操作实现会比较复杂。

为解决上述问题，可以考虑建立一个新的结点结构。在图的邻接表与逆邻接表的基础上，我们给出图的一种双链式存储结构以解决上述问题。首先在双链式存储结构中，不再以邻接表中的边表结点表示一条边，而是将图中的顶点和边都抽象成为一个独立的类，使用顶点对象表示图中的顶点，使用边对象表示图中的边。其次，所有的顶点都存储在一个链接表中，而不是使用数组来存储，并且所有的边也存储在一个链接表中。图的双链式存储结构如图 8-11 所示。

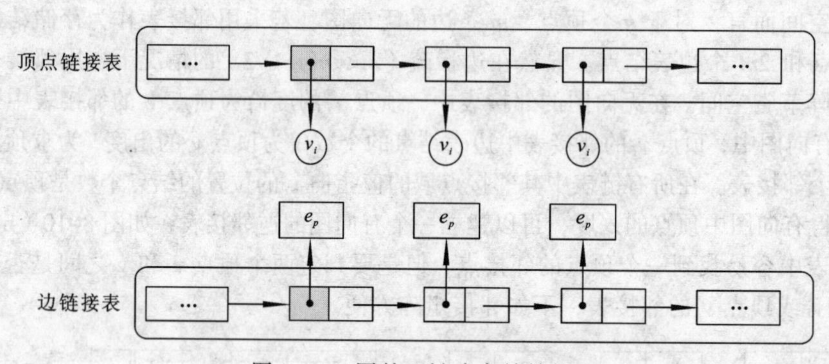

图 8-11　图的双链式存储结构

当然这只是双链式结构的初步模型，为了完整地实现图结构并能方便地实现图的操作，还需要给出顶点和边的详细结构，并在顶点与边之间建立联系。下面以一条有向边 $e=<u,v>$和与之关联的两个顶点 u、v 为例来说明图中顶点和边的结构以及它们之间的联系。

顶点、边的结构以及它们之间的联系如图 8-12 所示。在顶点中有 3 个重要的指针域，即顶点位置域、邻接边域、逆邻接边域。其中顶点位置域指向顶点在顶点链接表中所在的结点，以此可以在$\Theta(1)$时间内确定顶点在图中的位置。在无向图中顶点的邻接边域指向的链接表存储了与该顶点关联的所有边的引用，顶点的逆邻接边域为空，而在有向图中，顶点的邻接边域指向的链接表存储了该顶点所有出边的引用，顶点的逆邻接边域指向的链接表存储了该顶点所有入边的引用。邻接边域和逆邻接边域相当于图中顶点的邻接表和逆邻接表。通过这两个域可以很快地找到与该顶点相连的所有顶点和边的信息。

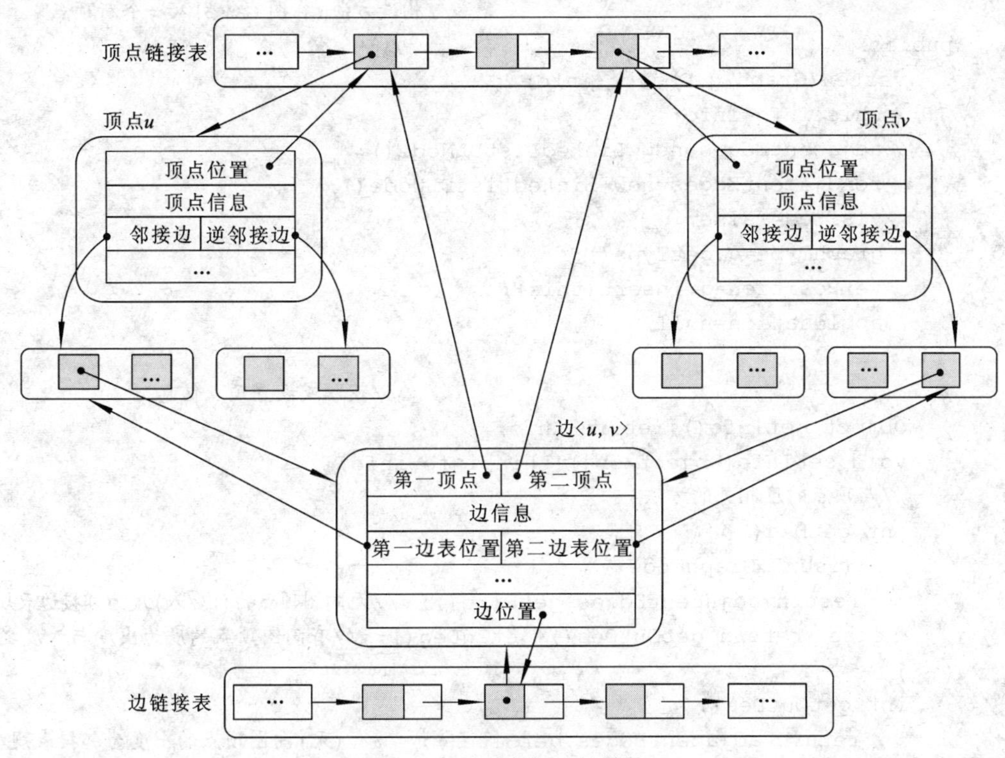

图 8-12　顶点与边的结构

在边中有 5 个重要的指针域，即第一顶点域、第二顶点域、第一边表位置域、第二边表位置域、边位置域。在有向图中，第一顶点域指向该边的起始顶点在顶点表中的位置，第二顶点域指向该边的终止顶点在顶点表中的位置，如果是无向图，则分别指向边的两个顶点在顶点表中的位置，通过这两个域可以在 $\Theta(1)$ 时间内定位与边关联的顶点。在有向图中，第一边表位置域指向边在其起始点的出边表中的位置，第二边表位置域指向边在其终止点的入边表中的位置，如果是无向图，则这两个域分别指向边在其第一、第二顶点的邻接边表（无向图的顶点只有邻接边表，无逆邻接边表）中的位置。边位置域指向边在边表中的位置，通过该域可以在 $\Theta(1)$ 时间内定位边在图中的位置。如此，存储了图中所有的顶点与边，以及顶点与边的相邻关系，则存储了整个图结构。下面给出双链式存储结构中顶点与边的 C++类定义。

【代码 8-2】双链式存储结构的顶点定义。

```
public class Vertex {
    private:
        Object info;                     //顶点信息
        LinkedList adjacentEdges;        //顶点的邻接边表
        LinkedList reAdjacentEdges;      //顶点的逆邻接边表，无向图时为空
        boolean visited;                 //访问状态
        Node vexPosition;                //顶点在顶点表中的位置
        int graphType;                   //顶点所在图的类型
        Object application; //应用。如求最短路径时为 Path，求关键路径时为 Vtime
```

```
                                              //辅助方法:判断顶点所在图的类型
        boolean isUnDiGraphNode(){ return graphType==Graph.UndirectedGraph;}
                                              //构造方法:在图G中引入一个新顶点
    public:
        vertex(Graph g,Object info) {
          this.info=info;
          adjacentEdges=new LinkedListDLNode();
          reAdjacentEdges=new LinkedListDLNode();
          visited=false;
          graphType=g.getType();
          vexPosition=g.insert(this);
          application=null;
      }
                                                //获取或设置顶点信息
        Object getInfo(){return info;}
        void setInfo(Object obj){this.info=info;}
        //与顶点的度相关的方法
        int getDeg(){
          if(isUnDiGraphNode())
            return adjacentEdges.getSize(); //无向图顶点的(出/入)度为邻接边表规模
          else  return getOutDeg()+getInDeg(); //有向图顶点的度为出度与入度之和
        }
        int getOutDeg(){
            return adjacentEdges.getSize(); //有(无)向图顶点的出度为邻接表规模
        }
          int getInDeg(){
            if(isUnDiGraphNode())
            return adjacentEdges.getSize(); //无向图顶点的入度就是它的度
        else  return reAdjacentEdges.getSize(); //有向图顶点入度为逆邻接表的规模
 }
 //获取与顶点关联的边
 LinkedList getAdjacentEdges(){
        return adjacentEdges;}
    LinkedList getReAdjacentEdges(){
        if(isUnDiGraphNode())
            return adjacentEdges;            //无向图顶点的逆邻接边表就是其邻接边表
        else   return reAdjacentEdges;
    }
    //取顶点在所属图顶点集中的位置
    Node getVexPosition(){return vexPosition;}
    //与顶点访问状态相关方法
    boolean isVisited(){return visited;}
    void setToVisited(){visited=true;}
    void setToUnvisited(){visited=false;}
    //重置顶点状态信息
    void resetStatus(){visited=false;application=null;}
```

```
    //取或设置顶点应用信息
  protected:
    Object getAppObj(){return application;}
    void setAppObj(Object app){application=app;}
}
```

代码8-2说明，在Vertex中除了用于表示前面介绍的顶点中3个重要指针域的成员变量之外，还有info、visited、graphType和application这4个成员变量。info主要用于存储顶点的信息；visited表示顶点的访问状态，在图的遍历、求最短路径等操作中使用；graphType用来表示顶点所在图的类型，在有向图和无向图中顶点的操作实现有一些差别；application也是在求最短路径等操作的实现中使用，具体的用法在后面详细介绍。Vertex中方法的基本功能如表8-1所示，而且方法的正确性不难理解。代码8-2中所有方法的时间复杂度均为Θ(1)。

表8-1　Vertex类中方法的功能

序　号	方　法	功　能　描　述
1	getInfo()	取顶点信息
2	setInfo(info)	设置顶点信息
3	getDeg()	返回点的度
4	getOutDeg()	返回点的出度
5	getInDeg()	返回点的入度
6	getAdjacentEdges()	返回顶点的所有邻接边
7	getReAdjacentEdges()	返回顶点的所有逆邻接边
8	getVexPosition()	返回顶点在图顶点集中的位置，即在顶点链表中的位置
9	isVisited()	判断顶点在某操作实现中是否被访问过
10	setToVisited()	将顶点访问状态设置为“已访问”
11	setToUnvisited()	将顶点访问状态设置为“未访问”
12	getAppObj()	取顶点应用状态信息
13	setAppObj(obj)	设置顶点应用状态信息
14	resetStatus()	重置顶点的所有状态信息，包括访问、应用状态

在双链式存储结构中除了需要定义顶点还需要定义边，代码8-3给出了边的定义。

【代码8-3】双链式存储结构的边定义。

```
class Edge {
public:
    static final int NORMAL=0;
    static final int MST=1;            //MST边
    static final int CRITICAL=2;       //关键路径中的边
private:
    int weight;                        //权值
    Object info;                       //边的信息
    Node edgePosition;                 //边在边表中的位置
    Node firstVexPosition;             //边的第一顶点与第二顶点
    Node secondVexPosition;            //在顶点表中的位置
    Node edgeFirstPosition;            //边在第一(二)顶点的邻接(逆邻接)边表中的位置
```

```
    Node egdeSecondPosition;          //在无向图中就是在两个顶点的邻接边表中的位置
    int type;                         //边的类型
    int graphType;                    //所在图的类型
                                      //构造方法:在图G中引入一条新边,其顶点为u、v
  public:
    Edge(Graph g,Vertex u,Vertex v,Object info){
       this(g,u,v,info,1);
    }
    Edge(Graph g,Vertex u,Vertex v,Object info,int weight) {
       this.info=info;
       this.weight=weight;
       edgePosition=g.insert(this);
       firstVexPosition=u.getVexPosition();
       secondVexPosition=v.getVexPosition();
       type=Edge.NORMAL;
       graphType=g.getType();
       if(graphType==Graph.UndirectedGraph){
                        //如果是无向图,边应当加入其两个顶点的邻接边表
          edgeFirstPosition=u.getAdjacentEdges().insertLast(this);
          egdeSecondPosition=v.getAdjacentEdges().insertLast(this);
       }
       else {           //如果是有向图,边加入起始点的邻接边表,终止点的逆邻接边表
          edgeFirstPosition=u.getAdjacentEdges().insertLast(this);
          egdeSecondPosition=v.getReAdjacentEdges().insertLast(this);
       }
    }
                        //get&set methods
    Object getInfo(){return info;}
    void setInfo(Object obj){this.info=info;}
    int getWeight(){return weight;}
    void setWeight(int weight){this.weight=weight;}
    Vertex getFirstVex(){return(Vertex)firstVexPosition.getData();}
    Vertex getSecondVex(){return(Vertex)secondVexPosition.getData();}
    Node getFirstVexPosition(){return firstVexPosition;}
    Node getSecondVexPosition(){return secondVexPosition;}
    Node getEdgeFirstPosition(){return edgeFirstPosition;}
    Node getEdgeSecondPosition(){return egdeSecondPosition;}
    Node getEdgePosition(){return edgePosition;}
    //与边的类型相关的方法
    void setToMST(){type=Edge.MST;}
    void setToCritical(){type=Edge.CRITICAL;}
    void resetType(){type=Edge.NORMAL;}
    boolean isMSTEdge(){return type==Edge.MST;}
    boolean isCritical(){return type==Edge.CRITICAL;}
  }
```

代码 8-3 说明，在 Edge 中除了用于表示前面介绍的边中 5 个重要指针域的成员变量之外，还有 4 个成员变量：weight、info、graphType、type。其中 info 和 weight 都是用来表示边的信息，但由于权值和边的其他信息相比更重要，并且会经常用到，因此将权值单独作为一个成员变量；

graphType 与顶点中该变量的意义相同，是表示边所在图的类型；type 是用来表示边的类型的，目前只定义了 2 种特殊类型的边，一种是无向图最小生成树的边，一种是有向无环图关键路径中的边。Edge 类的构造方法是在图 G 中引入一条新边，因此边在加入边链接表的同时，还需要视图的类型将边加入与之关联的两个顶点的邻接边表或逆邻接边表中去，而且，在构造边时可以同时指定其权值，如果不指定则权值默认为 1。Edge 中方法的基本功能如表 8-2 所示，而且方法的正确性不难理解。代码 8-3 中所有方法的时间复杂度均为 $\Theta(1)$。

表 8-2 Edge 类中方法的功能

序号	方法	功能描述
1	getInfo()	取边信息
2	setInfo(info)	设置边信息
3	getWeight()	取边的权值
4	setWeight(weight)	设置边的权值
5	getFirstVex()	返回边的第一个顶点，有向图时的起始点
6	getSecondVex()	返回边的第二个顶点，有向图时的终止点
7	getFirstVexPosition()	返回边的第一个顶点在顶点集中的位置
8	getSecondVexPosition()	返回边的第二个顶点在顶点集中的位置
9	getEdgeFirstPosition()	返回边在第一个顶点边表中的位置
10	getEdgeSecondPosition()	返回边在第二个顶点边表中的位置
11	getEdgePosition()	返回边在图的边集中的位置
12	setToMST()	将边设置为最小生成树中的边
13	setToCritical()	将边设置为关键路径中的边
14	resetType()	重置边的类型，设置为普通边
15	isMSTEdge()	判断边是否是最小生成树中的边
16	isCritical()	判断边是否是关键路径中的边

8.3 图的 ADT 设计与实现

与线性结构、树结构抽象数据类型实现不同，图结构的抽象数据类型实现不是简单地写一个类实现 Graph 接口即可。由于图有无向图和有向图之分，在 Graph 接口中有些接口方法是有向图支持的，有些是无向图支持的，有些是二者都支持的，并且在二者都支持的操作中有些操作的实现算法是一致的，有些操作实现的算法是有区别的，因此需要详细设计图 ADT 的实现方法。一种简单的实现方法是编写两个类，一个类对应于有向图，一个类对应于无向图，这两个类分别实现 Graph 接口。然而这种实现会造成两个类中具有许多重复的代码（两个类都支持且具有相同算法的操作的代码），这样做既不利于代码的维护与管理，也违反了重构原则。为此，对图 ADT 的实现作如下设计：首先，确定无向图与有向图都支持的操作中实现算法相同的操作（见表 8-2），将这些操作的实现放在一个抽象类 AbstractGraph 中；其次，将两类图都支持但是实现算法不同的操作（见表 8-3）放在两个不同的类 DirectGraph 和 UndirectedGraph 中分别实现，当然 DirectGraph 和 UndirectedGraph 类都继承自 AbstractGraph 抽象类；最后，在 DirectGraph 类中实现只有有向图才支持的操作，在 UndirectedGraph 类中实现只有无向图才支持的操作。

上面介绍了图 ADT 实现中需要的类及其相互之间的关系，下面需要确定在各个类中实现的具体操作有哪些。可以在 AbstractGraph 抽象类中实现的操作由表 8-3 列出。

表 8-3 AbstractGraph 抽象类实现的方法

序号	方法	功能描述
1	getType()	返回当前图的类型
2	getVexNum() getEdgeNum()	返回图中的顶点数 返回图中的边数
3	getVertex() getEdge()	返回图中所有顶点的迭代器 返回图中所有边的迭代器
5	insert(v) insert(e)	在图的顶点集中添加一个新顶点 在图的边集中添加一个新边
6	areAdjacent(u,v)	判断顶点 v 是否为顶点 u 的邻接顶点
9	DFSTraverse(v)	从顶点 v 开始深度优先搜索遍历图
10	BFSTraverse(v)	从顶点 v 开始广度优先搜索遍历图
11	shortestPath(v)	求顶点 v 到图中所有顶点的最短路径

两类图都支持但是实现算法不同需要在 DirectGraph 类和 UndirectedGraph 类中分别实现的操作由表 8-4 列出。除此之外，还剩下 3 个操作 generateMST()、toplogicalSort()、criticalPath()。其中操作 generateMST() 由无向图单独实现；操作 toplogicalSort() 和 criticalPath() 由有向图单独实现。在 DirectGraph 类和 UndirectedGraph 类中如果遇到不支持的操作则直接抛出 UnsupportedOperation 异常。

表 8-4 DirectGraph 和 UndirectedGraph 分别实现的方法

序号	方法	功能描述
4	remove(v) remove(e)	在图中删除特定的顶点 v 在图中删除特定的边
7	edgeFromTo(u,v)	返回从顶点 u 到顶点 v 的边，如果不存在返回空
8	adjVertexs(u)	返回顶点 u 的所有邻接点

图 ADT 的具体实现见本书提供的源代码，下面就图 ADT 所支持的操作中较为重要，并较为复杂的操作分为 4 节进行详细介绍。

8.4 图的遍历

与树的遍历类似，在图中也存在遍历问题。图的遍历就是从图中某个顶点出发，按某种方法对图中所有顶点访问且仅访问一次。图的遍历算法是求解图的连通性问题、拓扑排序和求关键路径等算法的基础。

图的遍历比树的遍历要复杂得多。由于图中顶点关系是任意的，任一顶点都可能和其余的顶点相邻接，图可能是连通图也可能是非连通图，图中可能还存在环路，在访问了某个顶点之后，可能沿着某条搜索路径又回到该顶点。为了保证图中的各个顶点在遍历过程中访问且仅被访问一次，需要为每个顶点设一个访问标志，Vertex 类中的 visited 成员变量可以用来作为是否被访问过的标志。

对于图的遍历，通常有两种方法，即深度优先搜索和广度优先搜索。这两种遍历方法对有向图和无向图均适用，因此这两个操作在 AbstractGraph 抽象类中实现。

8.4.1　深度优先搜索

深度优先搜索（depth first search）遍历类似于树的先根遍历，是树的先根遍历的推广。深度优先搜索的基本方法是，从图中某个顶点 v 出发，访问此顶点，然后依次从 v 的未被访问的邻接点出发深度优先遍历图，直至图中所有和 v 有路径相通的顶点都被访问到，若此时图中尚有顶点未被访问，则另选图中一个未曾被访问的顶点作起始点，重复上述过程，直至图中所有顶点都被访问到为止。

以图 8-13（a）中无向图为例，对其进行深度优先搜索遍历的过程如图 8-13（c）所示，其中黑色的实心箭头代表访问方向，空心箭头代表回溯方向，箭头旁的数字代表搜索顺序，顶点 a 是起点。遍历过程如下，首先访问顶点 a，然后：

（1）顶点 a 的未曾访问的邻接点有 b、d、e，选择邻接点 b 进行访问。

（2）顶点 b 的未曾访问的邻接点有 c、e，选择邻接点 c 进行访问。

（3）顶点 c 的未曾访问的邻接点有 e、f，选择邻接点 e 进行访问。

（4）顶点 e 的未曾访问的邻接点只有 f，访问 f。

（5）顶点 f 无未曾访问的邻接点，回溯至 e。

（6）顶点 e 无未曾访问的邻接点，回溯至 c。

（7）顶点 c 无未曾访问的邻接点，回溯至 b。

（8）顶点 b 无未曾访问的邻接点，回溯至 a。

（9）顶点 a 还有未曾访问的邻接点 d，访问 d。

（10）顶点 d 无未曾访问的邻接点，回溯至 a。

到此，a 再没有未曾访问的邻接点，也不能向前回溯，从 a 出发能够访问的顶点均已访问，并且此时图中再没有未曾访问的顶点，因此遍历结束。由以上过程得到的遍历序列为：a，b，c，e，f，d。对于有向图而言，深度优先搜索的执行过程一样，例如图 8-13（b）中有向图的深度优先搜索过程如图 8-13（d）所示。在这里需要注意的是从顶点 a 出发深度优先搜索只能访问到 a，b，c，e，f，而无法访问到图中所有顶点，所以搜索需要从图中另一个未曾访问的顶点 d 开始进行新的搜索，即图 8-13（d）中的第 9 步。

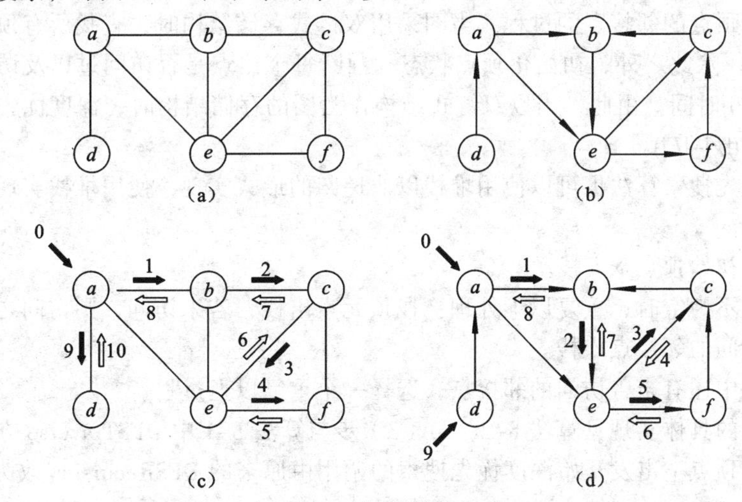

图 8-13　深度优先搜索

显然从某个顶点 v 出发的深度优先搜索过程是一个递归的搜索过程，因此可以简单地使用递归算法实现从顶点 v 开始的深度优先搜索。然而从 v 出发深度优先搜索未必能访问到图中所有顶点，因此还需找到图中下一个未曾访问的顶点，从该顶点开始重新进搜索。深度优先搜索算法的具体实现见算法 8-1。

【算法 8-1】DFSTraverse。

输入：顶点 v。

输出：图深度优先遍历结果。

代码如下：

```
Iterator DFSTraverse(Vertex v) {
    LinkedList traverseSeq=new LinkedListDLNode();//遍历结果
    resetVexStatus();                    //重置顶点状态
    DFSRecursion(v,traverseSeq);         //从 v 点出发深度优先搜索
    Iterator it=getVertex();             //从图未曾访问的其他顶点重新搜索
    for(it.first();!it.isDone();it.next()){
        Vertex u=(Vertex)it.currentItem();
        if(!u.isVisited())DFSRecursion(u,traverseSeq);
    }
    return traverseSeq.elements();
}
//从顶点 v 出发深度优先搜索的递归算法
void DFSRecursion(Vertex v,LinkedList list){
    v.setToVisited();                    //设置顶点 v 为已访问
    list.insertLast(v);                  //访问顶点 v
    Iterator it=adjVertexs(v);           //取得顶点 v 的所有邻接点
    for(it.first();!it.isDone();it.next()){
        Vertex u=(Vertex)it.currentItem();
        if(!u.isVisited())DFSRecursion(u,list);
    }
}
```

在算法 8-1 中对图进行深度优先搜索遍历时，对图中每个顶点最多调用一次 DFSRecursion 方法，因为一旦某个顶点已被访问，就不用再从该顶点出发进行搜索。因此，遍历图的过程实际就是查找每个顶点的邻接点的过程。当图采用双链式存储结构时，查找所有顶点的邻接点所需时间为 $\Theta(|E|)$，除此之外，初始化顶点状态、判断每个顶点是否访问过以及访问图中所有顶点一次需要 $\Theta(|V|)$时间。由此，当以双链式结构作为图的存储结构时，深度优先搜索遍历图的时间复杂度为 $\Theta(|V|+|E|)$。

图的深度优先搜索算法也可以使用堆栈以非递归的形式实现，使用堆栈实现深度优先搜索的思想如下：

（1）首先将初始顶点 v 入栈。

（2）当堆栈不为空时，重复以下处理：栈顶元素出栈，若未访问，则访问之并设置访问标志，将其未曾访问的邻接点入栈。

（3）如果图中还有未曾访问的邻接点，选择一个重复以上过程。

算法前两步的具体实现见算法 8-2，第（3）步与算法 8-1 中 DFSTraverse 方法实现类似，仅需要将从某个顶点 v 出发开始深度优先搜索的调用由原来的 DFSRecursion 改为调用 DFS。

【算法 8-2】DFS。

输入：顶点 v，链接表 list。

输出：从顶点 v 出发的深度优先搜索。

代码如下:

```
//从顶点v出发深度优先搜索的非递归算法
void DFS(Vertex v,LinkedList list){
    Stack s=new StackSLinked();
    s.push(v);
    while(!s.isEmpty()){
      Vertex u=(Vertex)s.pop();          //取栈顶元素
      if(!u.isVisited()){                //如果没有访问过
        u.setToVisited();                //访问之
        list.insertLast(u);
        Iterator it=adjVertexs(u);       //未访问的邻接点入栈
        for(it.first();!it.isDone();it.next()){
          Vertex adj=(Vertex)it.currentItem();
          if(!adj.isVisited())s.push(adj);
        }                                //for
      }                                  //if
    }                                    //while
}
```

8.4.2 广度优先搜索

广度优先搜索（breadth first search）遍历类似于树的层次遍历，它是树的按层遍历的推广。假设从图中某顶点 v 出发，在访问了 v 之后依次访问 v 的各个未曾访问过的邻接点，然后分别从这些邻接点出发依次访问它们的邻接点，并使“先被访问的顶点的邻接点”先于“后被访问的顶点的邻接点”被访问，直至图中所有已被访问的顶点的邻接点都被访问到。若此时图中尚有顶点未被访问，则另选图中一个未曾被访问的顶点作起始点，重复上述过程，直至图中所有顶点都被访问到为止。

图 8-14（a）、（b）分别显示了对图 8-13（a）、（b）中两个图的广度优先搜索过程。对图 8-13（a）中无向图的广度优先搜索遍历序列为 a,b,d,e,c,f，对图 8-13（b）中有向图的广度优先搜索遍历序列为 a,b,e,c,f,d。同样，在这里从顶点 a 出发广度优先搜索只能访问到 a,b,e,c,f，所以搜索需要从图中另一个未曾访问的顶点 d 开始进行新的搜索，即图 8-14（b）中的第 5 步。

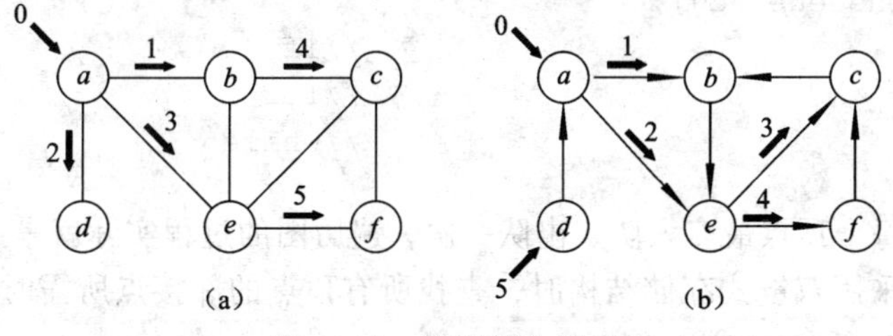

图 8-14 广度优先搜索

通过上述搜索过程，我们发现，广度优先搜索遍历图的过程实际上就是以起始点 v 为起点，由近至远，依次访问从 v 出发可达并且路径长度为 1、2、…的顶点。 广度优先搜索遍历的实现与树的按层遍历实现一样都需要使用队列。

使用队列实现广度优先搜索的思想如下：

（1）首先访问初始顶点 v 并入队。

（2）当队列不为空时，重复以下处理：队首元素出队，访问其所有未曾访问的邻接点，并它们入队。

（3）如果图中还有未曾访问的邻接点，选择一个重复以上过程。

算法的具体实现见算法 8-3。

【算法 8-3】BFSTraverse。

输入：顶点 v。

输出：图广度优先遍历结果。

代码如下：

```
Iterator BFSTraverse(Vertex v) {
  LinkedList traverseSeq=new LinkedListDLNode();        //遍历结果
  resetVexStatus();                                 //重置顶点状态
  BFS(v,traverseSeq);                               //从 v 点出发广度优先搜索
  Iterator it=getVertex();                          //从图中未访问的顶点重新搜索
  for(it.first();!it.isDone();it.next()){
    Vertex u=(Vertex)it.currentItem();
    if(!u.isVisited()) BFS(u,traverseSeq);
  }
  return traverseSeq.elements();
}
void BFS(Vertex v,LinkedList list){
  Queue q=new QueueSLinked();
  v.setToVisited();                                 //访问顶点 v
  list.insertLast(v);
  q.enqueue(v);                                     //顶点 v 入队
  while(!q.isEmpty()){
    Vertex u=(Vertex)q.dequeue();                   //队首元素出队
    Iterator it=adjVertexs(u);                      //访问其未曾访问的邻接点，并入队
    for(it.first();!it.isDone();it.next()){
      Vertex adj=(Vertex)it.currentItem();
      if(!adj.isVisited()){
        adj.setToVisited();
        list.insertLast(adj);
        q.enqueue(adj);
      }                                             //if
    }                                               //for
  }                                                 //while
}
```

在算法 8-3 中每个顶点最多入队、出队一次，遍历图的过程实际就是寻找队列中顶点的邻接点的过程，当图采用双链式存储结构时，查找所有顶点的邻接点所需时间为 $\Theta(|E|)$，因此，算法 8-3 的时间复杂度为 $\Theta(|V|+|E|)$。

8.5 图的连通性

8.5.1 无向图的连通分量和生成树

在对无向图进行遍历时，对于连通图，仅需从图中任何一个顶点出发，进行深度优先搜索或广度优先搜索，便可访问到图中所有顶点。对于非连通图，则需从多个顶点出发进行搜索，

而每次从一个新的起始点出发进行搜索的过程中得到的顶点访问序列恰为其各个连通分量中的顶点集。例如，图 8-15（a）中的图是非连通图，若从顶点 a 开始进行深度优先搜索遍历，在选择未曾访问的邻接点时按照顶点在图中的位置顺序（即 a, b, c, d, e, f, g, h）选择，2 次调用 DFS 方法（分别从 a、d 出发）得到的访问序列为 a, b, c, f, e 和 d, g, h 这两个顶点集，加上所有依附于它们的边，便构成了非连通图的 2 个连通分量，如图 8-15（b）所示。设 E 是连通图 G 中所有边的集合，则从图中任意一个顶点出发遍历图时，必定将 E 分成两个子集：Et 和 Eb，其中 Et 是遍历图过程中经历的边的集合；Eb 是剩余边的集合。显然 Et 和图中所有顶点一起构成连通图 G 的极小连通子图，即图 G 的生成树。由深度优先搜索得到的为深度优先搜索生成树，由广度优先搜索得到的为广度优先搜索生成树。

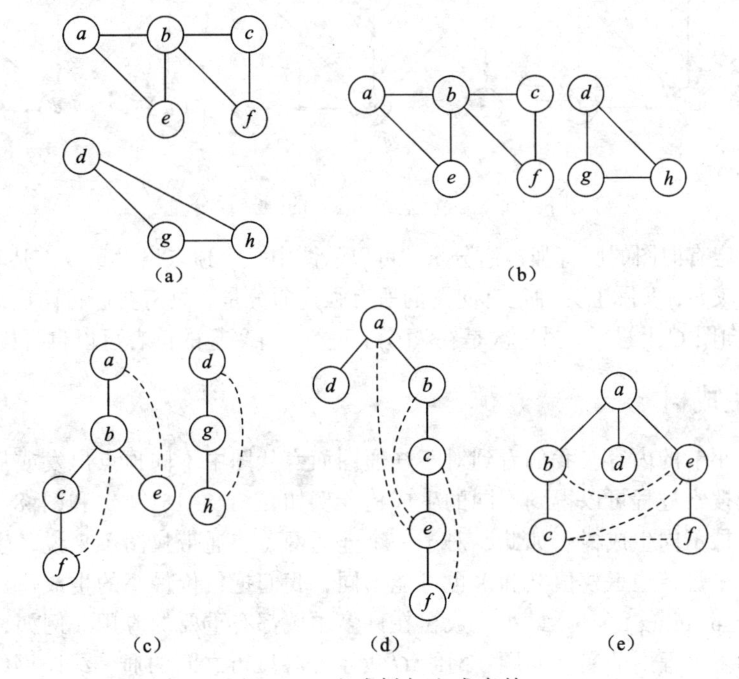

图 8-15　生成树与生成森林

例如，图 8-15（d）和图 8-15（e）所示（不包括虚线代表的边）分别为图 8-13（a）中连通图的深度优先搜索生成树和广度优先搜索生成树，而图中虚线表示的边为集合 Eb 中的边。对于非连通图，每个连通分量中的顶点集以及在遍历时走过的边一起构成若干棵生成树，这些连通分量的生成树组成非连通图的生成树森林。例如，图 8-15（c）所示为图 8-15（a）的深度优先搜索森林，它由 2 棵深度优先搜索生成树组成。

8.5.2　有向图的强连通分量

在无向图中从某个顶点 v 出发深度优先搜索或广度优先搜索，就可以得到无向图中包含 v 在内的一个连通分量，然而从有向图中某个顶点 s 出发进行深度优先搜索或广度优先搜索，只能得到顶点 s 的可达分量，不一定能够得到包含 s 在内的强连通分量。例如，从图 8-13（b）中有向图顶点 a 出发进行深度优先搜索，可以访问到的顶点序列为 a, b, e, c, f，然而以这些顶点无法构成一个强连通分量，因为从 a 可以到达 b, e, c, f，但是从 b, e, c, f 却无法到达 a。

下面我们来讨论在有向图中求强连通分量的算法。对于任何有向边 $e = \langle u, v\rangle$，称 $R(e) = \langle v, u\rangle$

为 e 的镜像边，即 $R(e)$的起点（终点）就是 e 的终点（起点）。对于任何有向图 $G=(V,E)$，我们称 $R(E)=\{R(e)|e\in E\}$为 E 的镜像边集，也就是说，集合 $R(E)$是由 E 中各边的镜像边组成。此时，也称 $R(G)=(V,R(E))$为 G 的镜像图。构造图 $G=(V,E)$中包含顶点 s 的强连通分量有如下方法：求出顶点 s 在图 G 中的可达分量与顶点 s 在 $R(G)$中的可达分量的交集，而在有向图中求顶点 s 的可达分量，只需要从 s 出发进行深度优先搜索或广度优先搜索即可。例如，在图 8-16（a）中灰色的顶点集为 a 在 G 中的可达分量，图 8-16（b）中灰色的顶点为 a 在 $R(G)$中的可达分量，图 8-16（c）中灰色的顶点为顶点 a 在图 G 中的可达分量与 a 在 $R(G)$中的可达分量的交集，它们以及与它们关联的边就构成了包含 a 的强连通分量。

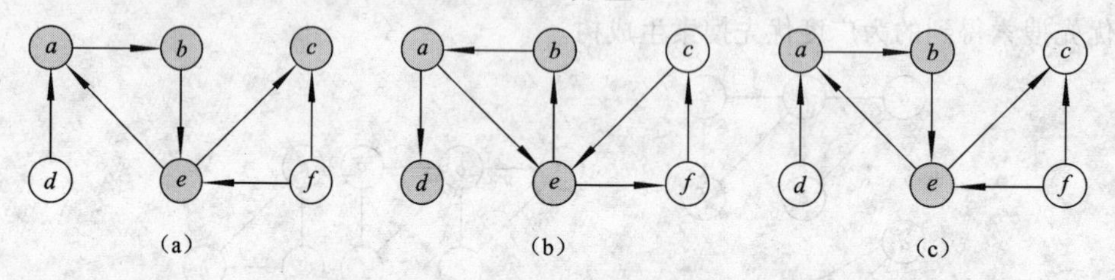

图 8-16　构造包含顶点 a 的强连通分量

如果需要确定有向图的所有强连通分量，可以从图中每个顶点出发重复上述操作，然而这种方法时间复杂度较高，实际上为确定有向图的所有强连通分量，只需要进行两次深度优先搜索即可，一次是在有向图 G 上进行，另一次是在 $R(G)$上进行。有兴趣的读者可以自行构造相应的算法。

8.5.3　最小生成树

通过 8.5.1 小节的内容，我们看到对于连通图而言从图中不同顶点出发或从同一顶点出发按照不同的优先搜索过程可以得到不同的生成树。例如，图 8-15（d）和图 8-15（e）所示就是同一个图的两棵不同生成树。如此，对于一个连通网（连通带权图）来说，生成树不同，每棵树的代价（树中每条边上权值之和）也可能不同，我们把代价最小的生成树称为图的最小生成树（minimum spanning tree）。最小生成树在许多领域都有重要的应用。例如，利用最小生成树就可以解决如下工程中的实际问题：网络 G 表示 n 各城市之间的通信线路网线路，其中顶点表示城市，边表示两个城市之间的通信线路，边上的权值表示线路的长度或造价。可通过求该网络的最小生成树达到求解通信线路长度或总代价最小的最佳方案。需要进一步指出的是，尽管最小生成树必然存在，但不一定唯一。

假设已知一个无向连通图 $G=(V,E)$，其边加权函数为 $w: E\rightarrow R$，构造最小生成树的基本思想是：每步形成最小生成树的一条边，算法设置了边集合 A，初始时为空，该集合一直是某最小生成树的子集。在每步决定是否把边(u,v)添加到集合 A 中，其添加条件是 $A\cup\{(u,v)\}$仍然是最小生成树的子集。我们称这样的边为 A 的安全边，因为可以安全地把它添加到 A 中而不会破坏上述条件。通过上述过程找到$|V|-1$ 条边最后返回集合 A 时，A 就必然是一棵最小生成树。上述构造最小生成树的思想中最关键的部分就是如何找到安全边(u,v)，下面我们将给出一条确认安全边的规则。在介绍这一规则之前，我们先介绍几个概念。无向图 $G=(V,E)$的一个割$(S,V-S)$是对顶点集的一个划分。图 8-16 说明了这个概念。当边$(u,v)\in$ E 的一个顶点在 S 中，而另外一个顶点在 V–S 中，我们说边(u,v)横切割$(S,V-S)$。在横切割的所有边中，权最小的边称为轻边。需要注意的是，横切割的轻边可能不止一条。若集合 A 中没有边横切割，则我们说割不妨害边的集合 A。例如，图 8-17 中边(a,h)、(b,h)、(b,c)、(d,c)、(d,f)、(e,f)横切割$(S,V-S)$，其中(d,c)是轻

边。子集 A 包含加粗的那些边，注意由于 A 中没有边横切割，所以割$(S, V-S)$不妨害 A。

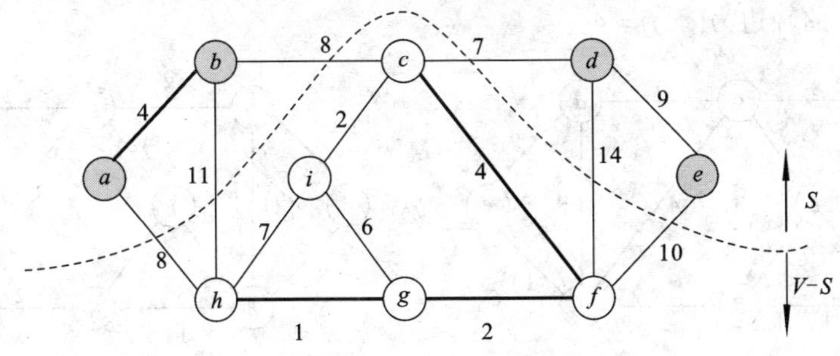

图 8-17 割及轻边的概念

【定理 8-1】 设图 $G=(V, E)$是一个无向连通图，且在 E 上定义了相应的加权函数 w，设 A 是 E 的一个子集且包含于 G 的某个最小生成树中，割$(S, V-S)$是 G 的不妨害 A 的任意割且边(u, v)是横切割$(S, V-S)$的一条轻边，则边(u, v)对集合 A 是安全的。

证明：设 T'是包含 A 的一棵最小生成树。如果 T'包含轻边(u, v)，则说明边(u, v)可以安全的加入 A 而不破坏 A 是某最小生成树的子集这一性质，因此边(u, v)对集合 A 是安全的。如果 T'不包含轻边(u, v)，由于 T'是连通的，则在 T'上必定存在一条不属于 A 的边(u', v')横切割$(S, V-S)$，并且 u 和 u'、v 和 v'之间均有路径相通。如此当将边(u, v)加入到 T'中时，则在 T'中产生一条包含(u, v)的回路，如果删除(u', v')便可消除上述回路，同时得到另一棵生成树 T。因为边(u, v)和(u', v')横切割$(S, V-S)$，而边(u, v)是轻边，因此有边(u, v)的权值不大于(u', v')的权值，即 $w(u, v) \leqslant w(u', v')$，而生成树 T 的代价

$$w(T')=w(T')-w(u', v')+w(u, v) \leqslant w(T')$$

但 T'是最小生成树，有 $w(T') \leqslant w(T)$，所以 $w(T)=w(T')$，因此 T 必定也是最小生成树，如此边(u, v)对集合 A 是安全的。

证明完毕。

定理 8-1 使我们可以更好地了解前面算法思想在连通图 $G=(V, E)$上的执行流程，算法开始时，A 为空集，图 $GA=(V, A)$是一个森林，森林中包含$|V|$棵树，每个顶点对应一棵，一共$|V|$个连通分量。在算法执行过程中，边(u, v)是不妨害 A 的任意割的轻边，因此在 A 中加入这条安全的边(u, v)都连接 GA 中不同的连通分量，且不会在 A 中产生回路，并且使得 A 中边数加 1。每个迭代过程均将减少一棵树，当森林中只包含一棵树时，算法执行终止。

下述的两种最小生成树算法是对上述所介绍的算法思想的细化。在 Prim 算法中，集合 A 仅形成单棵树，加入集合 A 的安全边总是连结树与其他孤立顶点之间的轻边。在 Kruskal 算法中，集合 A 是一森林，加入集合 A 的安全边总是图中连结两不同连通分量的最小权边。

1. Prim 算法

假设 $G=(V, E)$是连通网，A 是 G 上最小生成树的边的集合。算法从 $S=\{u_0\}$，$(u_0 \in V)$，$A=\{\}$开始，重复执行下述操作：找到横切割$(S, V-S)$ 的轻边（u_0, v_0）并入集合 A，同时 v_0 并入 S，直到 $S=V$ 为止。此时 A 中必定有$|V|-1$ 条边，则 $T=(V, A)$为 G 的最小生成树。图 8-18 说明了 Prim 算法在图 8-17 中连通网上的执行过程。

在图 8-18 所示的构造最小生成树过程中，横切割$(S, V-S)$的边会随着新加入 S 的顶点 k 变化而变化。为找到割$(S, V-S)$的轻边，可以转化为如下操作：求出从 S 中顶点到达 $V-S$ 中各个顶点的最短横切边，轻边是这些最短横切边中最小的一个。例如，图 8-18（e）中，当 $S=\{a, b, c,$

i)时，到达 $V-S$ 中每个顶点的最短横切边是$(c, d) = 7$、$(c, f) = 4$、$(i, g) = 6$、$(i, h) = 7$，到 e 为 ∞，割$(S, V-S)$ 的轻边为$(c, f) = 4$。

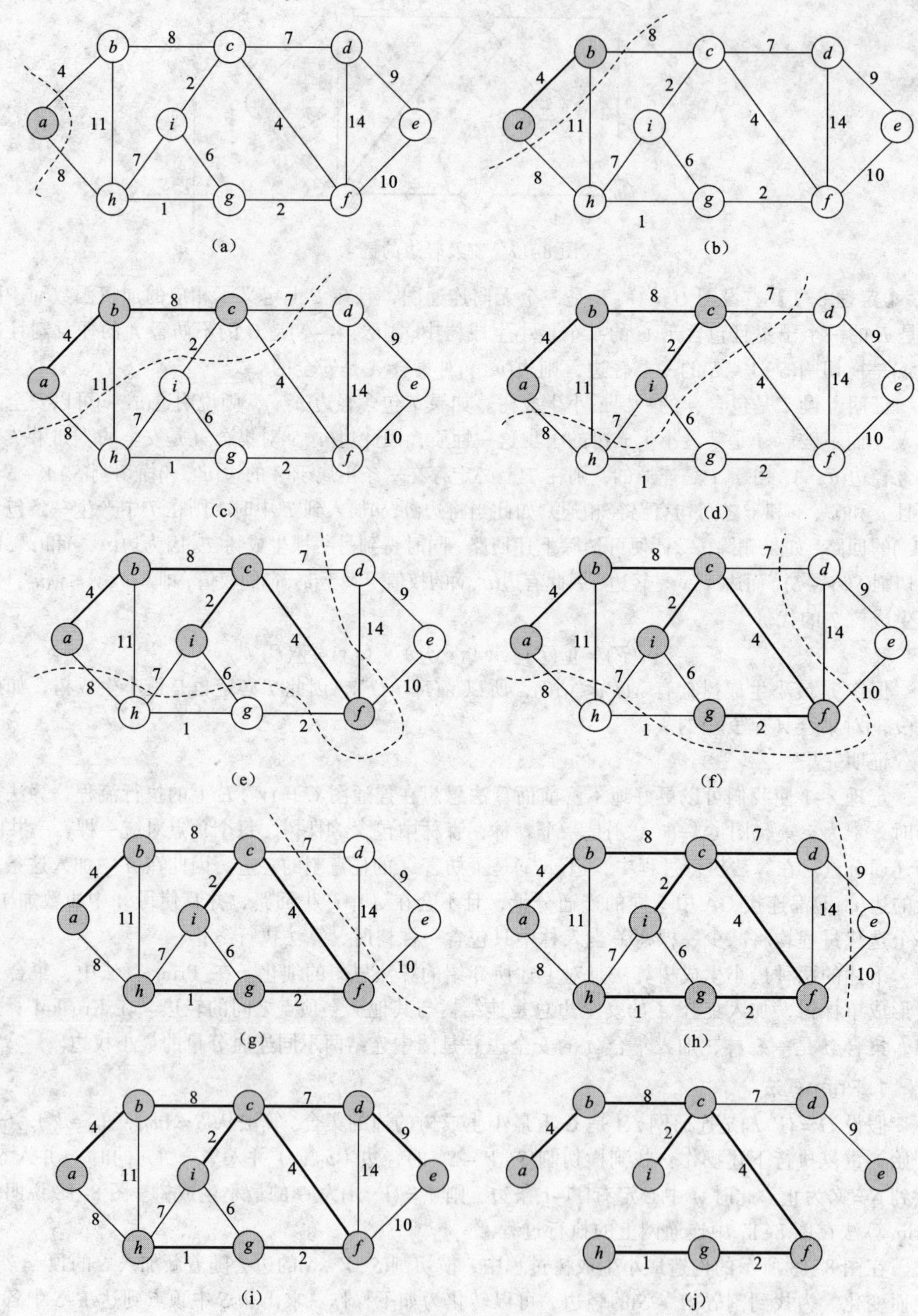

图 8-18 Prim 算法示例

假设初始化时 $S = \{a\}$，从 S 到达 $V\text{-}S$ 中各顶点的最短横切边初始化为 a 到其邻接顶点的距离即可，与 a 不相邻的设为∞。在算法执行过程中，会不断有新的顶点 k 加入 S，k 的加入可能使得原本 $V\text{-}S$ 中不可达的顶点变的可达或原本可达的顶点能以更小的代价可达，因此在 S 中引入新的顶点 k 后，需要以 k 为中间点更新到达 $S\text{-}V$ 中各顶点的最短横切边。例如，在图 8-18（d）中，当 $S = \{a, b, c\}$时，原本 g 不可达，到达 h 的最小距离为 8，当 i 加入 S 之后，g 变的可达，并且到达 h 的最短横切边由$(a, h) = 8$ 变为$(i, h) = 7$。

在算法的具体实现中，我们采用以下策略：首先，以顶点的成员变量 visited 来表示该顶点是否属于 S，visited = true 表示属于 S，否则不属于 S；其次，到达 $V\text{-}S$ 中各个顶点的最短横切边通过该顶点的成员变量 application 来表示，此时 application 指向的是 Edge 类的对象，它是从 S 到达本顶点横切边中权值最小的一条。在构造最小生成树过程中，对顶点成员变量 application 的操作方法见代码 8-4；最后，最小生成树的表示采用设置图中边的类型来完成，即如果是最小生成树的边，将边的类型设置为 Edge.MST。

【代码 8-4】 求 MST 时，对 v.application 的操作如下：

```
//获取到达顶点 v 的最小横切边权值
int getCrossWeight(Vertex v){
  if(getCrossEdge(v)!=null)
    return getCrossEdge(v).getWeight();
  else return Integer.MAX_VALUE;
}
//获取到达顶点 v 的最小横切边
Edge getCrossEdge(Vertex v){return(Edge)v.getAppObj();}
//设置到达顶点 v 的最小横切边
void setCrossEdge(Vertex v,Edge e){v.setAppObj(e);}
```

Prim 算法的具体实现见算法 8-4。

【算法 8-4】 generateMST。

输入：无向连通带权图。

输出：构造最小生成树。

代码如下：

```
void generateMST(){
    resetVexStatus();                          //重置图中各顶点的状态信息
    resetEdgeType();                           //重置图中各边的类型信息
    Iterator it=getVertex();
    Vertex v=(Vertex)it.currentItem();         //选第一个顶点作为起点
    v.setToVisited();                          //顶点 v 进入集合 S
    //初始化顶点集合 S 到 V-S 各顶点的最短横切边
    for(it.first();!it.isDone();it.next()){
        Vertex u=(Vertex)it.currentItem();
        Edge e=edgeFromTo(v,u);
        setCrossEdge(u,e);                     //设置到达 V-S 中顶点 u 的最短横切边
    }
    for(int t=1;t<getVexNum();t++){            //进行|V|-1 次循环找到|V|-1 条边
        Vertex k=selectMinVertex(it);          //选择轻边在 V-S 中的顶点 k
        k.setToVisited();                      //顶点 k 加入 S
```

```
            Edge mst=getCrossEdge(k);              //割(S,V-S)的轻边
            if(mst!=null)mst.setToMST();           //将边加入MST
            //以k为中间顶点修改S到V-S中顶点的最短横切边
            Iterator adjIt=adjVertexs(k);          //取出k的所有邻接点
            for(adjIt.first();!adjIt.isDone();adjIt.next()){
                Vertex adjV=(Vertex)adjIt.currentItem();
                Edge e=edgeFromTo(k,adjV);
                if(e.getWeight()<getCrossWeight(adjV))//发现到达adjV更短的横切边
                setCrossEdge(adjV,e);
            }//for
        }//for(int t=1...}
    //查找轻边在V-S中的顶点
    Vertex selectMinVertex(Iterator it){
        Vertex min=null;
        for(it.first();!it.isDone();it.next()){
            Vertex v=(Vertex)it.currentItem();
            if(!v.isVisited()){min=v;break;}
        }
        for(;!it.isDone();it.next()){Vertex  v=(Vertex)it.currentItem();
            if(!v.isVisited()&&getCrossWeight(v)<getCrossWeight(min))
                min=v;
        }
       return min;
    }
```

说明： 算法 8-4 的含义通过前面的分析不难理解。下面来分析算法的时间复杂度，首先，初始化部分所需时间为 $\Theta(|V|+|E|)$。其次，在$|V|-1$ 次循环过程中，一方面要遍历各个顶点的邻接边，一共需要 $\Theta(|E|)$的时间，另一方面在每次循环中查找轻边需要对所有顶点遍历一遍，每次循环需时 $\Theta(|V|)$。因此算法的时间复杂度为：

$$T(n) = \Theta(|V|+|E|) + \Theta(|E|) + (|V|-1)\Theta(|V|) = \Theta(|V|^2+|E|) = \Theta(|V|^2)$$

2. Kruskal 算法

Kruskal 算法的过程如下：假设 $G = (V, E)$是连通网，则令最小生成树的初始状态为只有$|V|$个顶点而无边的非连通图，图中每个顶点自成一个连通分量。在 E 中选择权值最小的边，若该边依附的顶点落在 T 中的不同连通分量上，则将此边加入 T，否则舍去此边选择下一条代价最小的边。依此类推，直到所有顶点都在同一连通分量上为止。

图 8-19 说明了 Kruskal 算法在图 8-17 中连通网上的执行过程。

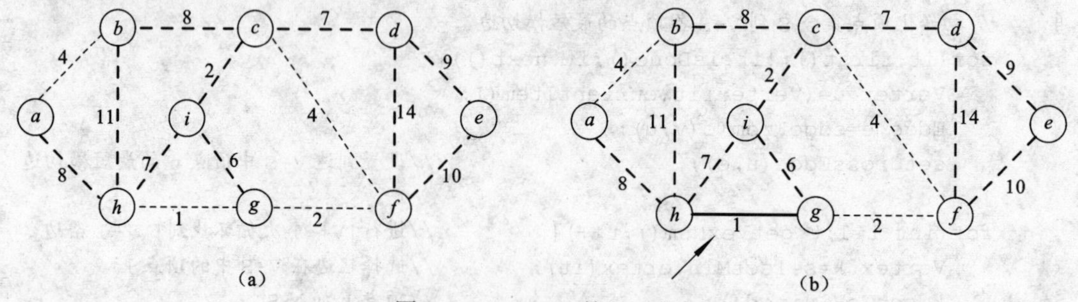

图 8-19 Kruskal 算法示例

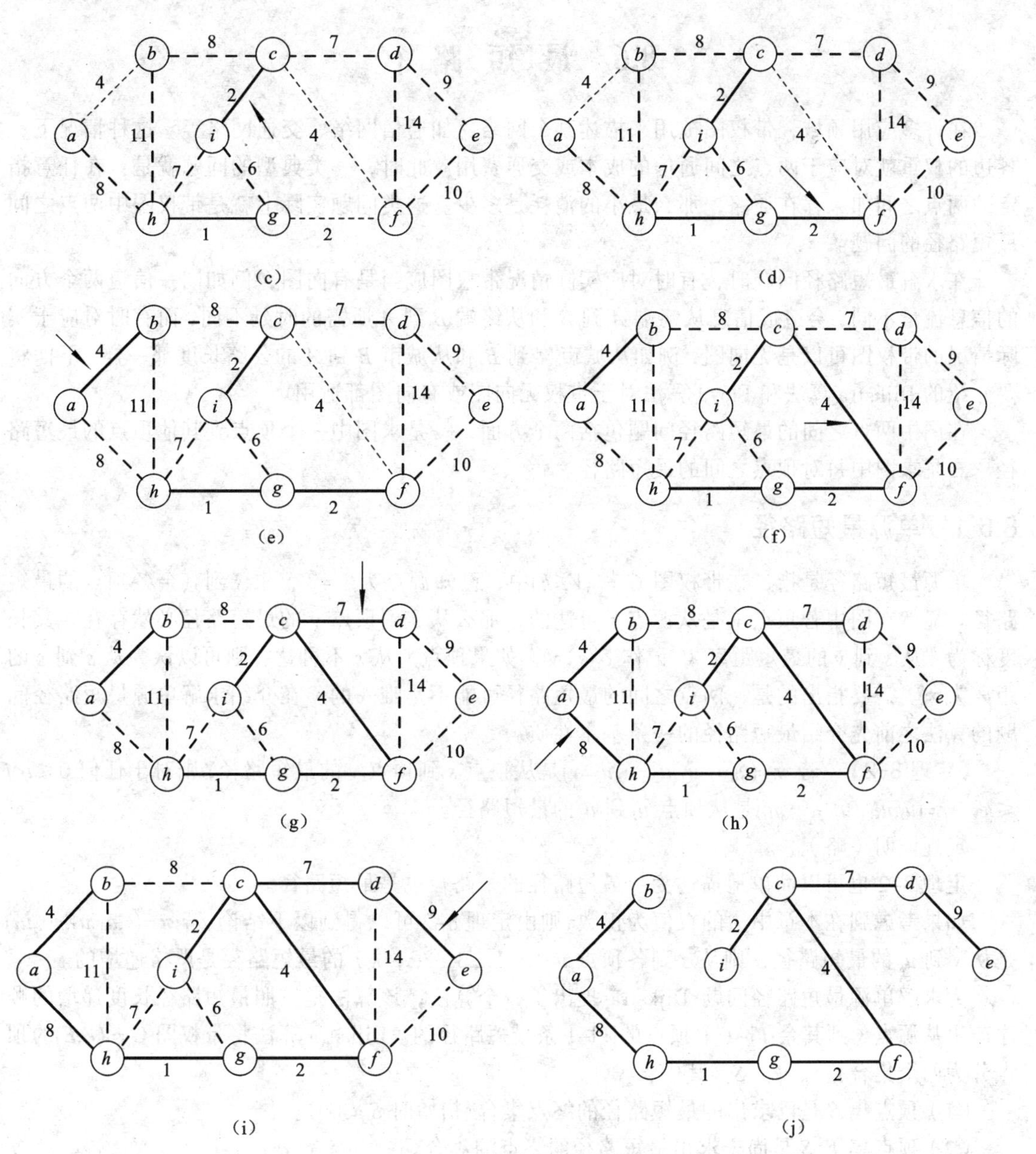

图 8-19　Kruskal 算法示例（续）

Kruskal 算法的时间复杂度主要取决于在 E 中选择权值最小的边，以及判断边是否落在两个连通分量上。选择 E 中权值最小的边，可以先对 $|E|$ 条边排序，然后依次取出各边即可，运算需间 $\Theta(|E|\log_2|E|)$（排序的内容见第 10 章）。在算法的实现中可以使用不相交集数据结构以保持数个互相分离的元素集合。每一集合包含当前森林中某个树的结点，操作 FIND-SET(u)（查找）返回包含 u 的集合的一个代表元素，因此可以通过 FIND-SET(v)来确定两结点 u 和 v 是否属于同一棵树，通过操作 UNION（合并）来完成树与树的连接。在不相交集中使用按秩合并和通路压缩的方法来实现不相交集，由于从渐近复杂度上来说这是目前所知的最快实现方法。对于 Kruskal 算法有 $|V|-1$ 次合并和 $2|E|$ 次查找，运算的总花费为 $\Theta(|E|\log^*|V|)$。因此，算法总的时间取决于排序步，即 $\Theta(|E|\log_2|E|)$。

8.6 最短路径

在许多应用领域，带权图被用来描述某个网络，如通信网络、交通网络等。这种情况下，各边的权重就对应于两点之间通信的成本或交通费用。此时，一类典型的问题就是：在任意指定的两点之间如果存在通路，那么最小的消耗是多少。这类问题实际上就是带权图中两点之间最短路径的问题。

在求解最短路径问题时，有时对应实际情况带权图应当是有向图，例如同一信道两个方向的信息流量不同，会造成信息从终端 A 到 B 和从终端 B 到 A 所需的时延不同，而有时对应于实际情况的带权图可以是无向图，例如从城市 A 到 B 和从城市 B 到 A 的公路长度都一样。下面将要介绍的 Dijkstra 算法和 Floyd 算法对于带权无向图或有向图都适用。

在图中两点之间的最短路径问题包括两个方面，一是求图中一个顶点到其他顶点的最短路径，二是求图中每对顶点之间的最短路径。

8.6.1 单源最短路径

单源最短路径是指，在带权图 $G = (V, E)$中，已知源点为 $s \in V$，求 s 到其余各顶点的最短路径。显然在图中若顶点 v 是从源点 s 可达的，那么从 s 到顶点 v 的最短路径必然存在，其长度称为“从 s 到 v 的最短距离”，记作 $\delta(s, v)$。如果顶点 v 从 s 不可达，则可以认为从 s 到 v 的距离为∞。需要指出的是，两点之间的最短路径可能不是唯一的。在介绍求解单源最短路径问题的算法之前先介绍最短路径的一条基本性质。

【定理 8-2】 若 $\pi=(u_0=s,u_1,u_2,\cdots,u_k=v)$是从顶点 s 到顶点 v 的最短路径，则对于任何 $0\leqslant i<j\leqslant k$，$\tau=(u_i,u_{i+1},u_{i+2},\cdots,u_j)$是从顶点 u_i 到 u_j 的最短路径。

定理证明（略）。

定理 8-2 也可以简单地描述为：最短路径的子路径也是最短路径。

如果考虑到在本章中边的权值为正数，则由定理 8-2 可以得到以下结论：若 $\pi=(s,u_1,u_2,\cdots,u_k)$是从 s 到 u_k 的最短路径，则从 s 到各顶点 u_i（i=1,2,3，…，k）的最短路径是严格递增的。

为求解单源最短路径问题 Dijkstra 提出了一个算法，该算法是按照最短路径长度递增的顺序产生从源点 s 到其余$|V|-1$ 个顶点的$|V|-1$ 条最短路径的。Dijkstra 算法将带权图 $G = (V,E)$的顶点分为两个集合：S、$V-S$。其中：

（1）顶点集 S 是已求出的最短路径的终点集合（初始时 $S = \{s\}$）。

（2）顶点集 $V-S$ 是尚未求出最短路径的终点的集合。

算法将按最短路径长度递增的顺序逐个将 $V-S$ 中的顶点加入到 S 中，直到所有顶点都被加入到 S 中为止。算法为每个顶点 v 定义了一个变量 distance，该变量记录了从 s 出发，经由 S 中的顶点到达 v 的当前最短距离。初始时，每个顶点的当前最短距离 distance 为图中从 s 到 v 的边的权值，如果从 s 到 v 没有边则 distance(v) = ∞，并且 distance(s) = 0。假设在算法执行过程中的某个时刻，$S = \{s,u_1,u_2,\cdots,u_{k-1}\}$，下一条最短路径的终点是 u_k，那么下一条最短路径或者是由 s 直接到达，或者是只经过 S 中的某些顶点而后到达。这一结论可用反证法证明，假设下一条最短路径上第一个不属于 S 的顶点为 y，从 s 到 u_k 的最短路径 $\pi=(s,\cdots,y,\cdots,u_k)$，因为 π 是最短路径，根据定理 8-2 知 $\rho=(s,\cdots,y)$是从 s 到 y 的最短路径，且 $\delta(s,y)<\delta(s,u_k)$。由于 $y\in V-S$ 并且 $u_k\in V-S$，那么按照选择顶点的原则应当先选择 y，而不是 u_k，这与下一条最短路径的终点是 u_k 相矛盾。

根据以上结论，长度最短的一条最短路径必为 $\pi=(s,u_k)$，其中 u_k 满足：

$$\text{distance}(u_k)=\min\{\text{distance}(u_i)|u_i\in V-S\}$$

在求得顶点 u_k 的最短路径后，将 u_k 并入 S，即 $S=S\cup\{u_k\}$。每当一个新的顶点 u_k 加入 S 之后，则对 $V-S$ 中的顶点而言，多了一个从 s 到自身的“中转”顶点，从而可能出现从 s 出发途经 u_k 到达自身的新路径，这条路径可能比该顶点的当前最短路径更短，因此当 S 中加入新的顶点 u_k 后，要以 u_k 为“中转”顶点对 $V-S$ 中各个顶点的当前最短路径 distance 进行修正。修正 $V-S$ 中各顶点的当前最短路径的方法是，依次对对顶点 u_k 的邻接点 $u_i(u_i\in V-S)$执行如下操作：

$$\text{distance}(u_i)=\min\{\text{distance}(u_i),\text{distance}(u_k)+w(u_k,u_i)\}u_i\in V-S$$

其中：distance(u_i)是 u_i 当前最短距离；distance(u_k)+$w(u_k,u_i)$是经过 u_k“中转”的路径长度；修正之后 u_i 的当前最短路径长度是两者中小的。修正 $V-S$ 中各个顶点的 distance 后，再选择 distance 最小的顶点加入 S，这一过程一直进行下去，直到 $S=V$。整理以上算法思想，得到 Dijkstra 算法的基本执行过程如下：

（1）初始化：

$S=\{s\}$，distance(s) = 0；

distance(u_i) = $w(s,u_i)$或 ∞，$u_i\in V-S$。

（2）选择 distance (u_k) = min{ distance (u_k)|$u_k\in V-S$}，u_k 为下一条最短路径的终点。

（3）$S=S\cup\{u_k\}$。

（4）以 u_k 为“中转”，修正 $V-S$ 中各个顶点 distance：

distance(u_i)=min{distance(u_i),distance(u_k)+$w(u_k,u_i)$}$u_i\in V-S$。

（5）重复（2）～（4）步$|V|-1$ 次。

图 8-20 图示了 Dijkstra 算法在图 8-20（a）的有向带权图上求顶点 a 到其他顶点最短路径的过程。

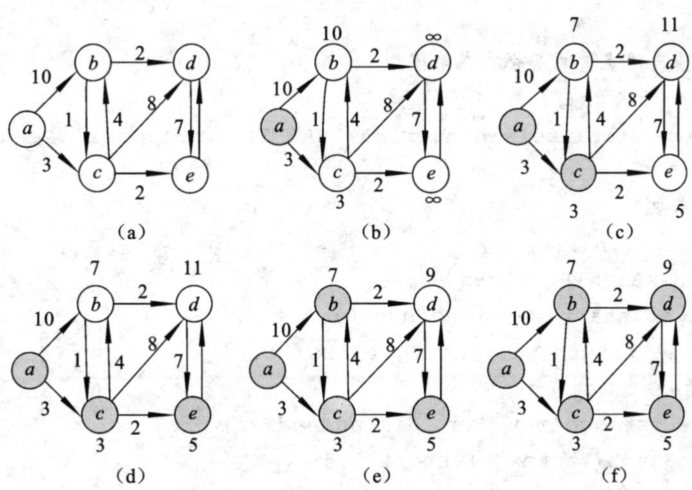

图 8-20　Dijkstra 算法的执行过程

在算法的具体实现中，我们采用以下策略：首先，以顶点 v 的成员变量 visited 来表示该顶点是否属于 S，visited = true 表示属于 S，否则属于 $V-S$。其次，从 s 到达 $V-S$ 中各个顶点 v 的最短路径通过 v 的成员变量 application 来表示，此时 application 指向的是 Path 类的对象。该对象是从 s 到达 v 的当前最短路径，其中包含 v 的当前最短距离 distance，以及取得最短距离的路径上途经的顶点。在 Dijkstra 算法执行过程中，对顶点成员变量 application 的操作方法见代码 8-5。最后，求得从 s 到其余顶点的所有最短路径通过迭代器对象返回。

【代码 8-5】 Dijkstra 算法中，对 v.application 的操作。

```
//取或设置顶点 v 的当前最短距离
int getDistance(Vertex v){return((Path)v.getAppObj()).getDistance();}
void setDistance(Vertex v,int dis){((Path)v.getAppObj()).setDistance(dis);}
//取或设置顶点 v 的当前最短路径
Path getPath(Vertex v){return(Path)v.getAppObj();}
void setPath(Vertex v,Path p){v.setAppObj(p);}
```

其中 Path 类的定义见代码 8-6。

【代码 8-6】 Path 类定义。

```
class Path {
private:
    int distance;              //起点与终点的距离
    Vertex start;              //起点信息
    Vertex end;                //终点信息
    LinkedList pathInfo;       //起点到终点途经的顶点序列
//构造方法
public:
    Path(){this(Integer.MAX_VALUE,null,null);}
    Path(int distance,Vertex start,Vertex end){
        this.distance=distance;
        this.start=start;
        this.end=end;
        pathInfo=new LinkedListDLNode();
    }
    //判断起点与终点之间是否存在路径
    boolean hasPath(){
        return distance!=Integer.MAX_VALUE&&start!=null&&end!=null;
    }
    //求路径长度
    int pathLength(){
        if(!hasPath())return -1;
        else if(start==end) return 0;
           else return pathInfo.getSize()+1;
    }  //get&set methods
    void setDistance(int dis){distance=dis;}
    void setStart(Vertex v){start=v;}
    void setEnd(Vertex v){end=v;}
    int getDistance(){return distance;}
    Vertex getStart(){return start;}
    Vertex getEnd(){return end;}
    Iterator getPathInfo(){return pathInfo.elements();}
    //清空路径信息
```

```
    void clearPathInfo(){pathInfo=new LinkedListDLNode();}
    //添加路径信息
    void addPathInfo(Object info){pathInfo.insertLast(info);}}
```

算法 8-5 给出了 Dijkstra 算法的具体实现。

【算法 8-5】 shortestPath。

输入：顶点 *v*。

输出：*v* 到其他顶点的最短路径。

代码如下：

```
Iterator shortestPath(Vertex v) {
    LinkedList sPath=new LinkedListDLNode();//所有的最短路径序列
    resetVexStatus();                       //重置图中各顶点的状态信息
    //初始化，将 v 到各顶点的最短距离初始化为由 v 直接可达的距离
    Iterator it=getVertex();
    for(it.first();!it.isDone();it.next()){
        Vertex u=(Vertex)it.currentItem();
        int weight=Integer.MAX_VALUE;
        Edge e=edgeFromTo(v,u);
        if(e!=null) weight=e.getWeight();
        if(u==v)   weight=0;
        Path p=new Path(weight,v,u);
        setPath(u,p);
    }
    v.setToVisited();                       //顶点 v 进入集合 S
    sPath.insertLast(getPath(v));           //求得的最短路径进入链接表
    for(int t=1;t<getVexNum();t++){         //进行|V|-1 次循环找到|V|-1 条最短路径
        Vertex k=selectMin(it);             //找 V-S 中 distance 最小的点 k
        k.setToVisited();                   //顶点 k 加入 S
        sPath.insertLast(getPath(k));       //求得的最短路径进入链接表
        int distK=getDistance(k);           //修正 V-S 中顶点当前最短路径
        Iterator adjIt=adjVertexs(k);       //取出 k 的所有邻接点
        for(adjIt.first();!adjIt.isDone();adjIt.next()){
            Vertex adjV=(Vertex)adjIt.currentItem();    //k 的邻接点 adjV
            Edge e=edgeFromTo(k,adjV);
            //发现更短的路径
            if((long)distK+(long)e.getWeight()<(long)getDistance(adjV)){
                setDistance(adjV,distK+e.getWeight());
                amendPathInfo(k,adjV);      //以 k 的路径信息修改 adjV 的路径信息
            }                               //end-if
        }                                   //for
    }                                       //for(int t=1...
    return sPath.elements();
}
//在顶点集合中选择路径距离最小的
Vertex selectMin(Iterator it){
    Vertex min=null;
    for(it.first();!it.isDone();it.next()){
```

```
        Vertex v=(Vertex)it.currentItem();
        if(!v.isVisited()){min=v; break;}
    }
    for(;!it.isDone();it.next()){
        Vertex v=(Vertex)it.currentItem();
        if(!v.isVisited()&&getDistance(v)<getDistance(min))
        min=v;      }
    return min;
}
```

说明：通过前面的分析算法的含义不难理解。下面来分析算法的时间复杂度。第一步初始化需要 $\Theta(|V|)$的时间，接着进入一个$|V|$-1 重的循环，在循环中 selectMin(it)是对图中所有顶点进行遍历，以找到下一条最短路径，该方法需要 $\Theta(|V|)$时间。在循环中，还需要通过每次找到的"中转"顶点 k 来修正 V-S 中顶点的 distance，由于该过程只需要对 k 的邻接边进行遍历，所以在所有循环过程中只需要 $\Theta(|E|)$时间。因此，算法的时间复杂度为 $\Theta(|V|) + (|V|-1)\times\Theta(|V|) +\Theta(|E|) =\Theta(|V|^2 + |E|)= \Theta(|V|^2)$。

8.6.2 任意顶点间的最短路径

Dijkstra 算法只能求出源点到其余顶点的最短路径，如果需要求出带权图中任意一对顶点之间的最短路径，可以用每一个顶点作为源点，重复调用 Dijkstra 算法$|V|$次，时间复杂度为 $O(|V|^3)$。此外还有另外一种形式更简洁的方法，即 Floyd 算法，其时间复杂度也是 $O(|V|^3)$。该算法的详细内容读者可以参考相关书籍，这里不再赘述。

8.7 有向无环图及其应用

有向无环图（directed acyclic graph）是指一个无环的有向图，简称 DAG。有向无环图是描述一项工程或系统进行过程的有效工具。除最简单的情况之外，几乎所有的工程都可分为若干个称做活动（activity）的子工程，而这些子工程之间，通常受着一定条件的约束，如其中某些子工程的开始必须在另一些子工程完成之后。对整个工程和系统，人们关心的是两个方面的问题，一是能否顺利进行，应该如何进行；二是估算整个工程完成所必需的最短时间，对应于有向图，即为进行拓扑排序和求关键路径的操作。

8.7.1 拓扑排序

如果在一个有向图 $G = <V,E>$中用顶点表示活动，用有向边$<v_i,v_j>$表示活动 v_i 必须先于活动 v_j 进行。这种有向图叫做顶点表示活动的 AOV 网络（activity on vertices networks）。例如，一件商品的生产就是一项工程，它可以用一个 AOV 网络来表示，如图 8-21(a)所示。假设该商品的生产包含以下活动：

a. 购买原材料。

b. 生产零件 1。

c. 用零件 1 加工零件 2。

d. 生产零件 3。

e. 组装零件 2、3 得到成品。

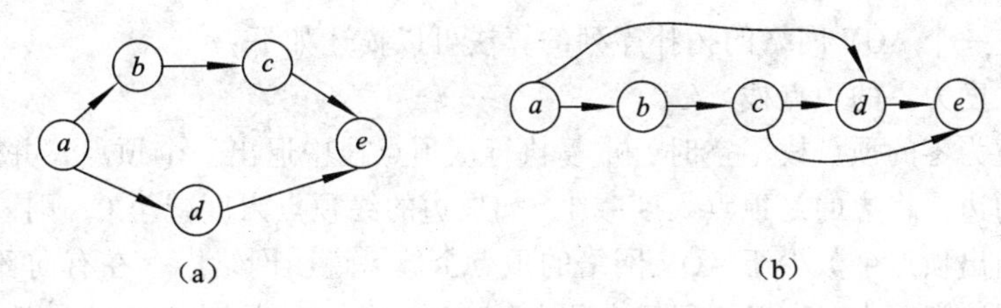

图 8-21 AOV 网及拓扑排序

现在的问题是如何判断某个 AOV 网络所表示的工程是否可以完成，以及如何完成，即各个活动按照什么顺序完成。如果能够给出一个活动序列，该活动序列包含 AOV 网中所有顶点表示的活动，并且该活动序列满足 AOV 网络中所有应存在的前驱和后继关系。则该活动序列就是一种完成工程的方法。例如，图 8-21（a）所示的工程可以图 8-21（b）所示的活动序列 a，b，c，d，e 来完成整个工程。通过上面的例子可以看到，在一个 AOV 网络中，若 v_i 为 v_j 的先行活动，v_j 是 v_k 的先行活动，即活动的先行关系具有传递性。从离散数学的观点看 AOV 网络中的活动关系，可以将其看成是一个偏序关系，而上述给出工程完成活动的线性序列可以看成是一个全序关系。由某个集合上的一个偏序得到该集合上的一个全序，此操作称之为拓扑排序(topological sort)。即将 AOV 网络各个顶点（代表各个活动）排列成一个线性有序的序列，使得 AOV 网络中所有应存在的前驱和后继关系都能得到满足。拓扑排序就是构造 AOV 网络顶点的拓扑有序序列的运算。在一个 AOV 网络中是不能存在环的，因为如果存在环，说明某项活动的开始必须是以自身的结束作为前提的。需要注意的是，AOV 网络的拓扑序列不是唯一的，例如，图 8-21（a）的另一个拓扑序列为 a，d，b，c，e。为得到 AOV 网络的拓扑序列，可以使用以下方法：

（1）在 AOV 网络中选一个没有直接前驱的顶点，并输出。

（2）从图中删去该顶点，同时删去所有它发出的有向边。

（3）重复以上（1）、（2）步，直到全部顶点均已输出，或图中不存在无前驱的顶点。

图 8-22 所示为拓扑排序的过程。

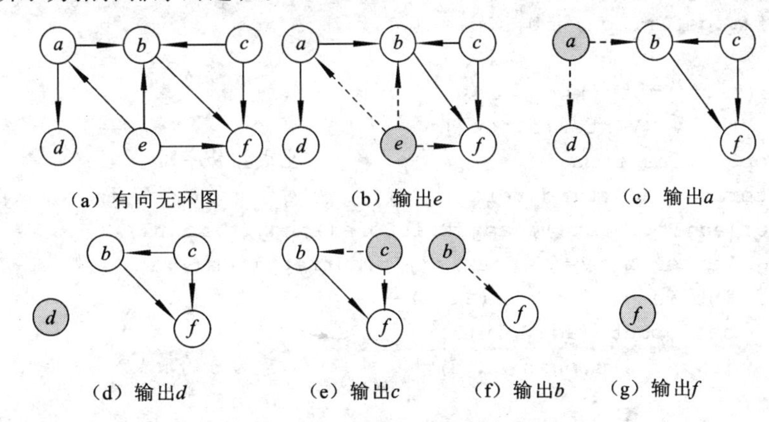

图 8-22 拓扑排序的过程，得到拓扑排序序列为 e、a、d、c、b、f

以上拓扑排序过程的正确性不难理解，但在计算机中要实现针对上述操作的两个关键步骤，需要以下处理：

首先，为每个顶点 v 设置一个变量，记录其在拓扑排序过程中的入度，入度为 0 的顶点就是没有直接前驱的顶点。

其次，删除一条有向边可以用有向边终止点的入度减 1 来实现。

由此，构造一个 AOV 网络的拓扑序列的算法可以描述如下：

（1）建立入度为零的顶点栈。

（2）当入度为零的顶点栈不空时，重复执行从顶点栈中退出一个顶点，并输出之。搜索以这个顶点发出的边，将边的终顶点入度减 1，如果边的终顶点入度减至 0，则该顶点进入栈。

（3）如果输出顶点个数少于 AOV 网络的顶点个数，说明网络中存在有向环。

在具体的算法实现中，我们使用每个顶点的 application 成员变量指向一个 Integer 对象，它表示顶点在算法执行中当前的入度。在拓扑排序过程中对顶点成员变量 application 的操作方法见代码 8-7。

【代码 8-7】 拓扑排序算法中，对 v.application 的操作。

```
//取或设置顶点 v 的当前入度
int getTopInDe(Vertex v){return((Integer)v.getAppObj()).intValue();}
void setTopInDe(Vertex v,int indegree){v.setAppObj(Integer.valueOf(indegree));}
```

算法 8-6 给出了拓扑排序的具体实现。

【算法 8-6】 toplogicalSort。

输入：AOV 网络。

输出：拓扑序列。

代码如下：

```
Iterator toplogicalSort(){
    LinkedList topSeq=new LinkedListDLNode(); //拓扑序列
    Stack s=new StackSLinked();
    Iterator it=getVertex();
    for(it.first();!it.isDone();it.next()){
    //初始化顶点集应用信息
        Vertex v=(Vertex)it.currentItem();
        v.setAppObj(Integer.valueOf(v.getInDeg()));
        if(v.getInDeg()==0)s.push(v);
    }
    while(!s.isEmpty()){
        Vertex v=(Vertex)s.pop();
        topSeq.insertLast(v);                //生成拓扑序列
        Iterator adjIt=adjVertexs(v);        //对于 v 的每个邻接点入度减 1
        for(adjIt.first();!adjIt.isDone();adjIt.next()){
            Vertex adjV=(Vertex)adjIt.currentItem();
            int in=getTopInDe(adjV)-1;
            setTopInDe(adjV,in);
            if(in==0)s.push(adjV);           //入度为 0 的顶点入栈
        }                                    //for adjIt
    }                                        //while
    if(topSeq.getSize()<getVexNum()) return null;
    else return topSeq.elements();
}
```

说明： 算法 8-6 初始化部分需要 $\Theta(|V|)$时间，在算法过程中，每个顶点最多均入栈、出栈一次，需要 $\Theta(|V|)$时间，顶点入度减 1 的操作在整个算法中共执行$|E|$次，因此算法总的时间复杂度为 $\Theta(|V|+|E|)$。

8.7.2　关键路径

与 AOV 网络对应的是边表示活动的 AOE 网络。如果在有向无环的带权图中，

（1）用有向边表示一个工程中的各项活动（activity）。

（2）用边上的权值表示活动的持续时间（duration）。

（3）用顶点表示事件（event）。

则这样的有向图叫做用边表示活动的网络，简称 AOE（activity on edges）网络。AOE 网络在某些工程估算方面非常有用。例如，AOE 网络可以使人们了解：完成整个工程至少需要多少时间；为缩短完成工程所需的时间，应当加快哪些活动。

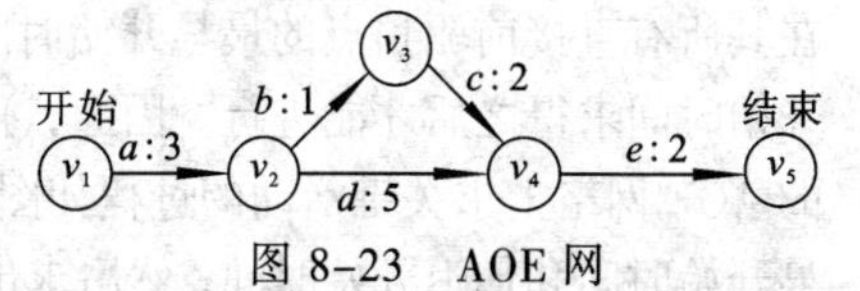

图 8-23　AOE 网

例如，8.7.1 小节中图 8-21 用 AOV 网络表示的工程，可以用图 8-23 所示的 AOE 网络表示，并假设活动 a 需时 3 天、活动 b 需时 1 天、活动 c 需时 2 天、活动 d 需时 5 天、活动 e 需时 2 天。在图中可以看到，从工程开始到结束，总共至少需要 10 天时间，并且如果能够减少完成活动 a、d、e 所需的时间，则完成整个工程所需的时间可以减少。由于一个工程只有一个开始点和一个完成点，所以在正常情况下，AOE 网络中只有一个入度为 0 的顶点，也只有一个出度为 0 的顶点，它们分别称为源点和汇点。

通过上面的例子，可以看到，在 AOE 网络中,有些活动顺序进行，有些活动并行进行。从源点到各个顶点，以至从源点到汇点的有向路径可能不止一条。这些路径的长度也可能不同。完成不同路径的活动所需的时间虽然不同，但只有各条路径上所有活动都完成了，整个工程才算完成。因此，完成整个工程所需的时间取决于从源点到汇点的最长路径长度，即在这条路径上所有活动的持续时间之和。这条路径长度最长的路径就叫做关键路径（critical path）。例如，图 8-23 所示的 AOE 网络中的关键路径为 $\rho=(v_1,v_2,v_4,v_5)$,，其长度为 10。需要注意的是关键路径可能不止一条。要找出关键路径，必须找出关键活动，即不按期完成就会影响整个工程完成的活动。关键路径上的所有活动都是关键活动。因此，只要找到了关键活动，就可以找到关键路径。例如，图 8-23 所示的 AOE 网络中的关键活动是 a、d、e，找到这些关键活动就找到了关键路径。在图 $G=<V,E>$中，假设 $V=\{v_0,v_1,\ldots,v_{m-1}\}$，其中 $n=|V|$，v_0 是远点，v_{m-1} 是汇点。为求关键活动，定义以下变量：

（1）事件 v_i 的最早可能开始时间 $Ve[i]$：是从源点 v_0 到顶点 v_i 的最长路径长度。

（2）活动 a_k 的最早可能开始时间 $e[k]$：设活动 a_k 是在边 $<v_i,v_j>$ 上，则 $e[k]$是从源点 v_0 到顶点 v_i 的最长路径长度。因此，$e[k]=Ve[i]$。

（3）事件 v_i 的最迟允许开始时间 $V_l[i]$：是在保证汇点 v_{m-1} 在 $Ve[n-1]$时刻完成的前提下，事件 v_i 允许的最迟开始时间。

（4）活动 a_k 的最迟允许开始时间 $1[k]$：设活动 a_k 是在边 $<v_i,v_j>$ 上，$1[k]$是在不会引起时间延误的前提下，该活动允许的最迟开始时间。$l[k]=V_l[j]-\mathrm{dur}(<i,j>)$。其中，$\mathrm{dur}(<i,j>)=\mathrm{weight}(<v_i,v_j>)$ 是完成 a_k 所需的时间。

（5）时间余量 $1[k]-e[k]$，表示活动 a_k 的最早可能开始时间和最迟允许开始时间的时间余量。$l[k]=e[k]$表示活动 a_k 是没有时间余量的关键活动。

为找出关键活动，需要求各个活动的 $e[k]$与 $l[k]$，以判别是否 $1[k]=e[k]$。为求得 $e[k]$与 $l[k]$，需要先求得从源点 v_0 到各个顶点 v_i 的 $Ve[i]$和 $V_l[i]$。

为求 $Ve[i]$和 $V_l[i]$需分两步进行：

（1）从 $Ve[0]=0$ 开始向汇点方向推进：

$$Ve[j]=\mathrm{Max}\{Ve[i]+\mathrm{dur}(<i,j>)|v_i \text{ 是 } v_j \text{ 的所有直接前驱顶点}\}$$

（2）从 $V_l[n-1]=Ve[n-1]$开始向源点方向推进：

$$V_l[i]=\mathrm{Min}\{V_l[j]-\mathrm{dur}(<i,j>)|v_i \text{ 是 } v_j \text{ 的所有直接后继顶点}\}$$

这两个递推公式的计算必须分别在拓扑有序和逆拓扑有序的前提下进行。也就是说，$Ve[j]$必须在其所有直接前驱顶点的最早开始时间求得之后才能进行，$V_l[i]$必须在其所有直接后续顶点的最迟开始时间求得之后才能进行。因此，可以在拓扑序列的基础上求解关键活动。在图 8-24（a）所示的 AOE 网络上求关键活动的过程如图 8-24（b）所示。在图 8-24（b）中首先求出了各个顶点的最早开始时间和最迟开始时间，然后求出各个活动的最早开始时间和最迟开始时间，最后活动时间余量为 0 的活动即为关键活动，由关键活动组成的路径是关键路径，即 $\rho=(v_1,v_2,v_4,v_6)$为关键路径。

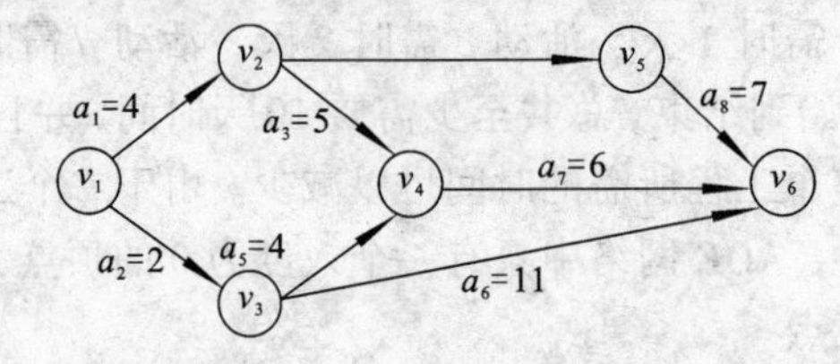

（a）

顶点	Ve	Vl	活动	e	l	l-e
v_1	0	0	a_1	0	0	0
v_2	4	4	a_2	0	2	2
v_3	2	4	a_3	4	4	0
v_4	9	9	a_4	4	5	1
v_5	7	8	a_5	2	5	3
v_6	15	15	a_6	2	4	2
			a_7	9	9	0
			a_8	7	8	1

（b）

图 8-24　关键活动

下面给出求关键路径的算法：

（1）对图中的顶点进行拓扑排序，求出拓扑序列与逆拓扑序列，若拓扑序列中顶点数少于 |V|，说明图中有环，返回。

（2）$Ve[0]=0$，在拓扑序列上求各顶点最早开始时间。

（3）$V_l[n-1]=Ve[n-1]$，在逆拓扑序列上求各顶点最迟开始时间。

（4）遍历图中所有边$<u,v>\in E$，判断其是否为关键活动。

在算法的具体实现中采用如下策略：

首先，各个顶点 v 的 $Ve[v]$、$Vl[v]$等信息使用顶点的 application 成员变量存储，此时 application 指向 Vtime 类的对象，在算法中对 application 的操作见代码 8-9。

其次，判断边$<u,v>$是否为关键活动时，不用求出 $l[k]$与 $e[k]$，只用判断 $Ve(u)$与 $Vl(v)-$ weight$(<u,v>)$是否相等即可；

最后，AOE 网络关键路径可能不只一条，因此如果某边是关键活动，将该边标记为 Edge.CRITICAL 即可。

【代码 8-8】求关键路径算法中，对 v.application 的操作。

```
//取顶点 v 的最早开始时间与最迟开始时间
```

```
int getVE(Vertex v){return((Vtime)v.getAppObj()).getVE();}
int getVL(Vertex v){return((Vtime)v.getAppObj()).getVL();}
 //设置顶点 v 的最早开始时间与最迟开始时间
void setVE(Vertex v,int ve){((Vtime)v.getAppObj()).setVE(ve);}
private void setVL(Vertex v,int vl){((Vtime)v.getAppObj()).setVL(vl);}
```

其中 Vtime 类的定义见代码 8-9。

【代码 8-9】 Vtime 类定义。

```
class Vtime {private int ve;          //最早发生时间
private:
    int vl;                           //最迟发生时间
//构造方法
public:
    Vtime() {this(0,Integer.MAX_VALUE);}
    Vtime(int ve,int vl){this.ve=ve;this.vl=vl;}
    //get&set method
    int getVE(){return ve;}
    int getVL(){return vl;}
    void setVE(int t){ve=t;}
    void setVL(int t){vl=t;}
}
```

算法 8-7 给出了求关键路径的具体实现。

【算法 8-7】 toplogicalSort。

输入：AOE 网络。

输出：标记关键路径。

代码如下：

```
void criticalPath(){
    Iterator it=toplogicalSort();
    resetEdgeType();                                        //重置图中各边的类型信息
    if(it==null)return;
    LinkedList reTopSeq=new LinkedListDLNode();             //逆拓扑序列
    for(it.first();!it.isDone();it.next()){
        //初始化各点 ve 与 vl，并生成逆拓扑序列
        Vertex v=(Vertex)it.currentItem();
        Vtime time=new Vtime(0,Integer.MAX_VALUE);          //ve=0,vl=∞
        v.setAppObj(time);
        reTopSeq.insertFirst(v);
     }
    for(it.first();!it.isDone();it.next()){
        //正向拓扑序列求各点 ve
        Vertex v=(Vertex)it.currentItem();
        Iterator adjIt=adjVertexs(v);
        for(adjIt.first();!adjIt.isDone();adjIt.next()){
            Vertex adjV=(Vertex)adjIt.currentItem();
            Edge e=edgeFromTo(v,adjV);
            if(getVE(v)+e.getWeight()>getVE(adjV))          //更新最早开始时间
            setVE(adjV,getVE(v)+e.getWeight());
```

```
        }//end-for
    }//end-for
    Vertex dest=(Vertex)reTopSeq.first().getData();
    setVL(dest,getVE(dest));                                //设置汇点 vl=ve
    Iterator reIt=reTopSeq.elements();
    for(reIt.first();!reIt.isDone();reIt.next()){
        //逆向拓扑序列求各点 vl
        Vertex v=(Vertex)reIt.currentItem();
        Iterator adjIt=adjVertexs(v);
        for(adjIt.first();!adjIt.isDone();adjIt.next()){
            Vertex adjV=(Vertex)adjIt.currentItem();
            Edge e=edgeFromTo(v,adjV);
            if(getVL(v)>getVL(adjV)-e.getWeight())          //更新最迟开始时间
            setVL(v, getVL(adjV)-e.getWeight());
        }//end-for
    }//end-for
    Iterator edIt=edges.elements();
    for(edIt.first();!edIt.isDone(); edIt.next()){          //求关键活动
        Edge e=(Edge)edIt.currentItem();
        Vertex u=e.getFirstVex();
        Vertex v=e.getSecondVex();
        if(getVE(u)==getVL(v)-e.getWeight()) e.setToCritical();
    }//end-for
}
```

说明：算法 8-7 首先调用拓扑排序算法得到拓扑序列，需要时间 $\Theta(|V|+|E|)$，然后初始化各顶点 *Ve* 和 *Vl* 并生成逆拓扑序列，需要时间 $\Theta(|V|)$。在正向拓扑序列求各顶点 *Ve* 过程中对所有顶点和边访问一次，需时 $\Theta(|V|+|E|)$，逆向拓扑序列求各顶点 *Vl* 需要同样的时间 $\Theta(|V|+|E|)$，最后遍历所有的边判断其是否为关键路径需时 $\Theta(|E|)$。因此算法总的时间复杂度为 $\Theta(|V|+|E|)$。

小　结

在本章中，我们重点描述了如何利用图结构来解决实际生活中的问题。实际出现的图往往是稀疏的，因此注意用于实现这些图的数据结构十分重要。

习　题

一、选择题

1. 图中有关路径的定义是（　　）。
   A. 由顶点和相邻顶点序偶构成的边所形成的序列
   B. 由不同顶点所形成的序列
   C. 由不同边所形成的序列
   D. 上述定义都不是
2. 设无向图的顶点个数为 n，则该图最多有（　　）条边。
   A. $n-1$　　B. $n(n-1)/2$　　C. $n(n+1)/2$　　D. 0　　E. n^2

3. 一个 n 个顶点的连通无向图，其边的个数至少为（　　）。

A. $n-1$　　B. n　　C. $n+1$　　D. $n\log_2 n$

4. 要连通具有 n 个顶点的有向图，至少需要（　　）条边。

A. $n-1$　　B. n　　C. $n+1$　　D. $2n$

5. n 个结点的完全有向图含有边的数目（　　）。

A. $n \times n$　　B. $n(n+1)$　　C. $n/2$　　D. $n \times (n-1)$

6. 一个有 n 个结点的图，最少有（　　）个连通分量，最多有（　　）个连通分量。

A. 0　　B. 1　　C. $n-1$　　D. n

7. 在一个无向图中，所有顶点的度数之和等于所有边数（　　）倍，在一个有向图中，所有顶点的入度之和等于所有顶点出度之和的（　　）倍。

A. 1/2　　B. 2　　C. 1　　D. 4

8. 用有向无环图描述表达式(A+B)*((A+B)/A)，至少需要顶点的数目为（　　）。

A. 5　　B. 6　　C. 8　　D. 9

9. 用 DFS 遍历一个无环有向图，并在 DFS 算法退栈返回时打印相应的顶点，则输出的顶点序列是（　　）。

A. 逆拓扑有序　　B. 拓扑有序　　C. 无序的

10. 下面结构中最适于表示稀疏无向图的是（　　），适于表示稀疏有向图的是（　　）。

A. 邻接矩阵　　B. 逆邻接表　　C. 邻接多重表

D. 十字链表　　E. 邻接表

11. 下列（　　）的邻接矩阵是对称矩阵。

A. 有向图　　B. 无向图　　C. AOV 网　　D. AOE 网

12. 下面（　　）方法可以判断出一个有向图是否有环（回路）。

A. 深度优先遍历　　B. 拓扑排序　　C. 求最短路径　　D. 求关键路径

13. 在图采用邻接表存储时，求最小生成树的 Prim 算法的时间复杂度为（　　）。

A. $O(n)$　　B. $O(n+e)$　　C. $O(n^2)$　　D. $O(n^3)$

14. 当各边上的权值（　　）时，BFS 算法可用来解决单源最短路径问题。

A. 均相等　　B. 均互不相等　　C. 不一定相等

15. 下面关于求关键路径的说法不正确的是（　　）。

A. 求关键路径是以拓扑排序为基础的

B. 一个事件的最早开始时间同以该事件为尾的弧的活动最早开始时间相同

C. 一个事件的最迟开始时间为以该事件为尾的弧的活动最迟开始时间与该活动的持续时间的差

D. 关键活动一定位于关键路径上

16. 下列关于 AOE 网的叙述中，不正确的是（　　）。

A. 关键活动不按期完成就会影响整个工程的完成时间

B. 任何一个关键活动提前完成，那么整个工程将会提前完成

C. 所有的关键活动提前完成，那么整个工程将会提前完成

D. 某些关键活动提前完成，那么整个工程将会提前完成

二、判断题

1. 树中的结点和图中的顶点就是指数据结构中的数据元素。 ( )
2. 在 n 个结点的无向图中，若边数大于 $n-1$,则该图必是连通图。 ( )
3. 对有 n 个顶点的无向图，其边数 e 与各顶点度数间满足等式 $e=\sum_{i=1}^{n}TD(V_i)$。 ( )
4. 有 e 条边的无向图，在邻接表中有 e 个结点。 ( )
5. 有向图中顶点 V 的度等于其邻接矩阵中第 V 行中的 1 的个数。 ( )
6. 强连通图的各顶点间均可达。 ( )
7. 强连通分量是无向图的极大强连通子图。 ( )
8. 连通分量指的是有向图中的极大连通子图。 ( )
9. 邻接多重表是无向图和有向图的链式存储结构。 ( )
10. 十字链表是无向图的一种存储结构。 ( )
11. 无向图的邻接矩阵可用一维数组存储。 ( )
12. 用邻接矩阵法存储一个图所需的存储单元数目与图的边数有关。 ( )
13. 一个有向图的邻接表和逆邻接表中结点的个数可能不等。 ( )
14. 任何无向图都存在生成树。 ( )
15. 不同的求最小生成树的方法最后得到的生成树是相同的。 ( )
16. 带权无向图的最小生成树必是唯一的。 ( )
17. 最小代价生成树是唯一的。 ( )
18. 连通图上各边权值均不相同，则该图的最小生成树是唯一的。 ( )
19. 带权的连通无向图的最小（代价）生成树（支撑树）是唯一的。 ( )
20. 求最小生成树的普里姆（Prim）算法中边上的权可正可负。 ( )

三、应用题

1. 如果 G1 是一个具有 n 个顶点的连通无向图，那么 G1 最多有多少条边？G1 最少有多少条边？

2. 如果 G2 是一个具有 n 个顶点的强连通有向图，那么 G2 最多有多少条边？G2 最少有多少条边？

3. 如果 G3 是一个具有 n 个顶点的弱连通有向图，那么 G3 最多有多少条边？G3 最少有多少条边？

4. n 个顶点的无向连通图最少有多少条边？n 个顶点的有向连通图最少有多少条边？

5. 证明：具有 n 个顶点和多于 $n-1$ 条边的无向连通图 G 一定不是树。

6. 证明对有向图的顶点适当的编号，可使其邻接矩阵为下三角形且主对角线为全 0 的充要条件是该图为无环图。

7. 请回答下列关于图（Graph）的一些问题：

（1）有 n 个顶点的有向强连通图最多有多少条边?最少有多少条边?

（2）表示有 1000 个顶点、1000 条边的有向图的邻接矩阵有多少个矩阵元素？是否为稀疏矩阵？

（3）对于一个有向图，不用拓扑排序，如何判断图中是否存在环？

8. 解答问题。设有数据逻辑结构为：

$D=(K,R),K=\{k1,k2,\cdots,k9\}$

R={<k1,k3>,<k1,k8>,<k2,k3>,<k2,k4>,<k2,k5>,<k3,k9>,<k5,k6>,<k8,k9>,<k9,k7>,<k4,k7>,<k4,k6>}

（1）画出这个逻辑结构的图示。

（2）相对于关系 *r*，指出所有的开始接点和终端结点。

（3）分别对关系 *r* 中的开始结点，举出一个拓扑序列的例子。

（4）分别画出该逻辑结构的正向邻接表和逆向邻接表。

9. 试用下列三种表示法画出网 *G* 的存储结构，并评述这三种表示法的优缺点：

（1）邻接矩阵表示法；　（2）邻接表表示法；　（3）其他表示法。

10. 已知无向图 *G*，$V(G)=\{1,2,3,4\}$，$E(G)=\{(1,2),(1,3),(2,3),(2,4),(3,4)\}$，试画出 *G* 的邻接多表，并说明，若已知点 *i*，如何根据邻接多表找到与 *i* 相邻的点 *j*?

11. 假定 $G=(V,E)$是有向图，$V=\{1,2,\cdots,N\}$，$N\geqslant 1$，*G* 以邻接矩阵方式存储，*G* 的邻接矩阵为 *A*，即 *A* 是一个二维数组，如果 *i* 到 *j* 有边，则 $A[i,j]=1$，否则 $A[i,j]=0$，请给出一个算法，该算法能判断 *G* 是否是非循环图（即 *G* 中是否存在回路），要求算法的时间复杂性为 $O(n\times n)$。

12. 首先将图 8-25 所示的无向图给出其存储结构的邻接链表表示，然后写出对其分别进行深度、广度优先遍历的结果。

13. 解答下面的问题。

（1）如果每个指针需要 4 个字节，每个顶点的标号占 2 个字节，每条边的权值占 2 个字节。图 8-25 采用哪种表示法所需的空间较多？为什么?

（2）写出图 8-25 从顶点 1 开始的 DFS 树。

14. 设有图 8-25 所示的连通图。

（1）请画出以顶点 1 为根的深度优先生成树。

（2）如果有关节点，请找出所有的关节点。

15. 某田径赛中各选手的参赛项目表如图 8-26 所示。

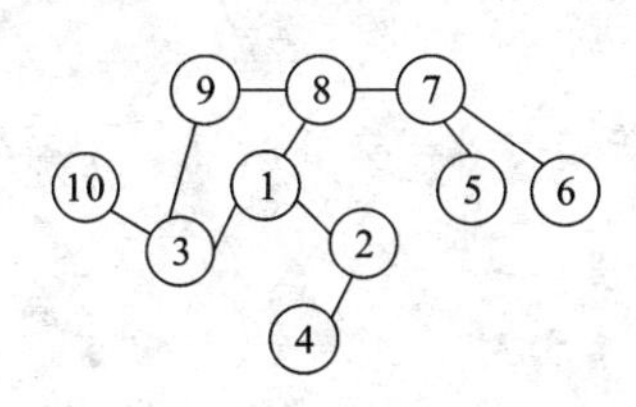

图 8-25　无向图

姓名	参	赛	项
ZHAO	A	B	E
QIAN	C	D	
SHUN	C	E	F
LI	D	F	A
ZHOU	B	F	

图 8-26　参赛项目表

设项目 A ,B ,⋯，F 各表示一数据元素，若两项目不能同时举行，则将其连线（约束条件）。

（1）根据此表及约束条件画出相应的图状结构模型，并画出此图的邻接表结构。

（2）写出从元素 A 出发按“广度优先搜索”算法遍历此图的元素序列。

16. 已知世界六个城市为：北京（B）、南京（N）、巴格达（P）、洛杉矶（L）、东京（T）、墨尔本（M），图 8-27 给定了这六大城市之间的交通里程。

（1）画出这六大城市的交通网络图。

（2）画出该图的邻接表表示法。

（3）画出该图按权值递增的顺序来构造的最小（代价）生成树。

	B	N	P	L	T	M
B		109	82	81	21	124
N	109		58	55	108	32
P	82	58		3	97	92
L	81	55	3		95	89
T	21	108	97	95		113
M	124	32	92	89	113	

1	2	5
1	3	8
1	4	3
2	4	6
2	3	2
3	4	4
3	5	1
3	6	10
4	5	7
4	6	11
5	6	15

图 8-27 世界六大城市交通里程表（单位：百公里）

17. 对于一个使用邻接表存储的有向图 G，可以利用深度优先遍历方法，对该图中结点进行拓扑排序。其基本思想是：在遍历过程中，每访问一个顶点，就将其邻接到的顶点的入度减 1，并对其未访问的、入度为 0 的邻接到的顶点进行递归。

（1）给出完成上述功能的图的邻接表定义（结构）。

（2）定义在算法中使用的全局辅助数组。

（3）写出在遍历图的同时进行拓扑排序的算法。

第9章 查　找

查找是对数据进行处理时的常用操作，是各种数据结构最常用的算法之一。不论是在线性表中，还是在树或图中都会涉及查找问题。

查找（searching）就是在含有大量数据元素（或记录）的集合中查找关键字值等于某个给定关键字值的数据元素（或记录）的过程，查找要在一个集合中进行查找，这个集合也叫查找表。查找算法的优劣对查找的效率影响极大。

在日常生活中，人们几乎天天都要进行“查找”工作。例如，在电话号码簿中查阅“某人”的电话号码；在字典中查阅“某个词”的含义等。其中“电话号码簿”和“字典”都可视为是一张查找表。

9.1　查找的基本概念

查找表（search table）是由同一类型的数据元素（或记录）构成的集合。由于“集合”中的数据元素之间存在着松散的关系，因此查找表是一种非常灵活的数据结构。

对查找表经常进行的操作有：

（1）查询某个“特定的”数据元素是否在查找表中。

（2）检索某个“特定的”数据元素的各种属性。

（3）在查找表中插入一个数据元素。

（4）从查找表中删除某个数据元素。

若对查找表只进行前两种操作，则称此类查找表为**静态查找表**（static search table）。若查找过程中伴随着插入查找表中不存在的数据元素，或者从查找表中删除已存在的某个数据元素，则称此类表为**动态查找表**（dynamic search table）。从存储结构的角度看，静态查找表主要采用顺序存储结构；而动态查找表则由于在查找过程中可能导致查找表内容的变化，一般都采用链式存储结构，如二叉链表结构。

讨论各种算法时，常以算法的效率和存储开销来衡量查找算法的优劣。然而，效率和存储开销常常是相互制约的，很难做到两者兼顾。衡量算法效率的主要因素是已知的“给定值”与记录中关键字的比较次数。通常把“给定值”和关键字的**最多比较次数**（maximum search length，MSL）和**平均比较次数**（average search length，ASL）作为两个基本的技术指标。习惯上常将ASL看成查找算法的时间复杂度。

为确定记录在查找表中的位置，需和给定值进行比较的关键字的个数的期望值称为查找算法在查找成功时的**平均查找长度**。

对含有 n 条记录的查找表，查找成功时的平均查找长度为

$$\mathrm{ASL}=\sum_{i=1}^{n}P_iC_i \qquad (9\text{-}1)$$

其中：P_i 为查找表中查找到第 i 条记录的概率，且 $\sum_{i=1}^{n}P_i=1$；C_i 为查找到表中关键字与给定值相

等的第 i 条记录时，和给定值已经进行过比较的关键字个数。显然，C_i 随查找过程的不同而不同。

查找表通常由**记录**（record）组成，每个记录表示数据元素，由若干个数据项组成，组成记录的每个数据项称为**域**（field）或**字段**（segment）。每个数据元素（记录）中总包含一个或一组数据项，它们的值能够标识一条记录，这个数据项称为**关键字**（key）。若此关键字可以唯一地标识一条记录，则称此关键字为**主关键字**（primary key）。然而，有时为了检索具有某种性质的记录，需要按指定的数据项（组）的值进行检索，该数据项（组）的值并不能唯一确定一条记录，为区别主关键字，称这样的数据项（组）为**次关键字**（secondary key）。

在查找过程中若表中存在这样一条记录，则称查找是成功的，此时查找的结果为查找到的整条记录的信息，或指示该记录在查找表中的位置；若表中不存在关键字等于给定值的记录，则称查找不成功，此时查找的结果可给出一个“空”记录或“空”指针。

9.2 静态查找表

静态查找表的抽象数据类型定义如下：

```
ADT StaticSearchTable {
数据对象 D: D是具有相同特性的数据元素的集合。
数据关系 R: 数据元素同属一个集合。
基本操作 P: 造一个含有 n 个数据元素的静态查找表 ST;
           销毁表 ST;
           在静态查找表 ST 中查找关键字等于 key 的数据元素;
           遍历静态查找表 ST;
           等等。
} ADT StaticSearchTable
```

静态查找表可以有不同的表示方法，在不同的表示方法中，实现查找操作的方法也不同。静态查找表大多采用顺序存储结构，有时也可采用链式结构。

顺序查找表类的定义：

```
const int MAXSIZE=100;                //查找表最大长度
typedef int ElemType;                 //关键字的类型
struct record{                        //记录结构
    ElemType key;                     //关键字域
    ElemType other;                   //其他属性域
};
class Sq_Table{
private:
    record recordData[MAXSIZE];       //查找表
    int length;                       //查找表实际长度
public:
    Sq_Table();                       //构造函数
    void Create();                    //查找表的创建
    void Output();                    //表的输出
    int Sq_Search(ElemType key);      //顺序查找
    int Bin_Search(ElemType key);     //折半查找
    //…
};
```

9.2.1 顺序查找表

顺序查找（sequential search）的查找过程为：从表中最后一个记录开始，逐个进行记录关键字和给定值的比较，若某个记录的关键字和给定值比较相等，则查找成功，且找到了所查记录；反之，若直至第一条记录，其关键字和给定值比较都不相等，表明表中没有所查记录，则查找不成功。此查找过程如算法9-1所示。

【算法 9-1】 Sq_Search。

输入：给定值 key。

输出：关键字值等于 key 的记录在查找表中的位置。

代码如下：

```
int Sq_Table::Sq_Search(ElemType key){
    recordData[0].key=key;                            //设置监视哨
    for(int i=length;!(recordData[i].key==key);--i);  //从后往前找
    return i;                                         //找不到时，i为0
}
```

这个算法在查找之前先对 recordData[0]关键字赋值 key，目的在于免去查找过程中每一步都要检测整个表是否查找完毕。在此，recordData[0]起到了监视哨的作用。当然，监视哨也可设置在高下标处，此时，查找要从表中的第一个记录开始。

从顺序查找过程可见，C_i 取决于所查记录在表中的位置。如查找表中最后一个记录时，仅需要比较一次；而查找表中第一个记录时，则需比较 n 次。一般情况下 C_i 等于 $n-i+1$。

设查找表的长度为 n，则顺序查找的平均查找长度为

$$\text{ASL} = nP_1 + (n-1)P_2 + \cdots + 2P_{n-1} + P_n \tag{9-2}$$

设每个记录查找概率相等，即

$$P_i=1/n$$

则在等概率情况下顺序查找的平均查找长度为

$$\text{ASL}_{\text{SS}} = \sum_{i=1}^{n} P_i C_i = \frac{1}{n}\sum_{i=1}^{n}(n-i+1) = \frac{n+1}{2} \tag{9-3}$$

有时，表中各个记录的查找概率并不相等。例如：在天气预报查询系统中，越是发达的地区，被查询的概率越大。由式（9-2）可得，ASL 在 $P_n \geqslant P_{n-1} \geqslant \cdots \geqslant P_2 \geqslant P_1$ 时达到极小值。因此，对记录的查找概率不等的查找表若能预先得知每个记录的查找概率，使表中的记录按照查找概率由小到大重新排列，便可提高查找效率。

然而，在一般情况下，记录的查找概率预先无法测定。为了提高查找效率，可以在每个记录中附加一个记录访问频度的字段，并使顺序表中的记录始终保持按访问频度非递减的次序排列，使得查找概率大的记录在查找过程中不断往后移动，以便在以后的逐次查找中减少比较次数；或者在每次查找之后都将刚查找到的记录直接移至表尾。

9.2.2 有序表的查找

查找表中记录的次序是按其关键字值的大小顺序排列的，则称该表为有序表。以有序表表示静态查找表时，可用折半查找（又称二分查找）的方式进行记录的查找。

折半查找（binary search）不像顺序查找那样，从第一个或最后一个记录开始按照顺序逐个查找，而是将要查找的给定值与表中间位置的记录关键字进行比较，进而可以确定待查记录在表中的范围或区间。然后，按照同样的办法逐步缩小范围，直到找到或找不到该记录为止。

例如：已知包含如下 8 个数据元素的有序表（关键字即为数据元素的值）：

(5，11，30，41，52，74，78，99)

接下来，介绍查找数据元素 13 和 78 的过程。

在这里，用 low、high、mid 分别表示表中待查元素所在区间的下界、上界、区间的中间位置，mid=$\lfloor (low+high)/2 \rfloor$=$\lfloor (1+8)/2 \rfloor$=4，用 ST 表示一个 Sq_Table 类的对象。在此例中，low 的值为 1，high 的值为 8，分别表示待查区间的起始和终止元素的位置，即[1,8]为待查范围。

下面先来讨论给定值 key=13 的查找过程，low、high 和 mid 在查找表中的初始位置为：

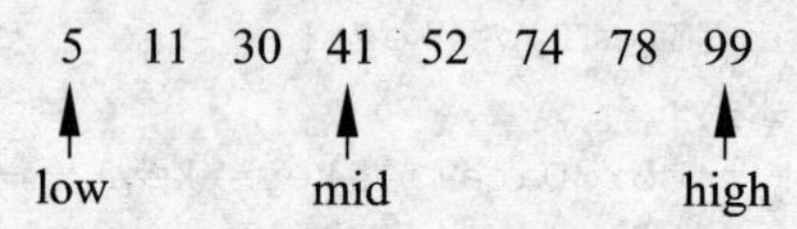

首先，令查找表区间中间位置的数据元素的关键字 ST.recordData[mid].key 与给定值 key 相比较，因为 ST.recordData[mid].key>key，说明待查元素若存在，必在区间[low,mid−1]的范围内，则令 high 指针指向第 mid−1 个元素，并重新求得 mid=$\lfloor (1+3)/2 \rfloor$=2，即

5　11　30　41　52　74　78

low mid high

继续以 ST.recordData[mid].key 和 key 相比，因为 ST.recordData[mid].key<key，说明待查元素若存在，必在区间[mid+1,high]的范围内，则令 low 指针指向第 mid+1 个元素，并重新求得 mid=$\lfloor (1+3)/2 \rfloor$=3，即

5　11　30　41　52　74　78　99

high
low
mid

此时，仍令查找表区间中间位置的数据元素的关键字 ST.recordData[mid].key 与给定值 key 相比较，因为 ST.recordData[mid].key>key，说明待查元素若存在，必在区间[low,mid−1]的范围内，则令 high 指针指向第 mid−1 个元素，即

5　11　30　41　52　74　78　99

high low

但是，当调整 high 指针后，发现 low>high，则说明表中没有关键字等于 key 的元素，故查找不成功。

再来看 key=78 的查找过程：

5　11　30　41　52　74　78　99

low　mid　high

ST.recordData[mid].key<key，则 low=mid+1，mid=$\lfloor (5+8)/2 \rfloor$=6 即

5 11 30 41 52 74 78 99

low mid high

ST.recordData[mid].key<key，令 low=mid+1，mid=$\lfloor(7+8)/2\rfloor=7$，即

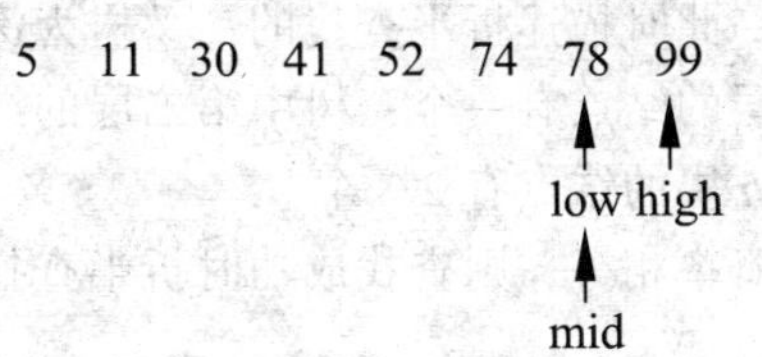

ST.recordData[mid].key=key，则查找成功。

从上例可见，折半查找过程是以处于区间中间位置的记录关键字和给定值进行比较，如相等，则查找成功；如不等，则缩小查找的区间并继续折半查找，直至区间中间位置的记录关键字等于给定值，表明查找成功。或者查找区间的 low 值大于 high 值时，表明查找不成功。

上述折半查找过程如算法 9-2 所示。

【算法 9-2】 Bin_Search。

输入：给定值 key。

输出：关键字值等于 key 的记录在查找表中的位置。

代码如下：

```
int Sq_Table::Bin_Search(ElemType key){
  //在有序表中折半查找其关键字等于 key 的数据元素
  //若找到，则函数值为该元素在表中的位置，否则为 0
  int low,high,mid;
  low=1;high=length;          //设置区间初值
  while(low<=high){
    mid=(low+high)/2;
    if(key==recordData[mid].key)
       return mid;            //找到待查元素
    else if(key<recordData[mid].key){
       high=mid-1;            //继续在前半区间进行查找
    }
    else low=mid+1;           //继续在后半区间进行查找
  }
  return 0;                   //顺序表中不存在待查元素
}                             //Bin_Search
```

现在来分析一下折半查找的性能。上述折半查找的过程可用图 9-1 所示的二叉树来描述，树中的每个结点表示表中的一个记录，结点中的值为该记录在表中的位置，通常称这个描述查找过程的二叉树为判定树。从判定树上可见，查找 78 的过程恰好是走了一条从根结点 4 到结点 7 的路径，和给定值进行比较的关键字个数为该路径上的结点数或结点 7 在判定树上的层次数。在有序表中找到一个记录的过程即为根结点到与该记录相应的结点的路径，和给定值进行比较的关键字个数恰为该结点在判定树上的层次数。因此，折半查找法在查找成功时进行比较的关键字个数最多不超过树的深度，而有 n 个结点的判定树的深度为 $\lfloor \log_2 n \rfloor+1$，所以，折半查找法

在查找成功时和给定值进行比较的关键字个数至多为$\lfloor \log_2 n \rfloor +1$。

根据图 9-1 所示判定树，查找成功时的平均查找长度

$$ASL = (1\times1 + 2\times2 + 4\times3 + 1\times4)/8 = 21/8 = 2.6$$

那么，折半查找的平均查找长度如何计算呢？

假设有序表的长度 $n=2^h-1$，此时描述折半查找的二叉树为深度为 h 的满二叉树。树中第一层的结点有一个；树中第二层的结点有二个；依此类推，树中第 h 层的结点有 2^{h-1} 个。

假设表中每个记录的查找概率相等，则查找成功时折半查找的平均查找长度

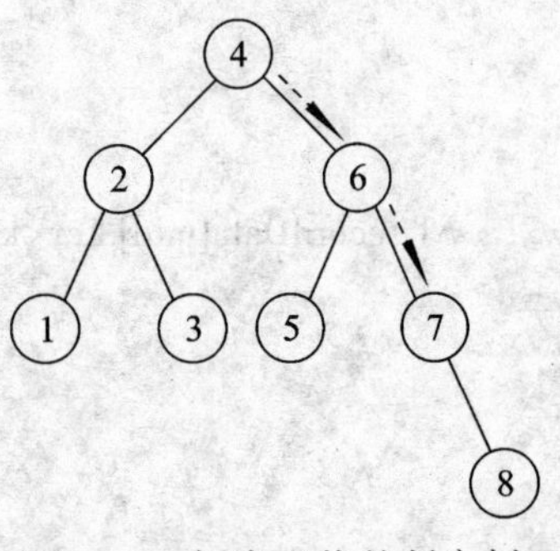

图 9-1　折半查找的判定树

$$ASL = \sum_{i=1}^{n} P_i C_i = \frac{1}{n}\sum_{k=1}^{h} k \cdot 2^{k-1} = \frac{n+1}{n}\log_2(n+1) - 1$$

可见，折半查找的优点是查找效率比顺序查找高，但这种效率是以查找表中记录按关键字大小顺序排列为前提的，且记录要以顺序结构进行存储。

9.2.3　静态索引顺序表的查找

当静态查找表中数据元素个数很多并且没有顺序时，使用顺序查找或是折半查找都不合适，这时可以使用索引顺序结构来实现查找。

索引顺序查找又称**分块查找**，这是顺序查找的一种改进方法，在此查找法中，除表本身以外，还需建立一个“索引表”。图 9-2 所示为某表及其索引表，表中含有 21 个记录，可分成 3 个子表($R_1,R_2,\cdots,R_7$)、($R_8,R_9,\cdots,R_{14}$)、($R_{15},R_{16},\cdots,R_{21}$)，对每个子表（或称块）建立一个索引项。每个索引项包含两项内容：关键字项和指针项。关键字项的值为该子表内的最大关键字，且索引表中的关键字项要有序；指针项指向该子表的第一个记录在表中的起始位置。

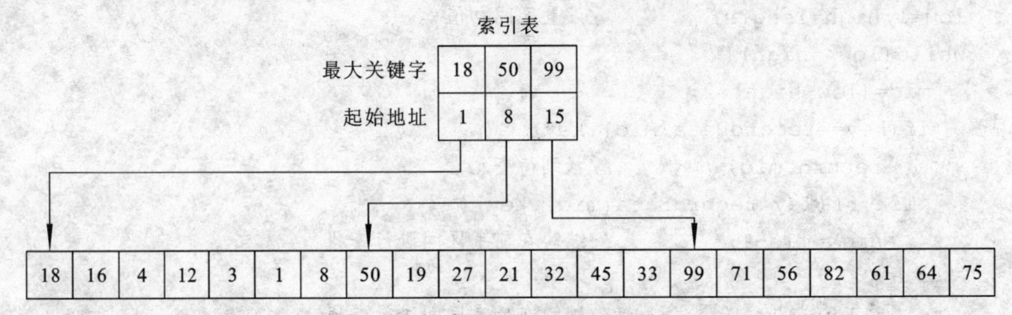

图 9-2　表及其索引顺序表

如果索引表中关键字项有序，那么其指针项指示的表或者有序，或者分块有序。所谓“分块有序”指的是第 2 个子表中的所有记录的关键字均大于第 1 个子表中最大的记录关键字，第 3 个子表中的所有记录的关键字均大于第 2 个子表中最大的记录关键字，……，依此类推。因此，静态索引顺序表的查找就是一个分块查找的过程。对于分块查找需要两步进行，先确定待查记录所在子表（块），然后在子表中顺序查找。

假设给定值 key=82，则先将 key 依次和索引表中个最大关键字比较，由于 50<key<99，故关键字 82 的记录若存在，必定在第 3 个子表中，按照该索引项中指针项所指示的起始地址，可以找到其对应静态查找表中要进行查找记录的起始位置，在图 9-2 中为第 15 个记录，则要从 15 个记录起进行顺序查找，直到找到记录关键字的值等于 key，则查找成功；如在第 3 个子表

中找不到与 key 相等的记录关键字，则查找不成功。

由于索引项组成的索引表按关键字有序，则在索引表中确定在哪个子表中进行查找时，可以用顺序查找，也可用折半查找。然而，子表中的记录关键字是任意排列的，故子表中只能进行顺序查找。

由上可知，分块查找算法是折半查找和顺序查找的简单结合。

因此，分块查找的平均查找长度为

$$ASL = L_b + L_w \tag{9-4}$$

其中：L_b 为查找索引表确定给定值所在子表的平均查找长度；L_w 为在子表中查找记录的平均查找长度。

一般情况下，为了进行分块查找，可以将长度为 n 的查找表均匀的分成 b 块，每块含有 s 个记录，即 $b=\lceil n/s \rceil$；仍假设表中的每个记录的查找概率相等，则索引表中对子表确定的概率为 $1/b$，子表中对每个记录的查找概率为 $1/s$。

若用顺序查找确定所在子表，则分块查找的平均查找长度为

$$ASL = L_b + L_w = \frac{1}{b}\sum_{i=1}^{b} i + \frac{1}{s}\sum_{j=1}^{s} j = \frac{b+1}{2} + \frac{s+1}{2} = \frac{1}{2}\left(\frac{n}{s}+s\right)+1 \tag{9-5}$$

由式（9–5）可知，分块查找的平均查找长度不仅和表长 n 有关，而且和子表中的记录个数 s 有关。在给定 n 的前提下，s 是可以选择的。可以证明，当 s 取 $\sqrt{n}$ 时，ASL 取最小值 $\sqrt{n}+1$。这个值表示分块查找比顺序查找的效率有了较大提高，但远不及折半查找。

若用折半查找确定待查关键字所在子表，则分块查找的平均查找长度为

$$ASL \cong \log_2\left(\frac{n}{s}+1\right)+\frac{s}{2} \tag{9-6}$$

9.3　动态查找表

本节将讨论动态查找表的表示和实现。动态查找表的特点是，表的结构是在查找过程中动态生成的，即对于给定值 key，若表中存在其关键字等于 key 的记录，则查找成功返回；否则插入关键字等于 key 的记录。动态查找表可有不同的表示方法，在本节内容中将讨论以各种树结构来对表的实现方法。

动态查找表的抽象数据类型定义如下：

```
ADT DynamicSearchTable {
数据对象 D: D 是具有相同特性的数据元素的集合。
数据关系 R: 数据元素同属一个集合。
基本操作 P: 创建一个含有 n 个数据元素的动态查找表 DT;
            销毁表 DT;
            在动态查找表 DT 中查找关键字等于 key 的数据元素;
            在动态查找表 DT 中插入数据元素 e;
            在动态查找表 DT 中删除关键字值等于 key 的数据元素;
            遍历动态查找表 DT;
            等等。
}ADT DynamicSearchTable
```

9.3.1 二叉排序树和平衡二叉树

1. 二叉排序树及其查找过程

二叉排序树（binary sort tree）或者**二叉查找树**（binary search tree）如图 9-3 所示，其是一棵空树，或者是具有下列性质的二叉树：

（1）如果它的左子树不为空，则左子树上所有结点的值均小于它的根结点的值。

（2）如果它的右子树不空，则右子树上所有结点的值均大于它的根结点的值。

（3）它的左、右子树也分别为二叉排序树。

将二叉树作为数据组织的方式用于查找，是一种有效方法。

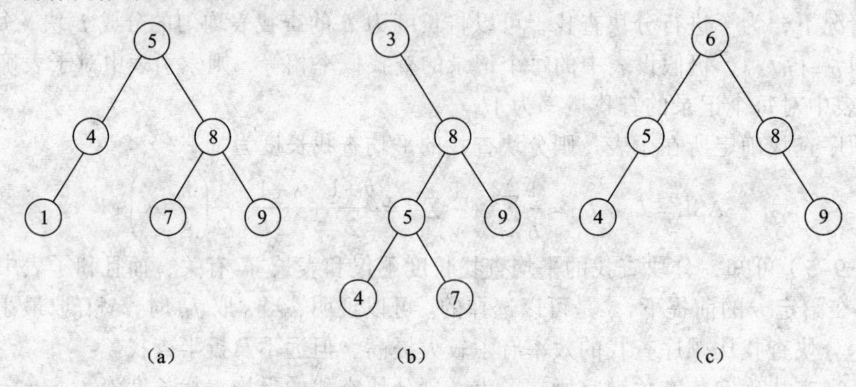

图 9-3　二叉排序树示例

根据查找的需要，二叉排序树的结点结构定义如下：

```
typedef int KeyType;
struct BstNode{
    KeyType key;                  //关键字
    BstNode *lchild,*rchild;      //左、右孩子指针
};
```

二叉排序树的类定义如下：

```
class BSTree{
public:
    BSTree(){root=NULL;}          //构造函数，初始化根结点指针
    ~BSTree(){};
    BstNode *SearchBST(BstNode *T,KeyType key);
    BOOL SearchBST(BstNode *T,KeyType key,BstNode *f,BstNode *p);
    InsertBST(BstNode *T,KeyType e);
    DeleteBST(BstNode *T,KeyType key);
    Delete(BstNode *p);
private:
    BstNode *root;                //二叉树根结点指针
};
```

根据二叉排序树的结构特点可知，它的查找过程和次优二叉树类似：当二叉排序树不为空时，首先将给定值和根结点的关键字比较，若相等，则查找成功，否则将依据给定值和根结点的关键字之间的大小关系，分别在其左子树或右子树上继续进行查找。一般地，可用二叉链表作为二叉树的存储结构，故上述查找过程如算法 9-3 所示。

【算法 9-3】SearchBST。

输入：二叉排序树的根结点指针、给定关键字的值。

输出：查找结果，或为指向该数据元素结点的指针，或为空指针。

代码如下：

```
BstNode *BSTree::SearchBST(BstNode *T,KeyType key) {
   //在根指针 T 所指二叉排序树中递归地查找其关键字等于 key 的数据元素，
   //若查找成功，则返回指向该数据元素结点的指针，否则返回空指针
   if(!T||(key==T->key))return T;                       //查找结束
   else if(key<T->key) return SearchBST(T->lchild,key);  //在左子树中继续查找
   else return SearchBST(T->rchild,key);                 //在右子树中继续查找
}                                                        //SearchBST
```

2．二叉排序树结点的插入

和次优二叉树相对应，二叉排序树是一种动态树状表。其特点是，树的结构通常不是一次生成的，而是在查找过程中，当树中不存在关键字等于给定值的结点时再进行插入。新插入的结点一定是一个新添加的叶子结点，此叶子结点在插入之前一定是该结点查找不成功时查找路径上访问的最后一个结点的左孩子或右孩子结点。在此，将算法 9-3 改写为算法 9-4，改写之后能在查找不成功时返回插入结点的位置，为二叉排序树结点的插入得到一个插入位置。

【算法 9-4】SearchBST。

输入：二叉排序树根指针、给定值。

输出：关键字和给定值相等的结点的指针。

代码如下：

```
BOOL BSTree::SearchBST(BstNode *T,KeyType key,BstNode *f,BstNode *p){
  //在根指针 T 所指二叉排序树中递归地查找其关键字等于 key 的数据元素，
  //若查找成功，则指针 p 指向该数据元素结点，并返回 TRUE，
  //否则指针 p 指向查找路径上访问的最后一个结点并返回 FALSE，
  //指针 f 指向 T 的双亲，其初始调用值为 NULL
  if(!T){p=f;return FALSE;}                     //查找不成功
  else if(key==T->key){p=T;return TRUE;}        //查找成功
  else if(key<T->key)return SearchBST(T->lchild,key,T,p);
                                                //在左子树中继续查找
  else  return SearchBST(T->rchild,key,T,p);    //在右子树中继续查找
}                                               //SearchBST
```

有了算法 9-4，就可以将一个结点插入到已存在的二叉排序树的适当位置，如算法 9-5 所示。

【算法 9-5】InsertBST。

输入：二叉排序树根指针、给定值 e。

输出：关键字为给定值结点的插入结果。

代码如下：

```
BOOL BSTree::InsertBST(BstNode *T,KeyType e) {
  //当二叉排序树 T 中不存在关键字等于 e 的数据元素时，
  //插入 e 并返回 TRUE，否则返回 FALSE
  BstNode *p=NULL,*s;
  if(!SearchBST(T,e,NULL,p)) {           //查找不成功
```

```
    s=(BstNode *)new BstNode;
    s->key=e;s->lchild=s->rchild=NULL;
    if(!p)T=s;                          //插入s为新的根结点
    else if(e<p->key)p->lchild=s;       //插入s为左孩子
    else p->rchild=s;                   //插入s为右孩子
    return TRUE;
  } else return FALSE;                  //树中已有关键字相同的结点，不再插入
}                                       //Insert BST
```

从空树出发，按照算法9-5的思想，经过一系列的查找插入操作之后，可生成一棵二叉树。设查找关键字序列为{16,25,14,30,28,21,6,8}，则生成二叉排序树的过程如图9-4所示。

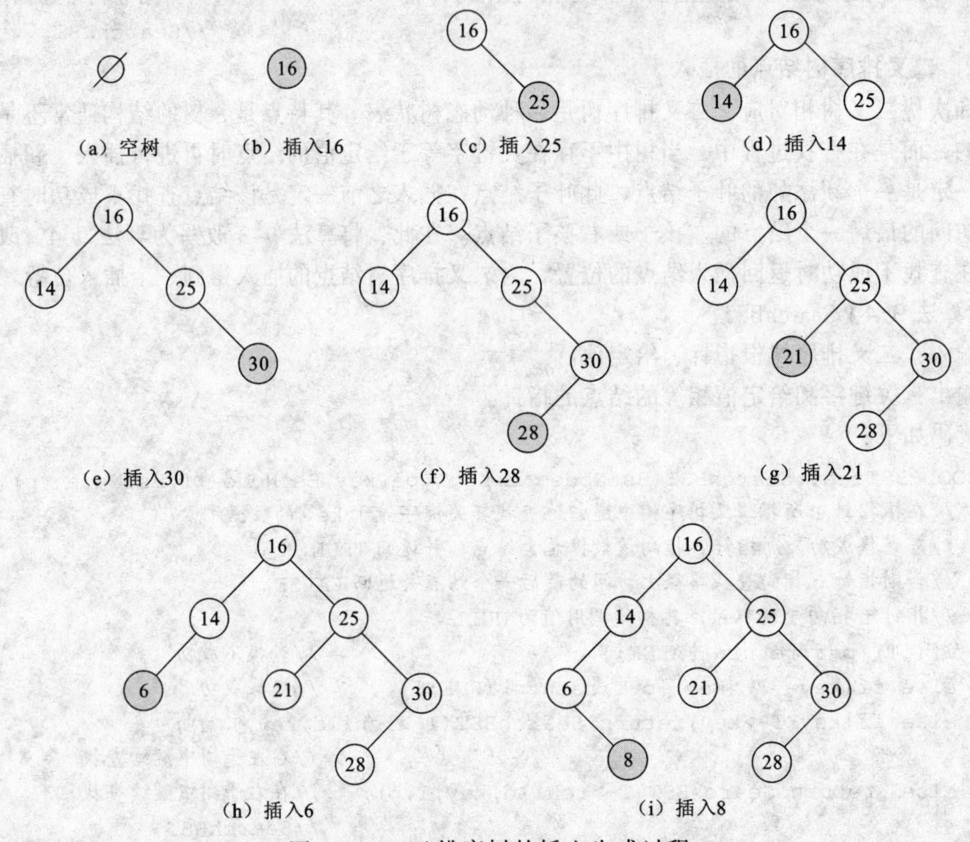

图9-4 二叉排序树的插入生成过程

从图9-4中可以看出，中序遍历此二叉树可以得到一个关键字的有序序列。这就可以说明，一个无序序列可以通过构造一棵二叉排序树进而得到一个有序序列，构造树的过程就是对无序序列有序化的一种方法。更可贵的是，在向二叉排序树插入新的结点时，此结点必为树的叶子结点，故在插入新的结点时，不用移动树中其他结点，仅需增加结点对应存储空间相应指针即可。这就相当于在一个有序序列上插入一个记录而不用移动其他记录。二叉排序树结点的插入过程表明，二叉排序树既拥有便于折半查找的结构，同时使用链式存储方式，因此是动态查找表的一种理想的实现方法。

3．二叉排序树结点的删除

对于一般的二叉树来说，删去树中的一个结点是没有意义的，因为它将使以被删除结点为

根的子树成为森林，破坏了一整棵二叉树的结构。在二叉排序树中删除一个结点后，要保证删除结点后的二叉树仍是二叉排序树。

在这里，假设 p 为指向被删除结点的指针，T_L、T_R 分别表示被删除结点的左子树和右子树。则删除结点的过程可按照下述 3 种情况进行讨论：

（1）如果被删除结点为叶子结点，即该结点没有左子树和右子树。由于删除叶子结点不破坏整棵二叉树的结构，则只需将其双亲结点指向该结点的指针置空即可。

（2）如果被删除结点只有左子树 T_L 或只有右子树 T_R，此时只要 p 直接指向 T_L 或 T_R 即可。

（3）若被删除结点的左子树和右子树均不为空，则对删除结点后的处理，有两种办法。第一种办法是从被删除结点的左子树中选择结点值最大的结点，在这里假设此结点为 S（S 可能有左子树，但右子树一定为空），用结点 S 替换被删除结点，再将指向 S 指针指向 S 的左子树。如图 9-5 所示，图 9-5（b）为图 9-5（a）中运用此方法删除结点 77 后的二叉树；第二种方法是从被删除结点的左子树中选择结点值最大的结点 S,将 S 的右指针指向被删除结点的右子树，用被删除结点的左子树取代其自身的位置，如图 9-5 所示，图 9-5（c）为图 9-5（a）中运用此方法删除结点 77 后的二叉树。

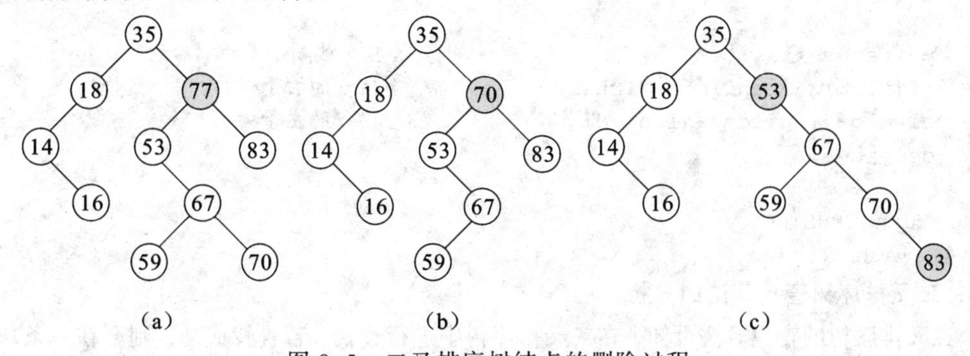

图 9-5　二叉排序树结点的删除过程

从图中可以发现，第二种方法可能会增加树的深度，所以在这里采用第一种方法进行结点的删除，如算法 9-6 所示。

【算法 9-6】 DeleteBST。

输入：二叉排序树根指针、给定值。

输出：关键字为给定值结点的删除结果。

代码如下：

```
BOOL BSTree::DeleteBST(BstNode *T,KeyType key) {
  //若二叉排序树 T 中存在关键字等于 key 的数据元素时，
  //则删除该数据元素结点，并返回 TRUE; 否则返回 FALSE
  if(!T)return FALSE;          //不存在关键字等于 key 的数据元素
  else{
    if(key==T->key)            //找到关键字等于 key 的数据元素
      return Delete(T);
    else if(key<T->key)return DeleteBST(T->lchild,key);
    else return DeleteBST(T->rchild,key);
  }
} //DeleteBST
```

删除结点的 3 种情况如算法 9-7 所示。

【算法 9-7】Delete。

输入：要删除结点的指针。

输出：结点的删除结果。

代码如下：

```
BOOL BSTree::Delete(BstNode *p){
  //从二叉排序树中删除结点 p，并重接它的左或右子树
  BstNode *q,*s;
  if(!p->rchild){                          //右子树空则只需重接它的左子树
    q=p;p=p->lchild;delete q;
  } else if(!p->lchild){                   //只需重接它的右子树
    q=p;p=p->rchild;delete q;
  }
else{                                      //左右子树均不空
    q=p;s=p->lchild;
    while(s->rchild){                      //转左，然后向右到尽头
       q=s;s=s->rchild;
    }
    p->key=s->key;                         //s 指向被删结点的“后继”
    if(q!=p)q->rchild=s->lchild;           //重接 q 的右子树
    else q->lchild=s->lchild;              //重接 q 的左子树
    delete s;
  }
  return TRUE;
}//Delete
```

4. 二叉排序树查找算法的分析

从二叉排序树的查找算法可知，在二叉排序树中进行查找，若查找成功，则存在一条从根结点到待查结点的查找路径；若查找失败，则走了一条从根结点到叶子结点的路径。与折半查找类似，和关键字比较的次数不超过树的深度。然而，在进行折半查找时，长度为 n 的表的判定树是唯一的，而含有 n 个结点的二叉排序树却不是唯一的，树的结构和形态依赖于结点插入的先后次序。按照关键字插入序列为{34,48,66,25,18,39}构成的二叉排序树如图 9-6（a）所示，树的深度为 3；而关键字插入序列为{18,25,34,39,48,66}构成的二叉排序树如图 9-6（b）所示，树的深度为 6。

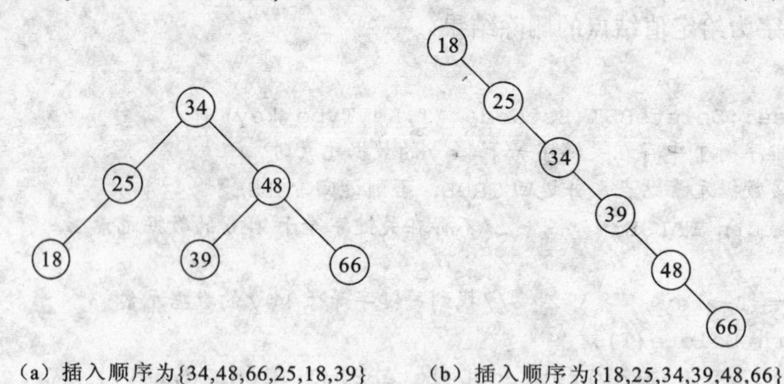

（a）插入顺序为{34,48,66,25,18,39}　　（b）插入顺序为{18,25,34,39,48,66}

图 9-6　由结点插入顺序导致的不同二叉树结构

由图 9-6 可知，在查找失败的情况下，图 9-6（a）所示树和图 9-6（b）所示树的比较次数分别是 3 和 6；在查找成功的情况下，两者的平均查找长度也不相同。假设每个结点的查找

概率相等，则图 9-6（a）所示树在查找成功的情况下，其平均查找长度为

$$\mathrm{ASL}_a=\frac{1}{6}(1+2+2+3+3+3)=\frac{14}{6}$$

同理，图 9-6（b）所示树在查找成功的情况下，其平均查找长度为

$$\mathrm{ASL}_b=\frac{1}{6}(1+2+3+4+5+6)=\frac{21}{6}$$

通过上述平均查找长度的计算可得，二叉排序树的平均查找长度和树的结构和形态密切相关。最不理想的情况是，n 个结点构造的是一棵深度为 n 的单支树，其平均查找长度为$(n+1)/2$，退化为顺序查找算法的效率；最好的情况下，构造的树的形态和折半查找相类似，因而其平均查找长度也是 $O(\log_2 n)$，比折半查找还要有优势的是，在二叉排序树上插入和删除结点无须大量移动结点，操作更加便捷。但在大多数二叉排序树的随机构建过程中，并不是都能构建为“最好形态”的二叉排序树。要想构建的二叉排序树具有“较好的形态”，这就需要在其构建过程中进行“平衡化”处理，使之成为平衡二叉树。

5．平衡二叉树

从上面内容可知，二叉排序树的查找效率和树的形态密切相关，当树的形态比较“平衡”时，查找效率较高。一棵二叉排序树的形态取决于结点的插入顺序，因此在实际应用中，用前文所述方法构造一棵比较平衡的二叉排序树是比较困难的。下面介绍一种对二叉排序树进行动态调整使之平衡的方法来构造一棵形态平衡的二叉排序树，即平衡二叉树。

平衡二叉树（balanced binary tree 或 height-balanced tree）又称 AVL 树。它或者是一棵空树，或者是具有下列性质的二叉树：它的左子树和右子树都是平衡二叉树，且左子树和右子树的深度之差的绝对值不超过 1。把二叉树上任意一结点的左子树深度减去右子树的深度称为该结点的**平衡因子**（balance factor）。故平衡二叉树上所有结点的因子只可能为 -1、0 或 1。只要二叉树上有任何一个结点的平衡因子的绝对值大于 1，那么该二叉树就没有达到平衡。图 9-7（a）所示为平衡二叉树，图 9-7（b）所示为非平衡二叉树。

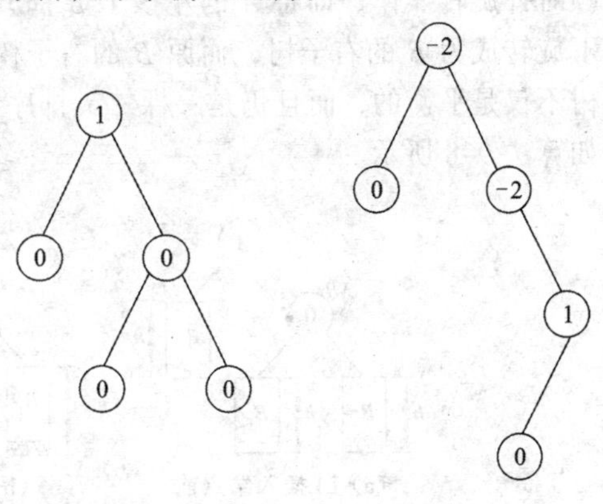

图 9-7　平衡二叉树和非平衡二叉树

平衡二叉排序树的类定义如下：

```
typedef  int  KeyType;
struct  AVLNode{                          //二叉排序树结点结构体定义
    KeyType key;
    int bf;                               //bf 记录平衡因子
    AVLNode *lchild;
    AVLNode *rchild;
    AVLNode(){                            //构造函数，构造一个空结点
        lchild=NULL;
        rchild=NULL;
    }
};
```

```
class  AVLTree{
public:
    AVLNode *root;                              //平衡二叉树的根
    AVLTree(){root=NULL;}
    AVLNode *LL_Rotate(AVLNode *pNode);         //LL 型调整
    AVLNode *RR_Rotate(AVLNode *pNode);         //RR 型调整
    AVLNode *LR_Rotate(AVLNode *pNode);         //LR 型调整
    AVLNode *RL_Rotate(AVLNode *pNode);         //RL 型调整
    void AVLInsert(AVLNode *pNew);              //插入一个新结点
};
```

在一棵平衡二叉树中插入或删除一个结点时，可能会影响到二叉树上一些结点的平衡因子而破坏二叉排序树的平衡。如二叉排序树失去平衡，就应找出其中的最小不平衡子树，在保证排序树性质的前提下，调整最小不平衡子树中各结点的连接关系，进而达到再次平衡。最小不平衡子树是指离插入结点最近，且以平衡因子绝对值大于 1 的结点为根的子树。假设最小不平衡子树的根结点为 A，则失去平衡后调整该子树再次平衡的方法有以下 4 种方法（其中，B、C 也表示树中的结点，A_L、A_R 表示结点 A 的左、右子树，B_L、B_R 表示结点 B 的左、右子树，C_L、C_R 表示结点 C 的左、右子树，h 表示子树的深度）。

（1）LL 型调整（顺时针）。若在结点 A 的左孩子的左子树中插入结点，而使结点 A 的平衡因子由 1 变为 2 而失去平衡，这种情况如图 9-8（a）、图 9-8（b）所示。调整规则是进行一次顺时针旋转操作，即将 A 的左孩子 B 提升为新二叉树的根，原来的根 A 连同其右子树 A_R 向右下旋转成为 B 的右子树，而原 B 的右子树 B_R 作为 A 的左子树。显然，调整后得到的新的二叉树不仅是平衡的，而且仍是一棵二叉排序树，调整后的结果如图 9-8（c）所示。相应调整过程如算法 9-8 所示。

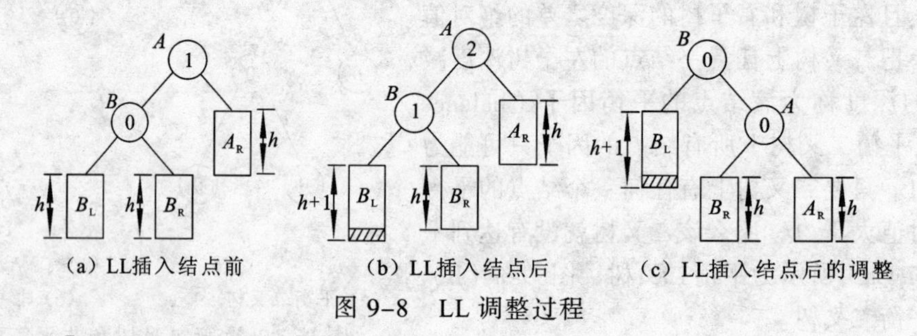

图 9-8　LL 调整过程

【算法 9-8】 LL_Rotate。

输入：最小不平衡子树的根结点指针。

输出：LL 调整后的平衡子树根结点指针。

代码如下：

```
AVLNode *AVLTree::LL_Rotate(AVLNode *pNode){
//对以 pNode 为根结点的最小不平衡子树进行 LL 调整
   AVLNode *temp;
   temp=pNode->lchild;                   //temp 指向 pNode 的左子树根结点
   pNode->lchild=temp->rchild;           //temp 的右子树挂接为 pNode 的左子树
   temp->rchild=pNode;
   pNode->bf=temp->bf=0;                 //调整结点的平衡因子
   return(temp);
}
```

（2）RR 型调整（逆时针）。若在结点 A 的右孩子的右子树中插入结点，而使结点 A 的平衡因子由-1 变为-2 而失去平衡，这种情况如图 9-9（a）、图 9-9（b）所示。调整规则和 LL 型调整类似，需要进行一次逆时针旋转操作，即将 A 的右孩子 B 提升为新二叉树的根，原来的根 A 连同其左子树 A_L 向左下旋转成为 B 的左子树，而原 B 的左子树 B_L 作为 A 的右子树。调整后的结果如图 9-9（c）所示。相应调整过程如算法 9-9 所示。

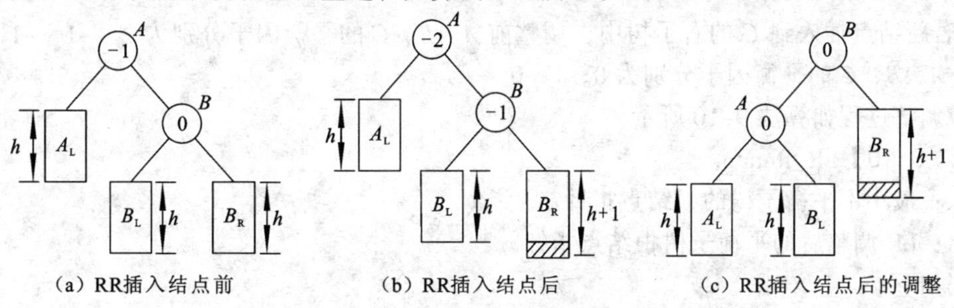

（a）RR插入结点前　（b）RR插入结点后　（c）RR插入结点后的调整

图 9-9　RR 调整过程

【算法 9-9】 RR_Rotate。

输入：最小不平衡子树的根结点指针。

输出：RR 调整后的平衡子树根结点指针。

代码如下：

```
AVLNode *AVLTree::RR_Rotate(AVLNode *pNode){
//对以 pNode 为根结点的最小不平衡子树进行 RR 调整
    AVLNode *temp;
    temp=pNode->rchild;              //temp 指向 pNode 的右子树根结点
    pNode->rchild=temp->lchild;      //temp 的左子树挂接为 pNode 的右子树
    temp->lchild=pNode;
    pNode->bf=temp->bf=0;            //调整结点的平衡因子
    return(temp);
}
```

（3）LR 型调整（先逆后顺）。若在结点 A 的左孩子的右子树中插入结点，则使结点 A 的平衡因子由 1 变为 2 而失去平衡，这种情况如图 9-10（a）、图 9-10（b）所示。在这情形下的需要进行两次旋转，先逆时针旋转后进行顺时针旋转，即将 A 的左孩子的右孩子 C 提升为新二叉树的根，原来 C 的父结点 B 连同左子树 B_L 一起成为 C 左子树，原 C 的左子树 C_L 成为 B 的右子树，原来的根 A 连同右子树 A_R 成为 C 的右子树，原 C 的右子树 C_R 成为 A 的左子树。调整后的结果如图 9-10（c）所示。

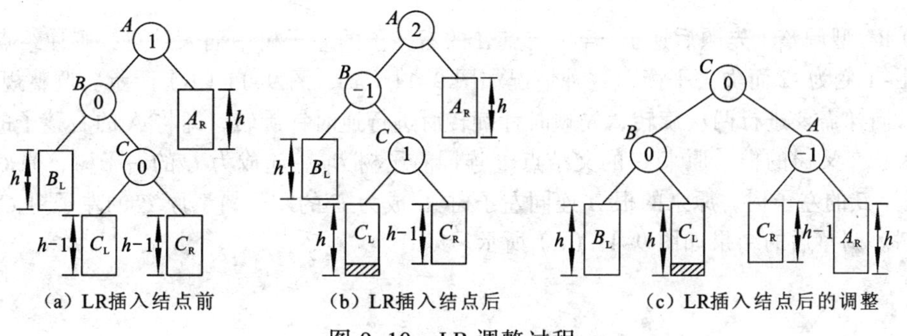

（a）LR插入结点前　（b）LR插入结点后　（c）LR插入结点后的调整

图 9-10　LR 调整过程

LR 型调整前后各结点的平衡因子变化情况：

① 若 B_L、C_L、C_R、A_R 都是空树，C 就是新插入的结点，调整前 A、B、C 的平衡因子分别为 2、-1、0，经过调整后，A、B、C 的平衡因子都变为 0。

② 若新结点插入到 C 的左子树中，调整前 A、B、C 的平衡因子分别为 2、-1、1，经过调整后，A、B、C 的平衡因子分别为-1、0、0。

③ 若新结点插入到 C 的右子树中，调整前 A、B、C 的平衡因子分别为 2、-1、-1，经过调整后，A、B、C 的平衡因子分别为 0、1、0。

相应调整过程如算法 9-10 所示。

【算法 9-10】 LR_Rotate。

输入：最小不平衡子树的根结点指针。

输出：LR 调整后的平衡子树根结点指针。

代码如下：

```
AVLNode *AVLTree::LR_Rotate(AVLNode *pNode){
//对以 pNode 为根结点的最小不平衡子树进行 LR 调整
    AVLNode *temp,*c;
    temp=pNode->lchild;
    c=temp->rchild;
    pNode->lchild=c->rchild;            //c 的右子树挂接为 pNode 的左子树
    temp->rchild=c->lchild;             //c 的左子树挂接为 temp 的右子树
    c->lchild=temp;                     //c 的左孩子指针赋值为 temp
    c->rchild=pNode;                    //c 的右孩子指针赋值为 pNode
    if(c->bf==1){                       //调整结点的平衡因子
        pNode->bf=-1;
        temp->bf=0;
    }
    else if(c->bf==-1){
        pNode->bf=0;
        temp->bf=1;
    }
    else{
        pNode->bf=temp->bf=0;
    }
    c->bf=0;
    return (c);
}
```

（4）RL 型调整（先顺后逆）。若在结点 A 的右孩子的左子树中插入结点，则使结点 A 的平衡因子由-1 变为-2 而失去平衡，这种情况如图 9-11（a）、图 9-11（b）所示。调整规则和 LR 型类似，同样需要进行两次旋转，先顺时针旋转后进行逆时针旋转，即将 A 的右孩子的左孩子 C 提升为新二叉树的根，原来 C 的父结点 B 连同右子树 B_R 一起成为 C 的右子树，原 C 的右子树 C_R 成为 B 的左子树，原来的根 A 连同左子树 A_L 成为 C 的左子树，原 C 的左子树 C_L 成为 A 的右子树。调整后的结果如图 9-11（c）所示。

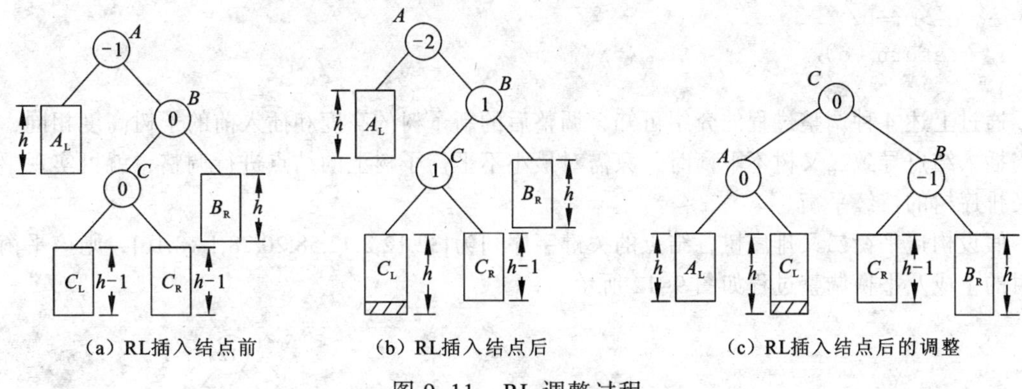

图 9-11 RL 调整过程

RL 型调整前后各结点的平衡因子变化情况：

① 若 A_L、C_L、C_R、B_R 都是空树，C 就是新插入的结点，调整前 A、B、C 的平衡因子分别为-2、1、0，经过调整后，A、B、C 的平衡因子都变为 0。

② 若新结点插入到 C 的左子树中，调整前 A、B、C 的平衡因子分别为-2、1、1，经过调整后，A、B、C 的平衡因子分别为 0、-1、0。

③ 若新结点插入到 C 的右子树中，调整前 A、B、C 的平衡因子分别为-2、1、-1，经过调整后，A、B、C 的平衡因子分别为 1、0、0。

相应调整过程如算法 9-11 所示。

【算法 9-11】 RL_Rotate。

输入：最小不平衡子树的根结点指针。

输出：RL 调整后的平衡子树根结点指针。

代码如下：

```
AVLNode *AVLTree::RL_Rotate(AVLNode *pNode){
//对以 pNode 为根结点的最小不平衡子树进行 RL 调整
    AVLNode *temp,*c;
    temp=pNode->rchild;
    c=temp->lchild;
    pNode->rchild=c->lchild;            //c 的左子树挂接为 pNode 的右子树
    temp->lchild=c->rchild;             //c 的右子树挂接为 temp 的左子树
    c->lchild=pNode;                    //c 的左孩子指针赋值为 pNode
    c->rchild=temp;                     //c 的右孩子指针赋值为 temp
    if(c->bf==1){                       //调整结点的平衡因子
        pNode->bf=0;
        temp->bf=-1;
    }
    else if(c->bf==-1){
        pNode->bf=1;
        temp->bf=0;
    }
    else{
        pNode->bf=temp->bf=0;
    }
```

```
    c->bf=0;
    return (c);
}
```

通过上述 4 种调整过程的介绍可知，调整后的新子树的高度和插入前的子树高度相同，因此当插入结点导致二叉树不平衡时，只需对最小不平衡子树上的结点进行调整，就可实现整个二叉排序树的持续平衡。

假设构造平衡二叉排序树各结点的关键字序列为{32,12,2,42,58,20,28,1,18,16}，则该平衡二叉树的生成及平衡调整过程如图 9-12 所示。

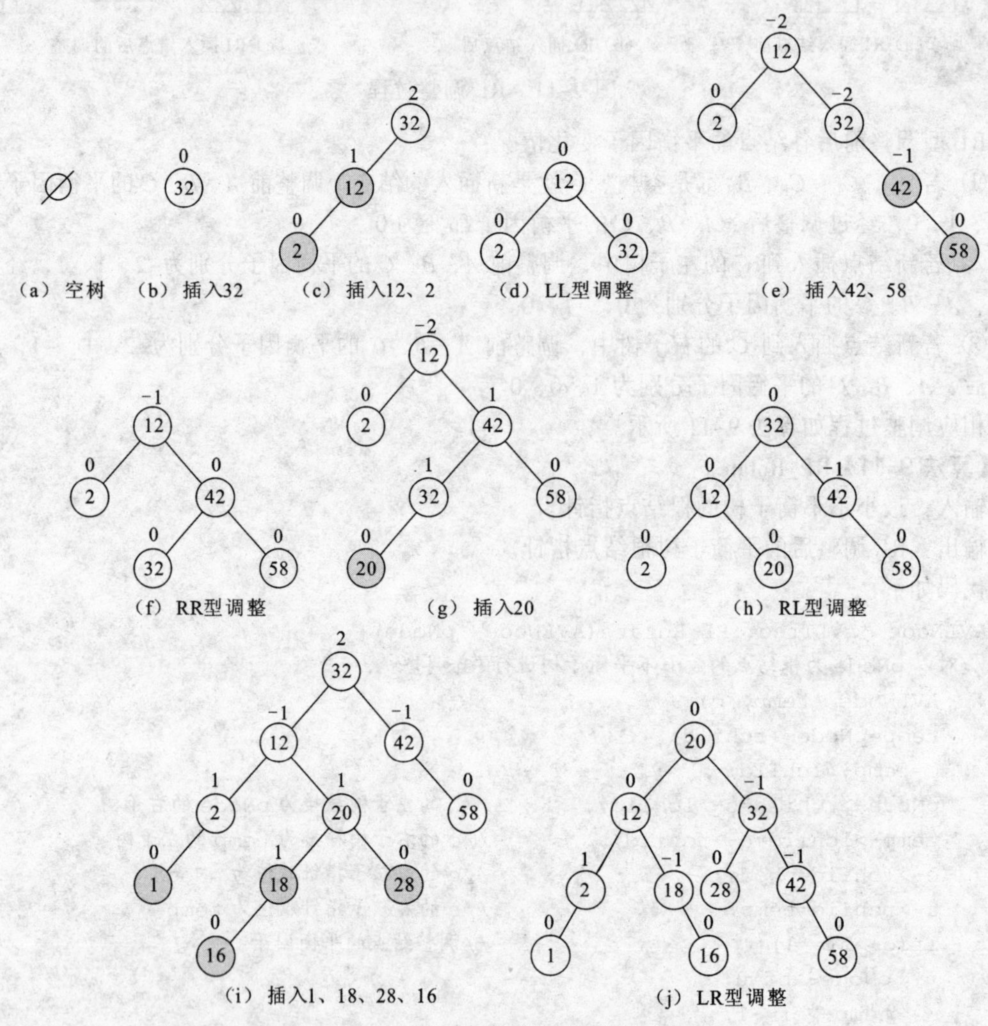

图 9-12　平衡二叉树的生成及调整过程

从上述的例子可以看出，平衡二叉排序树是伴随着结点的插入来进行动态调整的。当插入的新结点导致二叉树不平衡时，就需要进行平衡化的调整，转换为平衡二叉排序树。在算法实现过程中，需要解决如下问题。

（1）寻找最小不平衡子树。在寻找新结点的插入位置时，定义一个指针 pNode，使 pNode 指向离插入点最近的平衡因子不为零的结点，同时定义指针 f 指向*pNode（*pNode 即表示离插入点最近的平衡因子不为零的结点）的双亲结点，如果离插入点最近的平衡因子不为零的结点不存在，则令 pNode 指向根结点。显然，当插入新结点导致树不平衡时，指针 pNode 所指的就是最小不平衡子树的根。

（2）修改由于新结点插入而影响到的相关结点的平衡因子。最小不平衡子树的根结点*pNode 在插入新结点之前平衡因子必然不为 0，而且必然是离插入结点最近的平衡因子不为 0 的结点。插入新结点后，只需修改从根结点*pNode 到新结点路径上各结点的平衡因子。

（3）判断新结点的插入是否导致以*pNode 为根的子树失去平衡。当结点*pNode 的平衡因子为 1（或-1）时，若新结点插在结点*pNode 的右（或左）子树中，那么左、右子树深度相等，结点*pNode的平衡因子变为0,则以*pNode为根的子树没有失去平衡;若新结点插在结点*pNode 的左（或右）子树中，则以*pNode 为根的子树失去平衡，就需要对以*pNode 为根的最小不平衡子树进行平衡化的调整。

（4）对最小不平衡子树进行调整。当结点*pNode 的平衡因子为 2 时，若*pNode 的左孩子*lchild 的平衡因子为 1,表示新结点插入到结点*lchild 的左子树中,应采用 LL 型方式进行调整，反之，结点*lchild 的平衡因子为-1，说明新结点插入到结点*lchild 的右子树中，应采用 LR 型方式进行调整；当结点*pNode 的平衡因子为-2 时，若*pNode 的右孩子*rchild 的平衡因子为 1，说明新结点插入到结点*rchild 的左子树中，需采用 RL 型方式进行调整，反之，结点*rchild 的平衡因子为-1，说明新结点插入到*rchild 的右子树中，此时就需要采用 RR 型方式进行调整。

综上所述，平衡二叉排序树结点插入及调整的过程如算法 9-12 所示。

【算法 9-12】AVLInsert。

输入：要插入的结点的指针。

输出：平衡二叉排序树的根指针。

代码如下：

```
void AVLTree::AVLInsert(AVLNode *pNew){
//将结点 pNew 插入到以*root 为根结点的平衡二叉排序树中
    AVLNode *f,*pNode,*temp,*p,*q;
    if(root==NULL){                 //判断 AVL 树是否为空
        root=pNew;
        return;
    }
    pNode=root;                     //指针pNode记录离 *pNew最近的平衡因子不为0的结点
    f=NULL;                         //f 指向 *pNode 的父结点
    p=root;
    q=NULL;
    while(p!=NULL){                 //寻找插入结点的位置及最小不平衡子树
        if(p->key==pNew->key)return;      //AVL 树中已存在该关键字
        if(p->bf!=0){               //寻找最小不平衡子树
            pNode=p;
            f=q;
        }
        q=p;
        if(pNew->key>p->key)p=p->lchild;
        else p=p->rchild;
    }
    if(pNew->key<q->key)            //将结点*pNew 插入到合适的位置上去
```

```
        q->lchild=pNew;
    else q->lchild=pNew;
    p=pNode;
    while(p!=pNew){                         //插入结点后，修改相关结点的平衡因子
        if(pNew->key<p->key){
            p->bf++;
            p=p->lchild;
        }
        else{
            p->bf--;
            p=p->rchild;
        }
    }
    if(pNode->bf>-2&&pNode->bf<2)       //插入结点后，没有破坏树的平衡性
        return;
    if(pNode->bf==2){
        temp=pNode->lchild;
        if(temp->bf==1)                    //结点插在*pNode的左孩子的左子树中
            p=LL_Rotate(pNode);            //LL调整型
        else                               //结点插在*pNode的左孩子的右子树中
            p=LR_Rotate(pNode);            //LR调整型
    }
    else{
        temp=pNode->rchild;
        if(temp->bf==1)                    //结点插在*pNode的右孩子的左子树中
            p=RL_Rotate(pNode);            //RL调整型
        else                               //结点插在*pNode的右孩子的右子树中
            p=RR_Rotate(pNode);            //RR调整型
    }
    if(f==NULL)                            //原*pNode是AVL的根
        root=p;
    else if(f->lchild==pNode)              //将新子树链接到原结点*pNode的双亲结点上
        f->lchild=p;
    else
       f->rchild=p;
}
```

9.3.2 B-树和B+树

前面讨论的查找算法都属于内部查找，即被查找的数据都保存在计算机内存中，这种查找方法适用于较小的文件，而不适用于存放在外部存储器中的较大文件。由于外存的读写速度较慢，1970年R.Bayer和E.Mc.Creight提出了一种适用于外部查找的树，它是一种平衡的多路查找树，其特点是插入、删除时易于平衡，外部查找效率较高，适于组织文件的动态索引结构，这就是接下来将要介绍的B-树和B+树。

1. B-树的定义

一棵 m 阶的B-树满足下列条件：

（1）树中的每个结点至多有 m 棵子树。

（2）除根结点和叶子结点外，其他每个结点至少有$\lceil m/2 \rceil$棵子树。

（3）若根结点不是叶子结点，则至少有两棵子树。

（4）所有的叶子结点都出现在同一层次上，并且不包含任何信息（叶子结点可以看作是外部结点或查找失败的结点，实际上这些结点不存在，指向这些结点的指针为空）。

（5）所有非终端结点中都包含下列信息

$$(n, A_0, K_1, A_1, K_2, A_2, K_3, A_3, \cdots, K_n, A_n)$$

其中：K_i（i=1，2，…，n）为关键字，且 $K_i<K_{i+1}$（i=1，2，…，n−1）；A_i（i=0，1，2，…，n）为指向子树根结点的指针，且指针 A_{i-1} 所指子树中的所有结点的关键字均小于 K_i（i=1, 2, …, n），A_n 所指子树中所有结点的关键字均大于 K_n，n（$\lceil m/2 \rceil-1 \leqslant n \leqslant m-1$）为关键字的个数（或 n+1 为子树个数）。

例如，图 9-13 所示为一棵 4 阶的 B-树，其深度为 4。其中：t 为指向整棵 B-树根结点的指针。

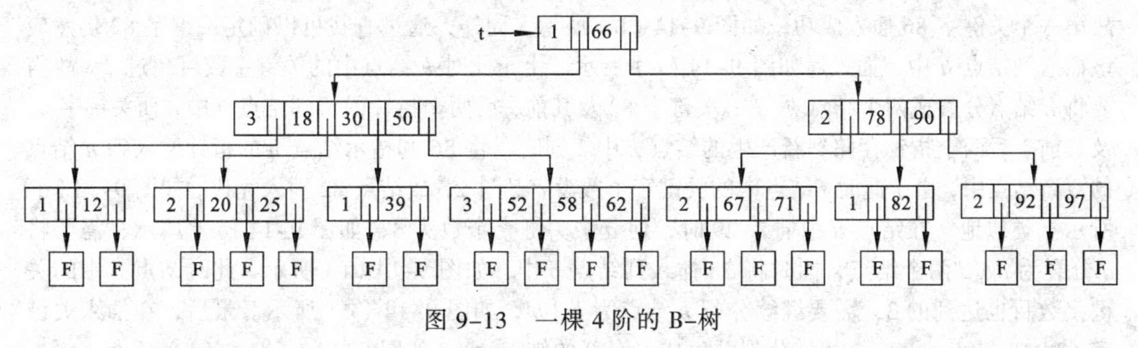

图 9-13　一棵 4 阶的 B-树

2．B-树的查找

在 B-树上要查找给定关键字 key，首先要根据给定的 B-树的指针取出根结点，在根结点所包含的关键字中按顺序或折半法查找给定的关键字，若 K_i=key，则查找成功；否则有以下 3 种情况：

（1）如果可以找到 K_{i-1}、K_i，使得 K_{i-1}<key<K_i，通过指针 A_{i-1} 在其所指结点中进行查找，如果找不到，则在所指结点中重复（1）或（2）或（3）过程，直到找到某结点中存在关键字等于 key。

（2）如果可以得到 K_n<key，通过指针 A_n 在其所指结点中进行查找，如果找不到，则在所指结点中重复（1）或（2）或（3）过程，直到找到某结点中存在关键字等于 key。

（3）如果可以得到 key<K_1，通过指针 A_0 在其所指结点中进行查找，如果找不到，则在所指结点中重复（1）或（2）或（3）过程，直到找到某结点中存在关键字等于 key。

例如，在图 9-13 中查找关键字 25。由于根结点只有一个关键字 66，且 25<66，则在 A_0 所指结点中继续进行查找。A_0 所指的结点中包含 3 个关键字(18,30,50)，且 18<25<30，则在(18,30,50)结点中 A_1 所指的结点(20,25)中继续查找，查找成功。

3．B-树中关键字的插入

B-树也是从空树起，逐个插入关键字而生成的。但由于 B-树非终端结点中的关键字个数必须大于等于$\lceil m/2 \rceil-1$，因此，每次插入一个关键字不是在树中添加一个叶子结点，而是首先要在最底层的某个非终端结点中添加一个关键字，B-树中向一个结点中插入关键字后有两种情况：

（1）若该结点中关键字的个数不超过 m−1，直接插入该关键字即可。

（2）若该结点中关键字的个数大于 m−1，将引起结点的分裂，如图 9-14 所示。这时需要把结点分裂为两个，并把结点中的一个关键字取出来放到该结点的双亲结点中。若双亲结点中

的关键字也是 $m-1$ 个，则需要再分裂。若一直分裂到根结点，则需要建立一个新的根结点，使整个 B-树增加一层。

接下来举例说明 B-树中结点的插入过程及分裂方式。假设结点 p 中已有 $m-1$ 个关键字，当插入一个关键字后，结点中应该有 m 个关键字，且此时结点中包含的信息应该为

$$(m,A_0, (K_1,A_1) , (K_2,A_2) ,\cdots, (K_m,A_m))$$

其中：$K_i<K_{i+1}$，$1\leqslant i<m$，此时可将 p 结点分裂为 $p1$ 和 $p2$ 两个结点，$p1$ 结点包含的信息为

$$(\lceil m/2\rceil-1, A_0,(K_1,A_1),(K_2,A_2),\cdots,(K_{\lceil m/2\rceil-1},A_{\lceil m/2\rceil-1}))$$

$p2$ 结点包含的信息为

$$(m-\lceil m/2\rceil, A_{\lceil m/2\rceil},(K_{\lceil m/2+1\rceil},A_{\lceil m/2+1\rceil}),\cdots,(K_m,A_m))$$

而关键字 $K_{\lceil m/2\rceil}$ 和 $p2$ 的指针则一起插入到 p 的双亲结点中。

图 9-14（a）所示为一棵 3 阶 B-树，假设要依次插入关键字 86，82，29，63。首先由结点 a 开始进行查找，最终可以确定 86 应插入到结点 h 中，由于 h 中的关键字个数不超过 2（即 $m-1$），故第一个关键字 86 插入成功，如图 9-14（b）所示。同样，通过查找可以确定关键字 82 仍然应该插入到结点 h 中，插入后如图 9-14（c）所示。由于此时 h 结点中的关键字数目超过 2，故需要将 h 结点分裂成两个结点 h、h'；关键字 82 及其前、后两个指针保留到结点 h 中，而关键字 92 及其前、后两个指针存储到新产生的结点 h'中。同时，将 86 和指示结点 h'的指针插入到 h 结点的双亲结点中，由于此时 f 结点中的关键字个数没有超过 2，故结点 82 插入完成，如图 9-14（d）所示。类似地，在结点 d 中插入 29 时，使 d 中关键字个数为 3，如图 9-14（e）所示，需要将 d 分裂为 d、d'两个结点，同时将 28 插入到结点 b 中，如图 9-14（f）所示，此时结点 b 中的关键字数目也达到的 3，需要继续分裂 b 结点为 b、b'，如图 9-14（g）所示。最后，在插入关键字 63 时，结点 g、f、a 相继分裂并生成一个新的结点 aa'，如图 9-14（h）～（k）所示。

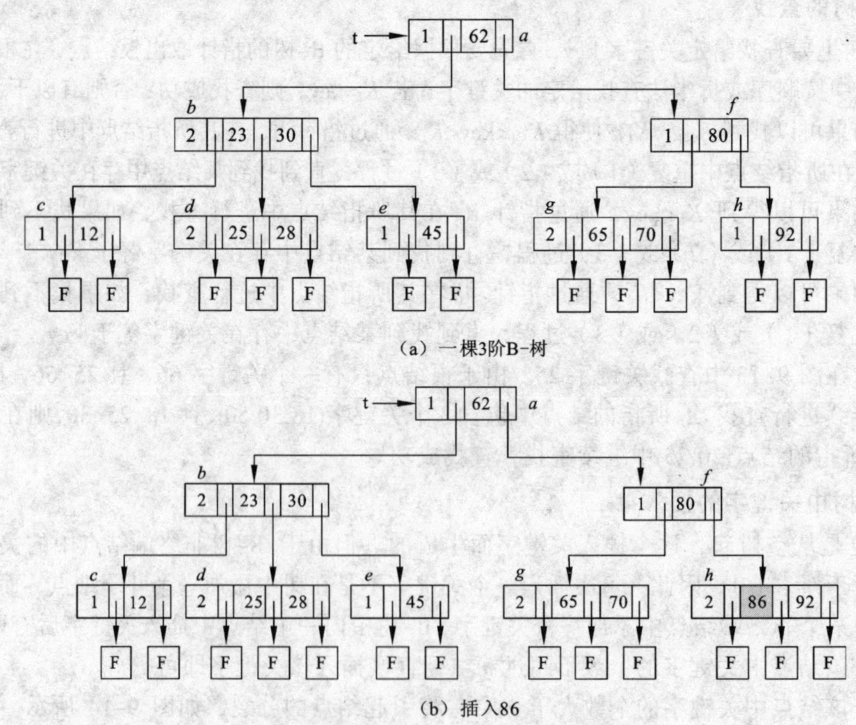

图 9-14 B-树中关键字的插入过程示例

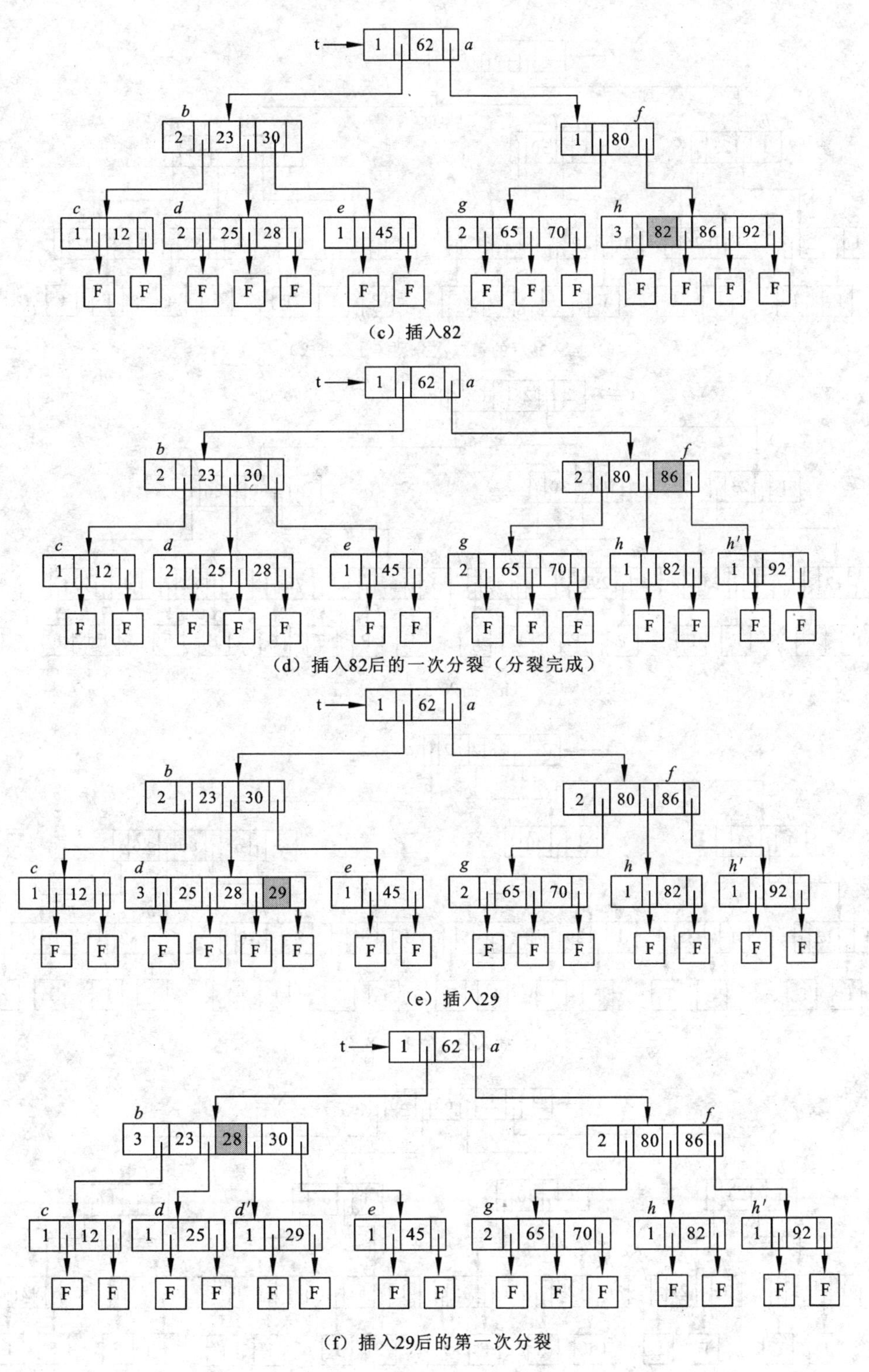

(c) 插入82

(d) 插入82后的一次分裂（分裂完成）

(e) 插入29

(f) 插入29后的第一次分裂

图 9-14　B-树中关键字的插入过程示例（续）

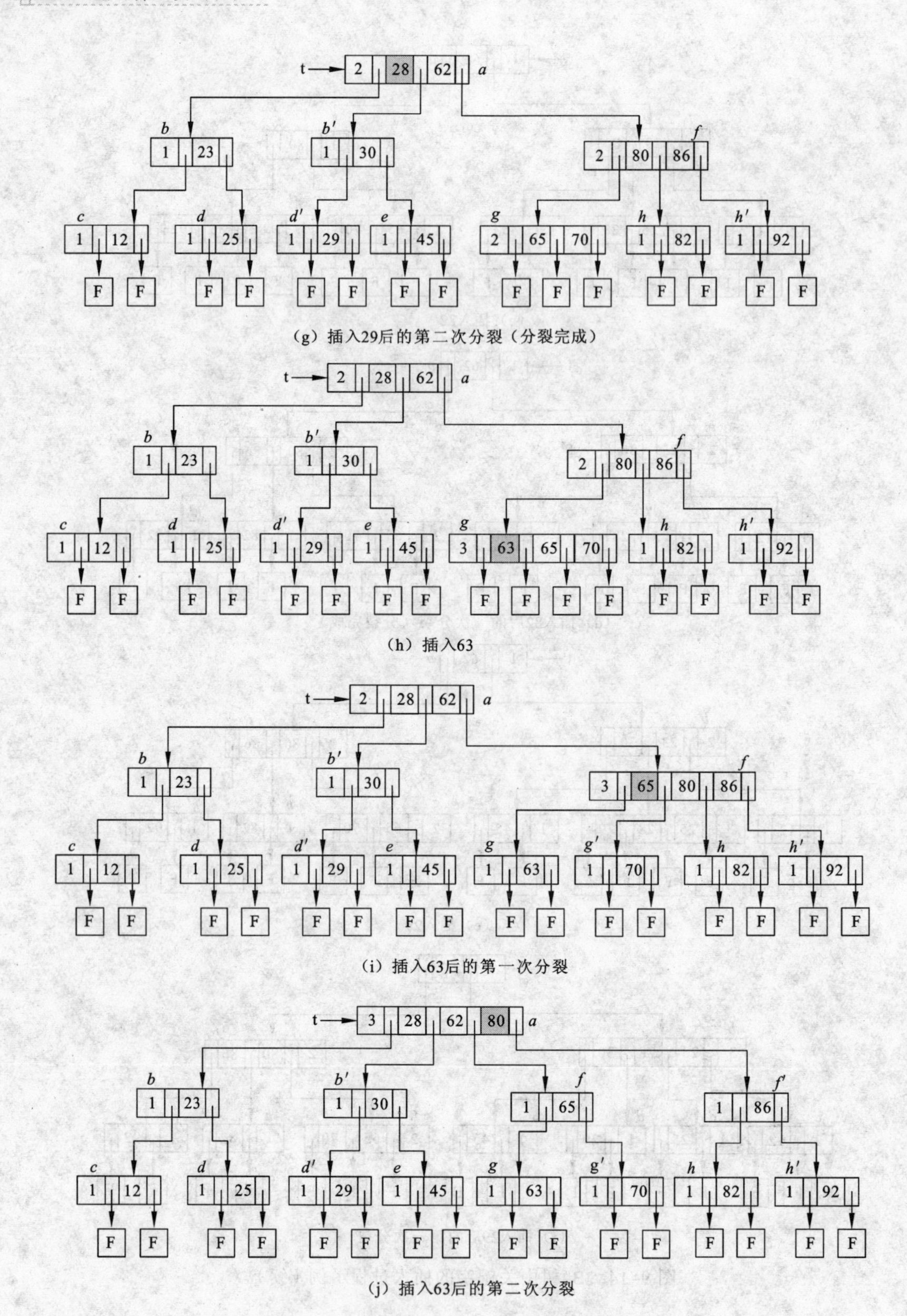

图 9-14　B-树中关键字的插入过程示例（续）

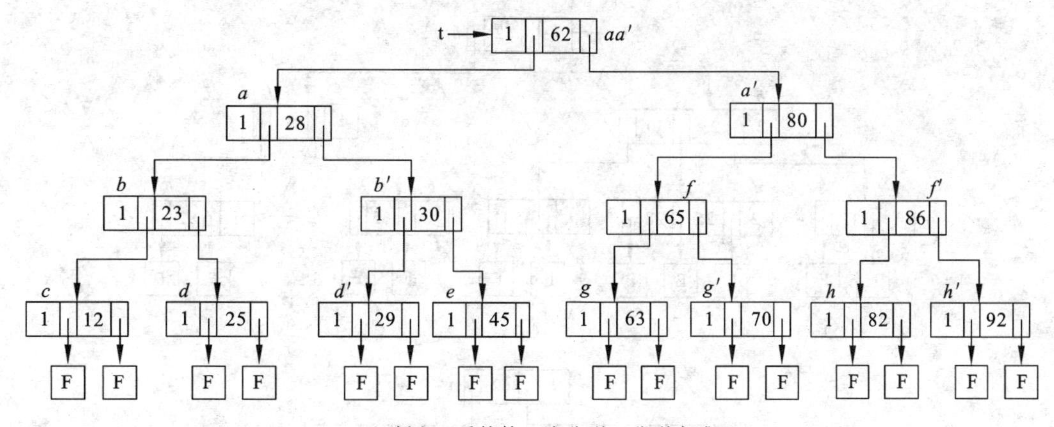

（k）插入63后的第三次分裂（分裂完成）

图 9-14　B-树中关键字的插入过程示例（续）

4．B-树中关键字的删除

在 B-树上删除一个关键字，首先应找到该关键字所在结点，如果该结点为最底层的非终端结点，且其中的关键字数目不少于$\lceil m/2 \rceil$，则删除此关键字，否则要进行“合并”结点的操作。假如所删除的关键字不是最底层的非终端的结点 K_i，则可以指针 A_i 所指子树中的最小关键字 X 代替 K_i，然后从 X 原所在结点中删除 X。例如，从图 9-14（a）中删除结点 a 中的 62，可以用结点 g 中的 65 代替 62，然后从结点 g 中删除 65。由此可见，无论删除 B-树中任何不是最底层非终端结点中的关键字，最终都转化为删除最底层非终端结点中的关键字。因此，下面只需讨论删除最底层非终端结点中的关键字的 3 种情形。

（1）若被删除的关键字所在结点中的关键字数目不小于$\lceil m/2 \rceil$，则只需从该结点中删除该关键字 K_i 和相应的指针 A_i 即可，树的其他部分不变。例如，从图 9-14（a）所示 B-树中删除关键字 70，删除后的 B-树如图 9-15（a）所示。

（2）若被删除的关键字所在结点中的关键字数目等于$\lceil m/2 \rceil-1$，而与该结点相邻的左兄弟（右兄弟）结点中的关键字数目大于$\lceil m/2 \rceil-1$，可将其兄弟结点中最大（或最小）的关键字上移至父结点，而将父结点中大于（或小于）且紧靠上移关键字的关键字下移至被删除关键字所在的结点中。例如，从图 9-15（a）所示 B-树中删除关键字 12，删除后的 B-树如图 9-15（b）所示。

（3）若被删除的关键字所在结点和其相邻的兄弟结点中的关键字数目均等于$\lceil m/2 \rceil-1$，假设该结点有右兄弟，且其右兄弟结点的地址由双亲结点中的指针 A_i 所指，则在删去关键字之后，它所在结点中剩余的关键字和指针，加上双亲结点中的关键字 K_i 一起，合并到 A_i 所指兄弟结点中（若没有右兄弟，则合并到左兄弟中，当合并到左兄弟时，如果左兄弟结点的地址由双亲结点中的指针 A_i 所指，那么要合并双亲结点中的 K_{i+1}）。例如，从图 9-15（b）所示 B-树中删除 23，则应删除 c 结点，并将 c 结点中的剩余信息（此处为“空”指针）和双亲结点 b 中的 25 一起合并到右兄弟结点 d 中，删除 23 后的 B-树如图 9-15（c）所示。如果因此使双亲结点中的关键字的数目也小于$\lceil m/2 \rceil-1$，则依此类推做相同处理。例如，在图 9-15（c）所示的 B-树中删除关键字 92 后，双亲结点 f 中剩余信息（指向 h 结点的指针）和 f 结点的双亲结点 a 中关键字 62 一起合并至 f 结点的左兄弟结点 b 中，删除 92 后的 B-树如图 9-15（d）所示。

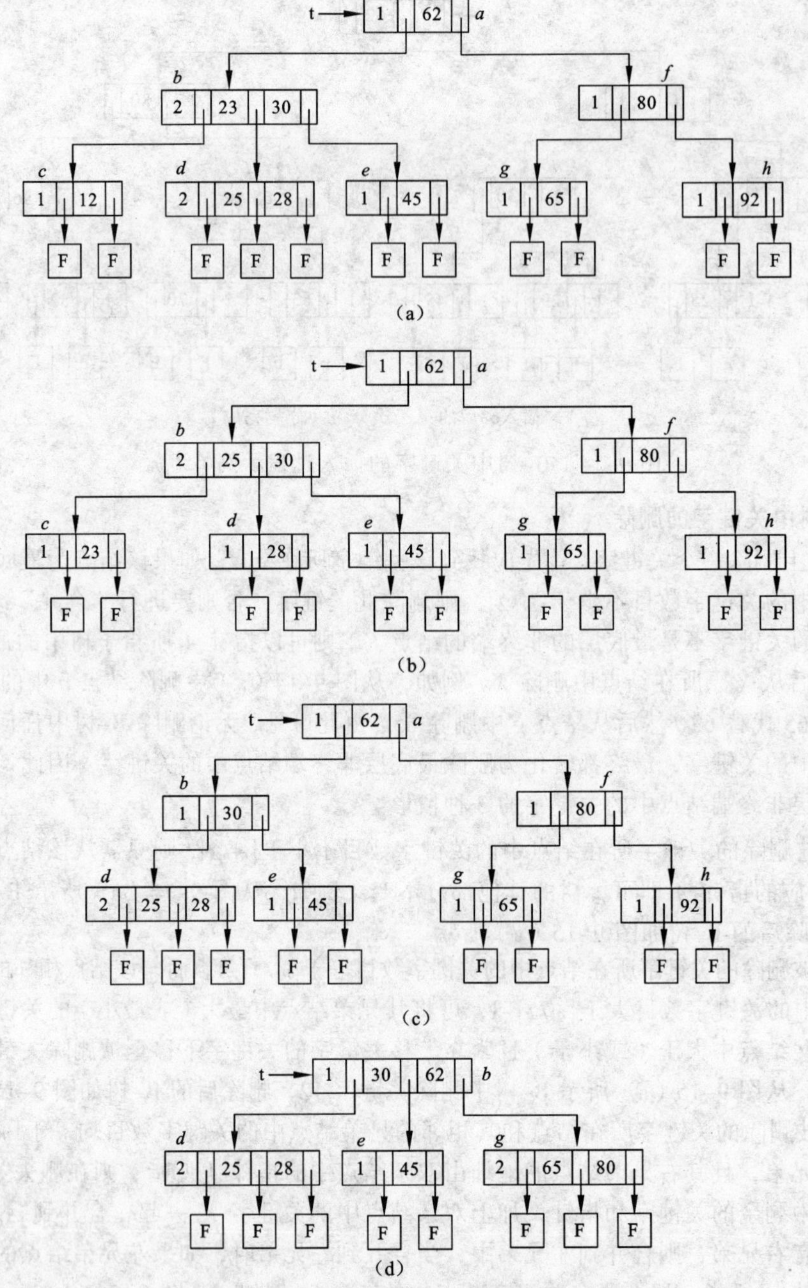

图 9-15　B-树中关键字的删除过程示例

5. B+树

B+树是 B-树的一个变型树，一棵 m 阶 B+树和 m 阶 B-树的区别在于：

（1）有 n 棵子树的结点中包含有 n 个关键字。

（2）所有的叶子结点中包含了全部关键字的信息，以及指向含这些关键字记录的指针，且叶子结点按关键字大小顺序链接。

（3）所有非终端结点可看成是索引部分，结点中仅包含其子树中最大（或最小）关键字。

图 9-16 所示为一棵 4 阶的 B+树。为便于查找提供了两个头指针（root 和 sqt 指针）。

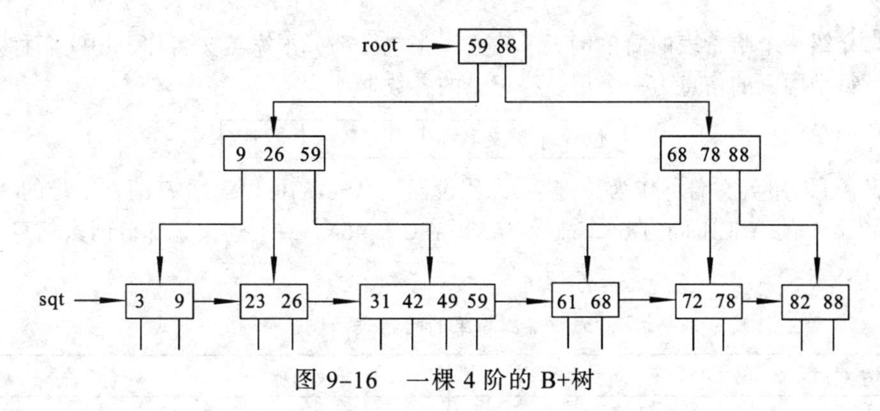

图 9-16 一棵 4 阶的 B+树

（1）B+树的查找。通常在 B+树中有两个头指针：一个指向根结点，另一个指向关键字最小的叶子结点。这决定了 B+树有两种查找方式：一种是利用 sqt 指针直接从最小关键字开始顺序查找；另一种是利用 root 指针从根结点开始随机查找，查找方式和 B-树类似，但在查找时，若非终端结点上的关键字等于给定值，查找并不结束，而是继续向下查找直到叶子结点。

（2）B+树的插入。B+树的插入操作和 B-树类似。不同的是仅在叶子结点上进行，当结点中的关键字个数大于 m 时，结点分裂成两个结点，两结点关键字个数分别为$\lceil (m+1)/2 \rceil$和$\lceil (m+1)/2 \rceil$，而且它们的双亲结点应同时包含这两个结点中的最大关键字。因此，和 B-树类似，插入操作有可能使树增加一层。

（3）B+树的删除。B+树的删除也是仅在叶子结点中进行。和 B-树类似，若因删除操作使结点中关键字的个数少于$\lceil m/2 \rceil$时，需和兄弟结点合并，且合并方式同 B-树相同。当叶子结点中最大的关键字被删除时，其在非终端结点中的值可以作为“分界关键字”存在。

9.4 哈 希 表

前面章节介绍的各种数据结构（如线性表、树等）中，记录在结构中的相对位置是随机的，记录的关键字和其存放位置之间不存在明确的对应关系，因此，在结构中查找记录时需要和关键字进行一系列的比较。故前面介绍的查找方法都建立在“比较”的基础之上。例如，在顺序查找时，和每一个关键字比较的结果为“等于”或“不等”2 种情况；在折半查找、二叉排序树查找和 B-树的查找过程中，和关键字比较的结果为“小于”、“等于”或“大于”3 种情况。查找的效率依赖于查找过程中所进行的比较次数。

9.4.1 哈希表与哈希函数

有一种理想的情况：可以不经过任何比较，只通过一次存取便能得到所要查找的记录。要实现这种理想，就必须在记录的存储位置和它的关键字之间建立一个确定的对应关系 f，使每个关键字和结构中唯一一个存储位置相对应。因而在查找记录时，就可以根据这个对应关系 f 找到给定值 K 的映射值 $f(K)$，$f(K)$ 是一种能把关键字映射为记录存储地址的函数。如果在结构中存在关键字和 K 相等的记录，则此记录必定在 $f(K)$ 值所表示的存储位置上，故不需要进行比较便可以直接获取所查记录。在这里，就称这个对应关系 f 为**哈希（Hash）函数**，$f(K)$常常记作 $H(K)$，按照 f 关系建立起来的关键字和其记录确定关系的表称为**哈希表**（Hash Table），也称**散列表**或**杂凑表**。当然，哈希表的地址空间应属于某一个有限区间或范围，在这里称为哈希表的表长。

接下来介绍一个哈希表的简单例子。建立一张包含部分国家英文名称、中文名称及其首都的统计表，每个国家的信息为一个记录，记录的各数据项为

位置	英文名称	中文名称	首都

在这里，可以用英文名称作为关键字 K，假设函数 ASC(K)可以返回 K 的首字母的 ASCII 码，由于大写字母 A 的 ASCII 码为 65，故令 $H(K)$=ASC(K)−64。故上述关于部分国家信息的哈希表如表 9-1 所示。

表 9-1　简单的哈希表示例

位置 $H(K)$	英文名称	中文名称	首　都
1	Australia	澳大利亚	堪培拉
2	Brazil	巴西	巴西利亚
3	China	中国	北京
4	Denmark	丹麦	哥本哈根
5	Egypt	埃及	开罗
6	France	法国	巴黎
7	Germany	德国	柏林
8	Haiti	海地	太子港
9	India	印度	新德里
10	Japan	日本	东京
⋮	⋮	⋮	⋮

从这个例子中可以看出：

（1）哈希函数是一个映像，因此哈希函数的设定很灵活，只要使得任何关键字通过哈希函数的映射后，其值能够落在表长允许的范围内即可。

（2）对不同的关键字可能映射到同一个哈希地址，即 $K_1 \neq K_2$，但是 $H(K_1)=H(K_2)$，这种现象称为**冲突**（collision）。具有相同函数值的关键字对该哈希函数来说称为**同义词**（synonym）。假设要向表 9-1 中添加 Canada，关键字 China 和 Canada 不同，但是 H(China)=H(Canada)。这种现象给哈希表的建造构成困难，故哈希函数选取的合适与否，对于减少这种冲突有重要意义。

然而，在一般情况下，冲突只能尽可能减少，而不能完全避免。这是因为哈希函数是关键字集合到地址集合的映射方式。通常，关键字集合比较大，而哈希表地址区间的范围是有限的，在一般情况下，哈希函数是一种压缩映像方式，这就不可避免地会产生冲突。因此，在建造哈希表时，不仅要设一个合适的哈希函数，而且还要准备一种处理冲突的方法。

综上所述，可以这样理解哈希表：根据设定的哈希函数 $H(K)$和处理冲突的方法将一个关键字映射到一个有限的连续地址区间上，并以关键字在地址区间中的映射“值”作为记录在哈希表中的存储位置，这样的表便称为**哈希表**，这一映像的过程称为**哈希造表**或**散列**，因此，$H(K)$也称为 K 的**哈希地址**或**散列地址**。显然，散列是一种存储策略，故散列表是一种基于散列存储策略建立的查找表。

9.4.2　哈希函数的构造方法

哈希函数的构造方法很多。一个“合适”的哈希函数的基本要求是：对于关键字集合中的

任一个关键字，经过哈希函数映射到地址空间中任何一个地址的概率是相等的，称此类哈希函数为均匀的（uniform）哈希函数。简言之，就是使关键字经过哈希函数得到一个“随机的地址”，以便使一组关键字的哈希地址均匀分布在整个地址区间中，从而减少冲突。

哈希函数常用的构造方法有：

1. 直接定址法

取关键字或关键字的某个线性函数为哈希地址。即

$$H(\text{key}) = \text{key} \quad 或 \quad H(\text{key}) = a \cdot \text{key} + b$$

其中：a、b 为常数，这种哈希函数叫做自身函数，调整 a 与 b 的值可以使哈希地址取值范围与存储空间范围一致。这种哈希函数计算简单，并且不会有冲突发生。它适合于关键字分布基本连续的情况，若关键字分布不连续，将造成存储空间的大量浪费。

例如，有一个 2000 年以后出生的人口调查表，关键字为出生年份，故此处哈希函数可以设置为关键字加上一个常数来实现：H(key)=key+(-1999)，如表 9-2 所示。

表 9-2 直接定址法实现的哈希函数实例

位置	1	2	3	4	5	6	7	8	…
出生年份	2000	2001	2002	2003	2004	2005	2006	2007	…
人数	1379 万	1702 万	1647 万	1599 万	1593 万	1617 万	1584 万	1594 万	…
⋮	⋮	⋮	⋮	⋮	⋮	⋮	⋮	⋮	⋮

由于利用直接定址法构造的哈希函数所得记录位置的集合和关键字集合的大小相同，因此，对于不同的关键字不会发生冲突，但实际当中使用这种哈希函数的情况很少。

2. 数字分析法

该方法是提取关键字中随机性较好的数字位，然后把这些数位拼接起来作为哈希地址。它适合于所有关键字值都已知的情况，并需要对关键字中每位的取值分布情况进行分析。

例如，有 n（n<100）个记录，其关键字为 8 位十进制数。假设哈希表的表长为 100，显然只需要二位十进制数来构成哈希地址即可。选择这两位数的原则就是使得到的哈希地址尽量避免产生冲突，接下来就需要分析这 n 个关键字的每位取值。现假设 n 个关键字中的一部分如下所列：

⋮
2 9 0 1 8 4 7 3
2 1 0 2 2 5 7 3
2 3 6 1 1 8 7 3
2 2 0 2 4 2 6 3
2 7 0 1 5 9 7 5
2 8 0 1 3 0 7 5
2 5 0 6 7 1 7 5
2 4 0 6 6 3 6 5
2 0 6 1 9 7 6 5
2 6 0 1 0 6 7 3
⋮
① ② ③ ④ ⑤ ⑥ ⑦ ⑧

从上述部分关键字的分析中可以发现：第①位为2，第③位只有0或6，第④位只有1、2或6，第⑦位只有6或7，第⑧位为3或5，因此，这5位都不可取。由于第②、⑤、⑥可看成是近似随机的，因此，可取其中任意两位，或其中两位与另外一位相加求和并舍去进位作为哈希地址。

数字分析法仅适用于事先明确知道表中所有关键字每一位数值的分布情况，它完全依赖于关键字集合。如果换一个关键字集合，选择哪几位要重新决定。

3．平方取中法

平方取中法是取关键字平方的中间几位作为散列地址的方法，因为一个乘积的中间几位和乘数的每一位都相关，故由此产生的散列地址较为均匀，具体取多少位视实际情况而定。

例如，有一组关键字集合(0100,0110,0111,1001,1010,1110)，平方之后得到新的数据集合(0010000,0012100,0012321,1002001,1020100,123210)。若表长为1000，则可取其中第3、4和5位作为对应的散列地址为(100,121,123,020,201,321)。

4．折叠法

折叠法（folding）是首先把关键字分割成位数相同的几段（最后一段的位数可少一些），段的位数取决于散列地址的位数，由实际情况而定，然后将它们的叠加和（舍去最高进位）作为散列地址的方法。

折叠法又分移位叠加和边界叠加。移位叠加是将各段的最底位对齐，然后相加；边界叠加则是将两个相邻的段沿边界来回折叠，然后对齐相加。

例如，关键字key=81725367，散列地址为3位，则将关键字从左到右每3位一段进行划分，得到的3个段为817、253和67，叠加后值为1137，取低3位137作为关键字81725367的散列地址，这种折叠法称为移位叠加；如若用边界叠加，即为817、352和67叠加后其值为1236，取低3位得236作为散列地址。

5．除留余数法

除留余数法是选择一个适当的 p（$p \leq$ 散列表长 m）去除关键字key，所得余数作为散列地址的方法。对应的散列函数H(key)为

$$H(\text{key}) = \text{key MOD } p$$

其中：p 最好选取小于或等于表长 m 的最大素数。例如，若表长为20，那么 p 可选19；若表长为25，则p可选23；……。

这是最简单也是最常用的一种散列函数构造方法。

6．随机数法

选择一个随机函数Rand()，取关键字的随机函数值作为它的哈希地址，即 H(key)=Rand(key)。通常，当关键字的长度不相等时宜采用此种方法。

在构造哈希函数的过程中，要根据不同的实际情况采用不同的构造方法，在构造时要考虑的因素主要有：哈希函数的计算时间、关键字的长度及分布情况、哈希表的长度、记录的查找频率。

9.4.3 解决冲突的方法

散列法构造表可通过散列函数的选取来减少冲突，但冲突一般不可避免，为此，需要有解决冲突的方法。在这里，假设哈希表的地址区间为[0,m−1]，所谓的冲突就是指由关键字key得到的哈希地址 H(key)所表示的位置上已经存在记录。那么，“处理冲突”就是为该关键字的记录

找到另一个“空闲”的位置 H_i（$0 \leqslant H_i \leqslant m-1$）。即在处理哈希地址冲突时，若得到的另一个哈希地址 H_1 仍然存在冲突，则继续求下一个地址 H_2，若 H_2 仍然冲突，就要继续求 H_3。依此类推，直至求得的 H_i 不再发生冲突为止，此时，H_i 就为记录在表中的哈希地址。

常用的解决冲突的方法有以下几种：

1．开放定址法

开放定址法又分为线性探测再散列、二次探测再散列和随机探测再散列。开放定址法解决冲突的基本思想是：使用某种散列方法在散列表中形成一个探查序列，逐个单元进行查找，直到找到一个空闲的单元时将新记录存入其中。假设散列表区间为$[0,m-1]$，散列函数为 $H(\text{key})$，开放定址法的一般形式为

$$H_i=(H(\text{key})+d_i)\ \text{MOD}\ m \qquad i=1,2,3,\cdots,k\ (k \leqslant m-1)$$

其中：$H(\text{key})$为哈希函数；m 为哈希表表长；d_i 为增量序列，有以下 3 种取法：

（1）当 d_i=1，2，3，…，$m-1$ 时，称为线性探测再散列。

（2）当 $d_i=1^2,\ -1^2,\ 2^2,\ -2^2,\ 3^2,\ \cdots,\ \pm k^2$（$k \leqslant m/2$）时，称为二次探测再散列。

（3）当 d_i=伪随机数序列时，称为伪随机探测再散列。

例如，长度为 13 哈希表中已经存在的关键字分别为 27、20、34、22 的记录，如图 9-17（a）所示。记录在此哈希表中计算存储位置的哈希函数为 $H(\text{key})=\text{key MOD 13}$。现要将关键字为 14 和 46 的记录放入表中。

首先来看线性探测再散列解决冲突的情形。当插入关键字为 14 的记录时，由于 $H(14)=14$ MOD 13=1，故产生冲突；接下来使用线性探测再散列的方法求得下一个地址 $H_1=(H(14)+1)$ MOD 13=2，由图 9-17（a）可知，“地址 2”可用，则关键字为 14 的记录顺利插入。当插入关键字为 46 的记录时，哈希地址为 7，产生冲突；接下来使用线性探测再散列的方法得到 $H_1=(H(46)+1)$ MOD 13=8，仍然冲突；按照这种方法继续进行线性探测，直到得到“地址 10”为空，处理冲突的过程结束，关键字为 46 的记录存储于“地址 10”处，如图 9-17（b）所示。

如用二次探测再散列的方法来解决本例冲突，当插入关键字为 14 的记录时，$H_1=(H(14)+1^2)$ MOD 13=2，冲突解决；当插入关键字为 46 的记录时，$H_1=(H(46)+1^2)$ MOD 13=8，仍然冲突。$H_2=(H(46)+2^2)$ MOD 13=11，冲突解决；故冲突解决后记录插入结果如图 9-17（c）所示。

用伪随机探测再散列解决本例冲突，配合伪随机数序列 d_1=10、d_2=6 可解决本例冲突，即 $H_1=(H(14)+10)$ MOD 13=11，$H_1=(H(46)+6)$ MOD 13=0，解决结果如图 9-17（d）所示。

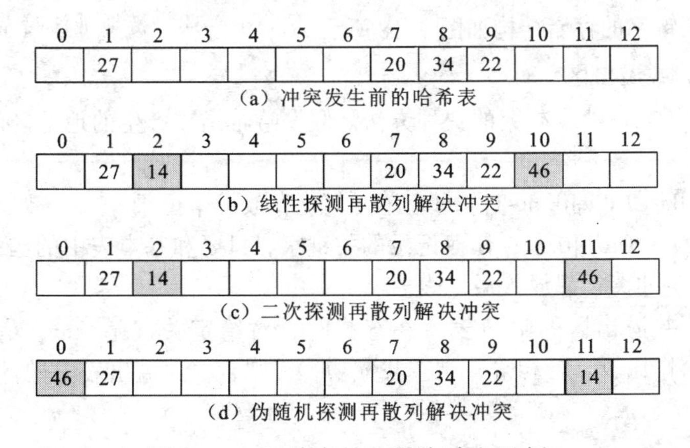

图 9-17　开放定址法解决冲突示例

从上述线性探测再散列的过程中可以看到，当表中 i、$i+1$、$i+2$ 的位置上都存储有记录时，运用此种探测方法解决冲突时，会将哈希地址为 i、$i+1$、$i+2$、$i+3$ 的记录都放入 $i+3$ 的地址，这种在解决冲突的过程中发生的两个哈希地址不同的记录要争夺同一个存储位置的现象叫做“二次聚集”，即在解决同义词冲突的过程中又发生了非同义词的冲突。但线性探测再散列却可以做到只要哈希表还有“空”地址，就一定能找到一个不发生冲突的地址 H_k，而使用二次探测再散列寻找“空”位时，研究人员发现，当表长 m 为形如 $4j+3$ 的素数（如 7, 11, 19, 23, …）时，即哈希表长要满足一定条件，才可实现“空”位的必然确定；至于随机探测再散列，则取决于伪随机数列。

2．再哈希法

再哈希法就是用另一个哈希函数来计算地址，直到冲突不再发生，即

$$H_i=\text{other}H_i(\text{key}) \qquad i=1,2,3,\cdots,k\ (k\leqslant m-1)$$

otherH_i 表示不同的哈希函数，即在同义词产生地址冲突时，使用另一个哈希函数来计算地址，这种方法不易产生“聚集”，但会增加计算时间。

3．链地址法

当存储结构是链表时，多采用链地址法。链地址法是解决冲突较常用的另一种方法，它的基本思想是：对于一个长度为 m 的哈希表，表中的每一个单元对应着一个链表的头指针，把具有相同散列地址的关键字（同义词）值放在同一个单链表中，称为同义词链表。有 m 个散列地址就有 m 个链表，同时用指针数组 T[0..m−1]存放各个链表的头指针，凡是散列地址为 i 的记录都以结点方式插入到以 T[i]为指针的单链表中。T 中各分量的初值应为空指针。插入和查找一个元素时，首先根据哈希函数 H 计算关键字的哈希地址 H(key)，得到对应列表的头指针，根据此头指针在对应链表进行插入和查找操作。特别地，在链表中进行插入时，可以在表头、表尾或中间位置，但要保持同义词在同一链表中按关键字有序存放。

例如，已知一组关键字为(22,46,13,25,17,30,53,36,24,52,75,57,63)，按照哈希函数 $H(\text{key})=\text{key MOD } 11$，运用链地址法对该组关键字进行哈希造表并处理冲突后，各关键字的存储结构如图 9-18 所示。

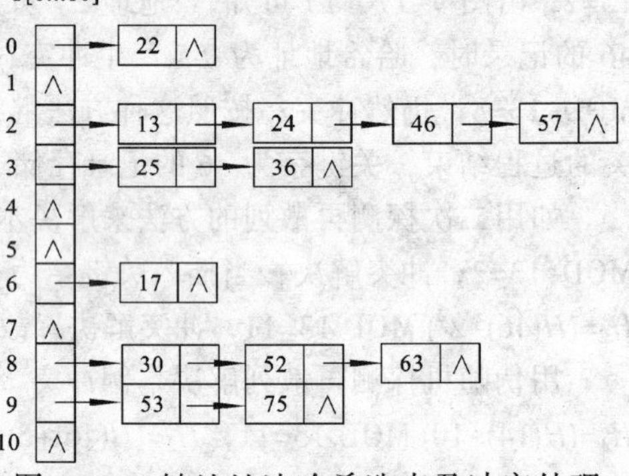

图 9-18 链地址法哈希造表及冲突处理

4．建立一个公共溢出区

建立公共溢出区也是处理冲突的一种方法。假设哈希函数产生的地址区间为[0,m−1]，则需要建立两个表：

（1）基本表：BaseTable[0..m−1]；每个单元只能存放一个记录。

（2）溢出表：OverTable[0..v]；任何记录的关键字，只要和基本表中的已存在记录的关键字为同义词，一旦发生冲突，都放入溢出表。

对于建立了公共溢出区的哈希表，在查找时，对给定关键字 key，首先将其与基本表 BaseTable 中的记录作比较，若相等，则查找成功；否则，再到溢出表中进行查找。

9.4.4 哈希表的查找及其效率分析

哈希表的查找与其造表过程基本一致，对于一个给定的 key 值，根据造表时设定的哈希函数计算哈希地址，如果所得地址处没有记录，则查找不成功。如果所得地址处有记录，将该地址处的记录关键字与 key 进行比较，如果相等，则查找成功；如果不相等，则要根据哈希造表时设定的处理冲突的方法计算下一个可能存放记录的地址，直到所计算出来的地址处的记录关键字与 key 相等或者计算出来的地址处没有记录为止。

以开放定址法处理冲突为例进行哈希表查找的过程如算法 9-13 所示。算法 9-14 为以开放定址法处理冲突为例进行哈希表的插入过程。

【算法 9-13】SearchHash。

输入：待查哈希表、给定关键字的值。

输出：查询结果。

代码如下：

```
//数组 hashsize 中存放了一系列合适的素数序列，作为哈希表的可选容量值
int hashsize[]={997,…}
struct ElemType{                    //哈希表中的元素结构体
   int key;                         //元素关键字
   int sign;                        //表中当前位置是否为空的标志，0 为空，1 为存在元素
};
struct HashTable{                   //哈希表结构体
   ElemType *elem;                  //数据元素存储的首地址，这里使用动态堆内存分配
   int count;                       //当前表中已经存入的元素个数
   int sizeindex;                   //hashsize[index]为当前哈希表的总容量
};
template <class KeyType>
int SearchHash(HashTable H,KeyType K,int &p,int &c){
   //在开放定址哈希表 H 中查找关键字为 K 的元素，
   //若查找成功，以 p 指示待查数据元素在表中位置，并返回 1;
   //否则，以 p 指示插入位置，并返回 0,
   //c 为冲突次数计数，其初值置零，供建表插入时参考
   p=Hash(K);                       //求得哈希地址
   while((H.elem[p].sign!=0)&&      //该位置中填有记录
        (K!=H.elem[p].key))         //并且关键字不相等
      collision(p,++c);             //求得下一探查地址 p
   if(K==H.elem[p].key)
      return 1;                     //查找成功，p 返回待查数据元素位置
   else return 0;                   //查找不成功(H.elem[p].sign == 0),
                                    //p 返回的是插入位置
}                                   //SearchHash
```

【算法 9-14】InsertHash。

输入：待插入哈希表、要插入的数据元素。

输出：插入结果。

代码如下：

```
int InsertHash(HashTable &H,ElemType e){
   //查找不成功时插入数据元素 e 到开放定址哈希表 H 中，并返回 1;
   //若冲突次数过大，则重建哈希表
   int c=0;
   int p=0;
   if(SearchHash(H,e.key,p,c)==1)
      return-1;              //表中已有与 e 有相同关键字的元素，返回-1
   else if(c<hashsize[H.sizeindex]/2){//冲突次数 c 未达到上限，(阈值 c 可调)
      H.elem[p]=e;
      ++H.count;
      return 1;              //插入 e 后返回 1
   }
   else {                    //如果已插入的元素个数已经达到哈希表最大容量，需重建哈希表
      RecreateHashTable(H);
      return 0;
   }
}                            //InsertHash
```

例如，已知图 9-18 中所示的关键字按照哈希函数 H(key)=key MOD 11 和线性探测再散列法处理冲突所构造的哈希表 a.elem[0..15]如图 9-19 所示。

0	1	2	3	4	5	6	7	8	9	10	11	12	13	14	15
22		46	13	25	36	17	24	30	53	52	75	57	63		

图 9-19　哈希表 a.elem[0..15]

下面分别以给定值 36 和 44 为例，来介绍它们在哈希表中的查找过程。

对于给定值 key=36 来说，其查找过程为：先求得其哈希地址 $H(36)=3$，由于 a.elem[3]不空，且 a.elem[3].key=13≠36，需要进行第一次冲突处理，处理后的地址 $H_1=(3+1)$ MOD 16=4，而 a.elem[4]不为空，且 a.elem[4].key=25≠36；需要进行再次冲突处理，处理后的地址 $H_2=(4+1)$ MOD 16=5，而 a.elem[5]不为空，且 a.elem[5].key=36，则查找成功，返回记录在表中的地址为 5。

对于给定值 key=44 来说，其查找过程为：先求得其哈希地址 $H(44)=0$，由于 a.elem[0]不空，且 a.elem[0].key=22≠44，需要进行第一次冲突处理，处理后的地址 $H_1=(0+1)$ MOD 16=1，而 a.elem[1]处为空记录，说明表中不存在关键字为 44 的记录。

从上面的例子可以发现：

（1）哈希法是利用关键字进行计算后直接求出存储地址的。当哈希函数能得到均匀的地址分布时，不需要进行任何比较就可以直接找到所要查找的记录。但实际上不可能完全避免冲突，因此查找时还需要进行探测比较。因此，仍可以平均查找长度作为衡量哈希表查找效率的量度。

（2）查找过程中，和给定值进行比较的关键字个数取决于产生冲突的多少。产生的冲突少，比较的次数就少，查找效率就高；反之，查找效率就低。因此，影响产生冲突多少的因素也就是影响查找效率的因素。冲突产生的多少取决于 3 个因素：哈希函数的“好坏”、处理冲突的方法和哈希表的填装因子。

哈希函数的“好坏”能够影响冲突出现的频度，对于“均匀的”哈希函数来说，可以假设其对同一组随机的关键字产生冲突的可能性是相同的，因为在一般情况下设定的哈希函数是均匀的，所以可以不考虑其对平均查找长度的影响。

对同一组关键字来讲，在哈希函数相同的前提下，处理冲突方法的不同也会导致平均查找长度的不同。如图 9-18 和图 9-19 所示例子中，在假设记录查找概率相等的前提下，使用链地址法解决冲突的平均查找长度为

$$\mathrm{ASL}(13)=\frac{1}{13}(1\times6+2\times4+3\times2+4\times1)=1.85$$

使用线性探测再散列解决冲突的平均查找长度为

$$\mathrm{ASL}(13)=\frac{1}{13}(1\times5+2\times2+3\times3+6\times2+11\times1)=3.15$$

显然，使用链地址法解决冲突优势在于不会使哈希地址相同的记录又产生新的冲突，而线性探测再散列则不然，它在处理冲突的过程中易产生记录的二次聚集，使哈希地址不相同的记录又产生新的冲突。

此外，处理冲突方法相同的哈希表，其平均查找长度还依赖于哈希表的装填因子 α，α 标志着哈希表的装满程度，α 定义为

$$\alpha=\frac{\text{表中填入的记录数}}{\text{哈希表的长度}}$$

一般地，α 越小，发生冲突的可能性越小；反之，α 越大，说明表中已填入的记录越多，所以，当再次填入记录时发生冲突的概率也就越大，解决冲突的次数也就越多，这样一来，在查找时，给定值 key 与表中关键字比较的次数会越多。表 9-3 中给出几种不同的处理冲突方法的平均查找长度和 α 的关系。

表 9-3 平均查找长度和填装因子的关系

处理冲突的方法	平均查找长度	
	查找成功时	查找不成功时
线性探测再散列法	$S_{nl}\approx\frac{1}{2}\left(1+\frac{1}{1-\alpha}\right)$	$U_{nl}\approx\frac{1}{2}\left[1+\frac{1}{(1-\alpha)^2}\right]$
二次探测再散列法、再哈希法、随机探测再散列法	$S_{nr}\approx-\frac{1}{\alpha}\ln(1-\alpha)$	$U_{nr}\approx\frac{1}{1-\alpha}$
链地址法(拉链法)	$S_{nc}\approx1+\frac{\alpha}{2}$	$U_{nc}\approx\alpha+e^{-\alpha}$

小 结

查找是数据处理中经常出现的一种操作，查找表是由一组相同的数据元素（记录）构成的集合。

根据查找表结构的不同，可将查找表分为静态查找表和动态查找表。静态查找表由于在查找过程中其结构始终不发生变化，故其主要采用顺序存储结构。而动态查找表由于在查找过程中可能发生插入或删除记录，所以其主要采用链式存储结构。根据应用需求的不同，可将查找表按顺序结构、链式结构、索引结构和散列结构进行存储。

对于静态查找表的查找主要有无序表的顺序查找、有序表的折半查找及索引顺序查找；而动态查找表的查找主要依赖二叉排序树、AVL 树和 B 树的存储组织形式进行查找，或者将查找表组织为散列表的形式进行查找。

习 题

一、选择题

1. 若查找每个记录的概率均等，则在具有 n 个记录的连续顺序文件中采用顺序查找法查找一个记录，其平均查找长度 ASL 为（　　）。

A. $(n-1)/2$　　B. $n/2$　　C. $(n+1)/2$　　D. n

2. 顺序查找法适用于查找顺序存储或链式存储的线性表，平均比较次数为（　　），二分法查找只适用于查找顺序存储的有序表，平均比较次数为（　　）。在此假定 N 为线性表中结点数，且每次查找都是成功的。

A. $N+1$　　B. $2\log_2 N$　　C. $\log_2 N$　　D. $N/2$

E. $N\log_2 N$　　F. N^2

3. 下面关于二分查找的叙述正确的是（　　）。

A. 表必须有序，表可以顺序方式存储，也可以链表方式存储

B. 表必须有序且表中数据必须是整型、实型或字符型

C. 表必须有序，而且只能从小到大排列

D. 表必须有序，且表只能以顺序方式存储

4. 具有 12 个关键字的有序表，折半查找的平均查找长度为（　　）。

A. 3.1　　B. 4　　C. 2.5　　D. 5

5. 要进行顺序查找，则线性表（(1)）；要进行折半查询，则线性表（(2)）；若表中元素个数为 n，则顺序查找的平均比较次数为（(3)）；折半查找的平均比较次数为（(4)）。

(1)(2)：

A. 必须以顺序方式存储

B. 必须以链式方式存储

C. 既可以以顺序方式存储，也可以链式方式存储

D. 必须以顺序方式存储，且数据已按递增或递减顺序排好

E. 必须以链式方式存储，且数据已按递增或递减顺序排好

(3)(4)：

A. n　　B. $n/2$　　C. $n\times n$　　D. $n\times n/2$

E. $\log_2 n$　　F. $n\log_2 n$　　G. $(n+1)/2$　　H. $\log_2(n+1)$

6. 分别以下列序列构造二叉排序树，与用其他 3 个序列所构造的结果不同的是（　　）。

A. (100,80,90,60,120,110,130)

B. (100,120,110,130,80,60,90)

C. (100,60,80,90,120,110,130)

D. (100,80,60,90,120,130,110)

7. 在平衡二叉树中插入一个结点后造成了不平衡，设最低的不平衡结点为 A 并已知 A 的左孩子的平衡因子为 0，右孩子的平衡因子为 1，则应作（　　）型调整以使其平衡。

A. LL　　B. LR　　C. RL　　D. RR

8. 下列关于 m 阶 B-树的说法错误的是（　　）。

A. 根结点至多有 m 棵子树

B. 所有叶子都在同一层次上

C. 非叶结点至少有 $m/2$（m 为偶数）或 $m/2+1$（m 为奇数）棵子树

D. 根结点中的数据是有序的

9. 下面关于 m 阶 B 树说法正确的是（　　）。

① 每个结点至少有两棵非空子树；

② 树中每个结点至多有 $m-1$ 个关键字；

③ 所有叶子在同一层上；

④ 当插入一个数据项引起 B 树结点分裂后，树长高一层。

A. ①②③　　B. ②③　　C. ②③④　　D. ③

10. 设有一组记录的关键字为{19,14,23,1,68,20,84,27,55,11,10,79}，用链地址法构造散列表，散列函数为 H(key)=key MOD 13，散列地址为 1 的链中有（　　）个记录。

A. 1　　B. 2　　C. 3　　D. 4

11. 下面关于哈希查找的说法正确的是（　　）。

A. 哈希函数构造的越复杂越好，因为这样随机性好，冲突小

B. 除留余数法是所有哈希函数中最好的

C. 不存在特别好与坏的哈希函数，要视情况而定

D. 若需在哈希表中删去一个元素，不管用何种方法解决冲突都只要简单地将该元素删去即可

12. 若采用链地址法构造散列表，散列函数为 H(key)=key MOD 17，则需（(1)）个链表。这些链的链首指针构成一个指针数组，数组的下标范围为（(2)）。

(1) A. 17　　B. 13　　C. 16　　D. 任意

(2) A. 0～17　　B. 1～17　　C. 0～16　　D. 1～16

13. 关于哈希查找说法不正确的有（　　）个。

① 采用链地址法解决冲突时，查找一个元素的时间是相同的

② 采用链地址法解决冲突时，若插入规定总是在链首，则插入任一个元素的时间是相同的

③ 用链地址法解决冲突易引起聚集现象

④ 再哈希法不易产生聚集

A. 1　　B. 2　　C. 3　　D. 4

14. 设哈希表长为 14，哈希函数是 H(key)=key MOD 11,表中已有数据的关键字为 15、38、61、84 共 4 个，现要将关键字为 49 的结点加到表中，用二次探测再散列法解决冲突，则放入的位置是（　　）。

A. 8　　B. 3　　C. 5　　D. 9

15. 将 10 个元素散列到 100000 个单元的哈希表中，则（　　）产生冲突。

A. 一定会　　B. 一定不会　　C. 仍可能会

二、简答题

1. 设有一组关键字{9,01,23,14,55,20,84,27}，采用哈希函数 H(key)=key MOD 7，表长为 10，用开放地址法的二次探测再散列方法 $H_i=(H(\text{key})+d_i)$ MOD $10(d_i=1^2,2^2,3^2,\cdots)$解决冲突。要求：对该关键字序列构造哈希表，并计算查找成功的平均查找长度。

2. 对关键字集{30,15,21,40,25,26,36,37}，若查找表的装填因子为 0.8，采用线性探测再散列方法解决冲突，做：

（1）设计哈希函数。

（2）画出哈希表。

（3）计算查找成功和查找失败的平均查找长度。

（4）写出将哈希表中某个数据元素删除的算法。

3. 设依以下次序给出关键字：34,16,19,21,5,49,24,62,3,17,45,8，构造 3 阶 B-树。要求从空树开始，每插入一个关键字，画出一个树形。

4. 一棵二叉排序树结构如图 9-20 所示，各结点的值从小到大依次为 1～9，请标出各结点的值。

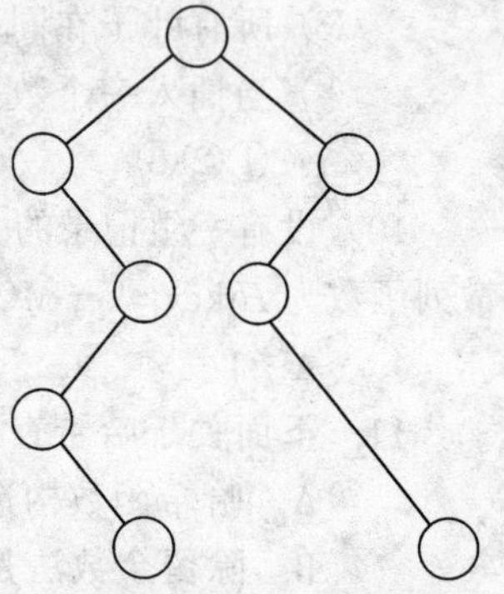

图 9-20　二叉排序树

5. 依次输入表(30,15,28,20,24,10,12,68,35,50,46,55)中的元素，生成一棵二叉排序树。

（1）试画出生成之后的二叉排序树。

（2）对该二叉排序树作中序遍历，试写出遍历序列。

（3）假定每个元素的查找概率相等，试计算该二叉排序树的平均查找长度。

6. 已知长度为 12 的表{Jan,Feb,Mar,Apr,May,June,July,Aug, Sep,Oct,Nov,Dec}

（1）试按表中元素的次序依次插入一棵初始为空的二叉排序树，请画出插入之后的二叉排序树，并求在等概率情况下查找成功的平均查找长度。

（2）若对表中元素先进行排序构成有序表，求在等概率的情况下对此表进行折半查找成功的平均查找长度。

（3）按表中元素顺序构造一棵 AVL 树，并求其在等概率情况下查找成功的平均查找长度。

第10章 排　序

在日常生活、工作中经常需要对一批数据进行排序。本章将介绍多种排序方法，以适应多种实际要求。

10.1 排序的基本概念

排序是计算机程序设计中的一种重要操作，其功能是将一个数据元素集合或序列重新排列成一个按数据元素某个数据项值有序的序列。作为排序依据的数据项称为“排序码”，也即数据元素的关键字。为了便于查找，通常希望计算机中的数据表是按关键字有序的。如有序表的折半查找，其查找效率就比较高。下面对于排序给出一个准确的定义。

假设含有 n 个记录的序列为$\{R_1,R_2,\cdots,R_n\}$,与之对应的关键字序列为$\{K_1,K_2,\cdots,K_n\}$，存在自然数序列 $1,2,\cdots,n$ 的一个排列 $q_1,q_2,\cdots,q_n$，使得相应的关键字序列满足有序关系

$$K_{q1}\leqslant K_{q2}\leqslant \cdots\leqslant K_{qn}$$

那么称记录序列$\{R_{q1},R_{q2},\cdots,R_{qn}\}$为一个按关键字序列有序的序列。

下面假设 $n=5$，$\{R_1,R_2,R_3,R_4,R_5\}$为表 10-1 中各个记录的值，学号为关键字，而且是主关键字。

表 10-1　无序记录表

学　号	姓　名	成　绩	学　号	姓　名	成　绩
0908	张玫	99	0905	李红玫	66
0911	李强	85	0912	张彬彬	100
0902	赵军	87			

R_1 记录的值为(0908,张玫,99)，R_2 记录的值为(0911,李强,85)等等，存在 1，2，3，4，5 的一个排列 $q_1,q_2,\cdots,q_5$（$q_1=3,q_2=4,q_3=1,q_4=2,q_5=5$），满足有序关系 $K_{q1}<K_{q2}<K_{q3}<K_{q4}<K_{q5}$（即 $K_3<K_4<K_1<K_2<K_5$），相应的记录序列$\{R_3,R_4,R_1,R_2,R_5\}$为按关键字序列有序的序列。

若关键字是主关键字，则对于任意待排序序列，经排序后得到的结果是唯一的；若关键字是次关键字，则对于任意待排序序列，经排序后得到的结果是不唯一的；若对任意的数据元素序列，假设 $K_i = K_j$（$1\leqslant i\leqslant n$，$1\leqslant j\leqslant n$，$i\neq j$），且在排序前的序列中 R_i 领先于 R_j（即 $i<j$）。

若在排序后的序列中 R_i 仍然领先于 R_j，则称这种**排序方法是稳定的**；若在排序后的序列中 R_j 领先于 R_i，则称这种**排序方法是不稳定的**。

由于参与排序的记录数量有多有少，使得在排序过程中涉及的存储器不同，可将排序方法分为两大类：一种是内排序，该排序方法在排序过程中只涉及内存储器；另一种是外排序，参与该排序的记录数据量很大，在排序过程中需要对外存进行访问。在本章中参与排序的记录类型可以定义如下：

```
#define  MAXS   15            //参与排序的最大记录数
```

```
typedef  int  KeyType;         //记录的关键字类型为整型
typedef  struct {
    KeyType   key;             //记录关键字域
    InfoType  otheritem;       //记录的其他数据域
}RType;                        //记录的结构体类型
RType    a[MAXS+1];            //存放参与排序记录的数组，0 号单元用作监视哨
```

10.2 插 入 排 序

插入排序的特点是每一趟在有序序列中插入待排序记录，最后使全部序列达到有序。本章介绍多种插入排序方法。

10.2.1 直接插入排序

直接插入排序（straight insertion sort）是最简单的排序方法。它的基本方法是：事先要有一个已经有序的表，然后将一个记录插入到该有序表当中，形成一个新的有序表，而且记录数增加一个。前面已经介绍了 n 个记录排序的基本概念，在此重申一下排序的基本意思：设有 n 个记录，存放在数组 r 中，排序就是重新安排记录在数组中的存放顺序，使得按关键字有序。即

$$r[1].key \leqslant r[2].key \leqslant \cdots \leqslant r[n].key$$

先来看看向有序表中插入一个记录的方法。

设 $1<j\leqslant n$，已知有序序列 $r[1].key \leqslant r[2].key \leqslant \cdots \leqslant r[j-1].key$，将 $r[j]$插入到该序列当中，并重新安排存放顺序，使得 $r[1].key \leqslant r[2].key \leqslant \cdots \leqslant r[j].key$，得到一个新的有序表，记录数增 1 。具体来讲，假设 4 个关键字的有序序列{36,48,77,99}，待插入的第 5 个关键字为 65：

```
{36      48      77      99}      65
                 65      77       99
                 ↑
```

先将 65 与 99 比较，65<99，99 向后移动；然后将 65 与 77 比较，65<77，同样 77 需要向后移动；当将 65 与 48 比较时，65>48，停止移动，将 65 插入到 48 之后，形成一个数量增加 1 的有序序列：{36,48,65,77,99}。一般情况下，第 i 趟直接插入排序为在前 i–1 个有序序列当中插入第 i 个记录，形成 i 个记录的有序序列。对于给出的初始无序序列，先将第一个记录看成已知的第一个有序序列，然后从第二个记录起逐个进行插入，直到整个序列按关键字有序。下面是以初始无序序列 28,24,35,15,19,41,29（只给出记录关键字的值）为例，表示的直接插入排序的完整图示，如图 10–1 所示。

初始	28	24	35	15	19	41	29
第1趟	24	28	35	15	19	41	29
第2趟	24	28	35	15	19	41	29
第3趟	15	24	28	35	19	41	29
第4趟	15	19	24	28	35	41	29
第5趟	15	19	24	28	35	41	29
第6趟	15	19	24	28	29	35	41

图 10–1 直接插入排序过程示意图

在图 10–1 中，从第 2 个记录开始一直到最后一个记录依次作为待插记录。一般的，当前

待插入的记录是第 i 个时，前 i-1 个记录已经按关键字有序构成一个部分有序序列，然后进行一趟直接插入排序，总共需进行 n-1 趟直接插入排序过程，n 为参与排序的记录个数。直接插入排序算法如下：

【算法 10-1】 InsertS。

输入：输入一个无序的记录序列。

输出：输出一个有序的记录序列。

代码如下：

```
template <class  Type>
void  InsertS(Type  a[],int n){
int i,j;
   for(i=2;i<=n;i++){          //共进行n-1趟直接插入排序
     a[0]=a[i];                //a[0]单元作为监视哨使用
      j=i-1;
      while(a[0].key<a[j].key){a[j+1]=a[j];j--;}    //小于时，需将a[j]后移
        a[j+1]=a[0];           //待插入的第 i 个记录插入到 j 位置之后
   }
}
```

效率分析：空间效率仅用了一个辅助单元。时间效率在直接插入排序算法中，外层循环执行 n-1 次，每趟内循环执行 i-1，i 是外层循环的控制变量。先分析一趟直接插入排序的情况，排序的基本操作是比较关键字和移动记录，当待排序序列中记录按关键字非递减有序排列（“正序”）时，所需进行关键字间的比较次数达到最小值 n-1，记录不需要移动；当待排序序列中记录按关键字非递增有序排列（“逆序”）时，总的比较次数达到最大值$(n+2)(n-1)/2$，记录移动的次数也达到最大值$(n+4)(n-1)/2$。若待排序记录是随机的，即待排序序列中的记录可能出现的各种排列概率是相等的，则可以采取取上述最小值与最大值的平均值，作为直接插入排序算法的效率，约为 $O(n^2)$。该排序是一个稳定的排序方法。

10.2.2　折半插入排序

直接插入排序的基本操作是向有序表中插入一个记录，插入位置是通过对有序表中的记录按关键字逐个比较确定的。既然是在有序表中确定插入位置，那么可以通过不断二分有序表区间来确定插入位置，即每一次比较，都是通过将待插入记录与当前有序表区间居中的记录按关键字比较，将有序表一分为二，然后确定下一步可以插入的有序区间是取当前中点的左半部还是右半部，下次比较则在二分后的一个有序子表中进行，不断二分下去，直到出现插入有序区间左端点大于右端点时，此次二分停止。这样继续下去，共进行 n-1 趟二分插入排序，最后达到整个序列有序。下面通过图示展示一趟二分插入排序的过程。假设目前一个有序序列为 7 个记录的关键字有序序列(12,16,18,23,30,39,45)，待插入记录是第 8 个记录，关键字为 21，在一趟二分插入排序过程中，low 表示二分区间左端点位置，high 表示二分区间右端点位置。mid 表示二分区间中点位置。

在图 10-2 中，一趟二分插入排序结束之后，将 45，39，30，23 一起依次向后移动，即将有序序列最后一个记录到第 high+1 个记录一起依次向后移动，然后将 21 插入到 18 之后，即将待插记录插入到第 high 个记录之后，形成记录个数增加一个的 8 个关键字的有序序列。

12　　16　　18　　21　　23　　30　　39　　45

这样的二分插入排序共进行 n-1 趟，二分插入排序算法如算法 10-2 所示。

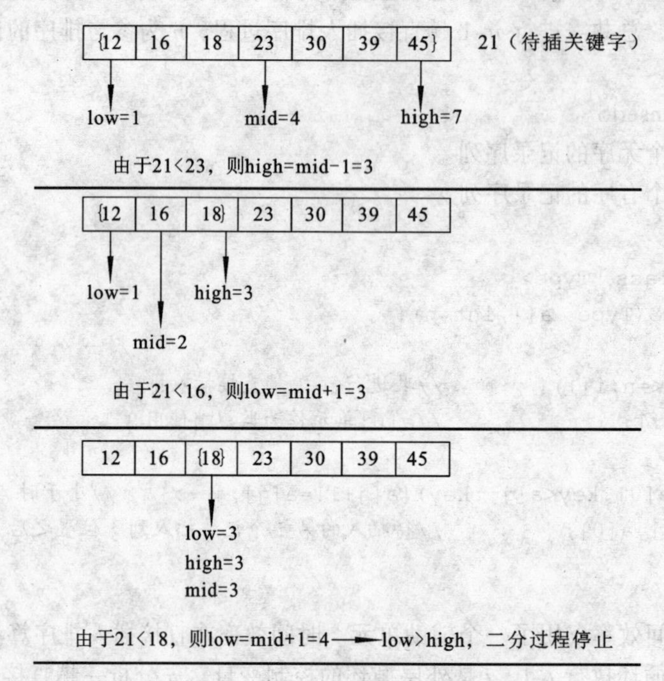

图 10-2 一趟二分插入排序过程示意图

【算法 10-2】BinaS。

输入：输入一个无序的记录序列。

输出：输出一个有序的记录序列。

代码如下：

```
template <class Type>
void BinaS(Type a[],int n){
    int i,j,low,mid,high;
    for(i=2;i<=n;i++){
        a[0]=a[i];
        low=1;high=i-1;          //1 到 i-1 之间为关键字有序表
        while(low<=high){
            mid=(low+high)/2;    //求有序区间的中点
            if(a[0].key<a[mid]key)high=mid-1; //确定中点左半部为新的二分区间
            else  low=mid+1;     //确定中点右半部为新的二分区间
        }
        for(j=i-1;j>=high+1;--j) a[j+1]=a[j];
                                 //第 i-1 到第 high+1 位置的记录一起向后移动
        a[high+1]=a[0];          //插入待插记录
    }
}
```

效率分析：折半插入排序的空间效率与直接插入排序相同，其优点是每次折半缩短比较关键字的区间范围来确定插入位置，移动记录的次数和直接插入排序相同，故时间复杂度仍为 $O(n^2)$，是一种稳定的排序方法。

10.2.3 2--路插入排序

2--路插入排序的目的就是能够减少排序过程中移动记录的次数，但是需要 n 个单元的辅助存储空间。具体方法是另外使用一个和存储待排序记录同类型的辅助数组 v。现在假设待排序记录序列存储在 a 数组中，2--路插入排序的做法是首先将 a[1]的值赋给 v[0]，然后将 v[0]看成是在排序后的序列中位置处于中间的记录，然后从 a[2]开始起依次插入到 v[0]之前或之后的有序序列中。先将待插入记录 a[i]的关键字与 v[0]的关键字进行比较，如果 a[i].key < v[0].key,则将 a[i]插入到 v[0]之前的有序表中；如果 a[i].key≥v[0].key，则将 a[i]插入到 v[0]之后的有序表中；在算法实现时，需要设置两个指针 low 和 high 分别指向排序过程中得到的有序序列中的第一个记录和最后一个记录在 v 中的位置。图 10-3 给出了 2--路插入排序过程的示意图，图中 v[n](n=6)是辅助数组。

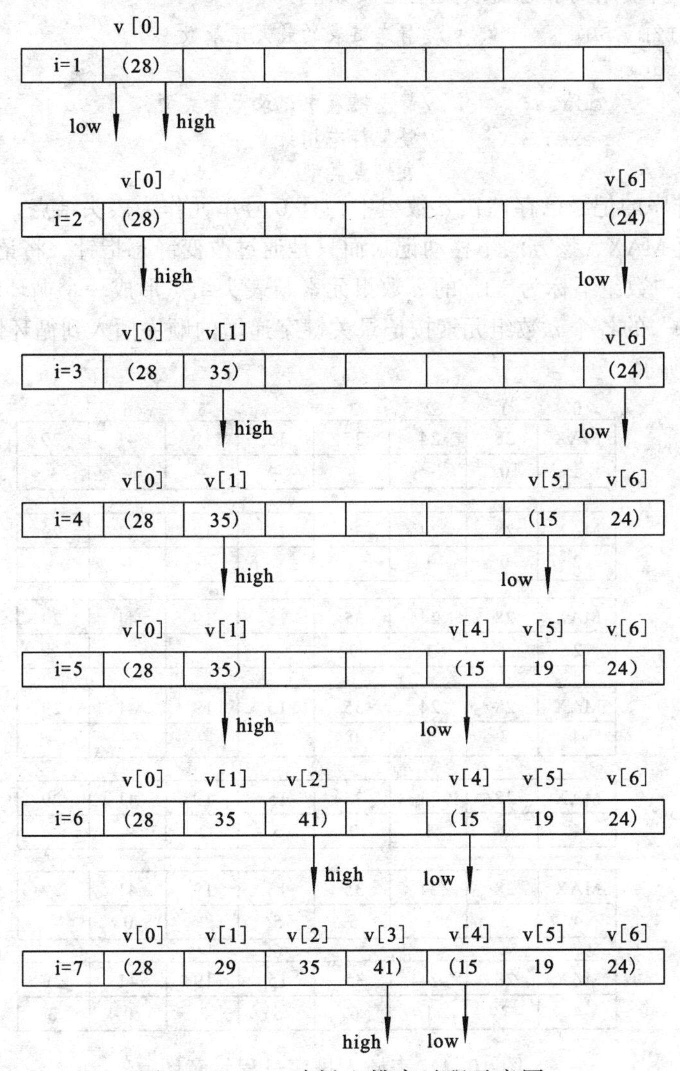

图 10-3 2--路插入排序过程示意图

2--路插入排序方法能够减少排序过程中记录移动的次数，大约为 $n^2/8$，n 为参与排序的记录个数。当待排序记录中的关键字的最小或最大值处于第一个位置时，2--路插入排序就没有优越性了，这种排序方法也不能完全避免记录的移动操作。

在上述 2--路插入排序过程中，对于所采用的辅助数组 v 可以看成是一个循环数组，在该辅助数组中从low指针所指位置开始,依次到high指针所指位置中的关键字有序排列(循环状态)。

下面介绍一种在排序过程中不移动记录的方法——表插入排序方法。

10.2.4 表插入排序

直接插入排序、折半插入排序均要移动记录，若要不移动记录完成排序，则需要改变存储结构，进行表插入排序。所谓表插入排序，就是通过静态链表的指针，按关键字的大小实现从小到大的链接过程，为此需增设一个指针项。操作方法与直接插入排序类似，所不同的是直接插入排序要移动记录，而表插入排序是通过修改链接指针达到有序的。

表插入排序中所使用的静态链表类型定义如下：

```
#define  MSIZE  50              //静态链表的最大记录数
typedef  struct{
   RType        rcdata;         //静态链表中记录元素类型
   int          next;           //整型静态指针
}RCNode;                        //表结点类型
```

假设 n 个待排序的记录已存储在 a 数组中，且 0 号单元作为表头结点，0 号单元存储的记录关键字为最大值 MAX，该方法不移动记录而只是通过改变静态指针，将记录按关键字排序。首先，将静态链表中数组下标为“1”的 a 数组元素与表头结点形成一个循环静态链表，然后将下标为“2”到“n”的各个 a 数组元素按记录关键字递增的顺序插入到循环链表中。表插入排序过程如图 10-4 所示。

	0	1	2	3	4	5	6	7	
初始状态	MAX	28	24	35	15	19	41	29	key域
	1	0	–	–	–	–	–	–	next域
i=2	MAX	28	24	35	15	19	41	29	
	2	0	1	–	–	–	–	–	
i=3	MAX	28	24	35	15	19	41	29	
	2	3	1	0	–	–	–	–	
i=4	MAX	28	24	35	15	19	41	29	
	4	3	1	0	2	–	–	–	
i=5	MAX	28	24	35	15	19	41	29	
	4	3	1	0	5	2	–	–	
i=6	MAX	28	24	35	15	19	41	29	
	4	3	1	6	5	2	0	–	
i=7	MAX	28	24	35	15	19	41	29	
	4	7	1	6	5	2	0	3	

图 10-4 表插入排序过程示意图

表插入排序得到一个有序的链表，查找则只能进行顺序查找，而不能进行随机查找，如折半查找。

效率分析：表插入排序的基本操作是将一个记录插入到已排好序的有序链表中，设有序表长度为 i，总比较次数与直接插入排序相同，修改指针总次数为 $2n$ 次。所以，时间复杂度仍为 $O(n^2)$。表插入排序的重排记录部分不增加表插入排序的时间复杂度。

10.2.5 希尔排序

希尔排序又称缩小增量排序。直接插入排序算法简单，在 n 值较小时，效率比较高，在 n 值很大时，若序列按关键字基本有序，效率也较高，其时间效率可提高到 $O(n)$。希尔排序即是从这两点出发，对直接插入排序法进行了改进。

希尔排序方法是：给出一个增量序列 $d_0, d_1, \cdots, d_{n-1}$，其中 $d_{n-1}=1$；分别按每个增量 d_i（$i=0, \cdots, n-1$）对待排序序列进行分割，每次分割成若干子序列，对每个子序列进行间隔为 d_i（$i=0, \cdots, n-1$）的直接插入排序，待整个待排序序列基本有序时，再对整个序列进行一趟直接插入排序（增量为 1）即可。图 10-5 为第一趟希尔排序过程示意图。首先将初始关键字序列按增量 $d_0=4$ 分成 4 组 $\{R_1,R_5,R_9\},\{R_2,R_6\},\{R_3,R_7\},\{R_4,R_8\}$，并且是将相隔为 d_0 的记录分在同一组，即在同一个子序列,分别对每个子序列进行间隔为 d_0 的直接插入排序。

	R_1	R_2	R_3	R_4	R_5	R_6	R_7	R_8	R_9
初始关键字	38	35	76	44	15	30	11	99	85
第一组	38				15				85
第二组		35				30			
第三组			76				11		
第四组				44				99	
第一趟希尔排序结果	15	30	11	44	38	35	76	99	85

图 10-5 第一趟希尔排序过程示意图

在第一趟希尔排序结果的基础上，将关键字序列按增量 $d_1=2$ 分成 2 组 $\{R_1,R_3,R_5,R_7,R_9\}$，$\{R_2,R_4,R_6,R_8\}$，并且是将相隔为 d_1 的记录分在同一组，即在同一个子序列，分别对每个子序列进行间隔为 d_1 的直接插入排序。在第二趟希尔排序结果的基础上，最后整个序列按 $d_2=1$ 分在同一组，进行普通的直接插入排序，即进行间隔为 1 的直接插入排序，最后达到整个序列非递减有序。图 10-6 为第二趟、第三趟希尔排序过程示意图。

	R_1	R_2	R_3	R_4	R_5	R_6	R_7	R_8	R_9
第一趟希尔排序结果	15	30	11	44	38	35	76	99	85
第一组	15		11		38		76		85
第二组		30		44		35		99	
第二趟希尔排序结果	11	30	15	35	38	44	76	99	85
第三趟希尔排序结果	11	15	30	35	38	44	76	85	99

图 10-6 第二趟、第三趟希尔排序过程示意图

希尔排序算法如算法 10-3 所示，待排序记录的数据类型定义如下：

```
#define  MAXS  15                    //参与排序的最大记录数
typedef  int  KeyType;               //记录的关键字类型为整型
typedef  struct {
   KeyType   key;                    //记录关键字域
   InfoType  otheritem;              //记录的其他数据域
}RType;                              //记录的结构体类型
RType   a[MAXS+1];                   //存放参与排序记录的数组，0 号单元用作暂存单元
```

【算法 10-3】SLInsert，SLTaxis。

输入：输入一个无序的记录序列。

输出：输出一个有序的记录序列。

代码如下：

```
template  <class  Type>
void  SLInsert(Type  a[],int s,int n){
//增量为 s 的组内插入排序，s 为增量，0 号单元是暂存单元
  for(k=s+1;k<=n;++k)
     if(a[k].key<a[k-s].key)         //小于时，需将 a[k]插入到有序表
     { a[0]=a[k];                            //暂存在 a[0]中
       for(i=k-s;i>0&&(a[0].key<a[i].key);i-=s)
       a[i+s]=a[i];                  //记录后移
       a[i+s]=a[0];                  //待插记录插入到位
     }
  }                                  //SLInsert
void   SLTaxis(Type  a[],int step[],int m) {
  //给定增量序列 step[0..m-1]对顺序表作希尔排序
    for(l=0;l<m;++l)
       SLInsert(a[],step[l],n);      //增量为 step[l]的一趟希尔排序
  }                                  //SLTaxis
```

效率分析：希尔排序时间效率涉及一些未知问题，这里不再过多加以叙述。值得注意的是，增量序列的取值应使增量序列中的值没有除 1 之外的公因子，最后一个增量必须是 1。希尔排序方法是一个不稳定的排序方法。

10.3 交换排序

交换排序主要做法是通过两两待排记录的关键字进行比较，若出现与排序要求相反的顺序，则进行位置交换，否则不交换。

10.3.1 冒泡排序

在假设按升序排序的前提条件下，设 a[1],a[2],…,a[n]为待排序序列，第一趟冒泡排序（bubble sort）的过程是先将第一个记录关键字和第二个记录的关键字进行比较，若出现逆序（即 a[1].key>a[2].key），则将两个记录进行交换，否则不交换；接下来将第二个记录的关键字与第三个记录的关键字进行比较，方法同上，直到将第 n-1 个记录的关键字与第 n 个记录的关键字进行比较，结果将关键字最大的记录推到最后的位置；第 i 趟冒泡排序是对序列的前 n-i+1 个元素从第一个元素开始进行相邻的两个元素比较大小，若前者大于后者，则两个元素交换位置，

否则不交换。在某趟冒泡排序过程中如果没有记录进行交换，则冒泡排序过程即可结束。判断冒泡排序过程是否可以结束，需要使用一个标志变量来标识该趟冒泡过程有无记录交换发生，如设变量为 flag=0 时，标志某趟排序过程中无记录交换位置的动作，flag=1 标志某趟排序过程中有记录交换位置的动作。下面首先以效率最坏的情况举例说明冒泡排序的过程，参与排序的记录个数 n=5，共需进行 n–1 趟冒泡排序，如图 10–7 所示。

初始	118	115	114	113	111	
第1趟	115	114	113	111	118	flag=1
第2趟	114	113	111	115	118	flag=1
第3趟	113	111	114	115	118	flag=1
第4趟	111	113	114	115	118	

图 10–7　冒泡排序过程示意图 1

下面参与排序的记录个数 n=8，但只需进行 3 趟冒泡排序，记录序列就已经按关键字有序排列，排序效率不是最坏的情况，如图 10–8 所示。冒泡排序算法如算法 10–4 所示。

初始	48	96	39	12	29	50	77	66	
第1趟	48	39	12	29	50	77	66	96	flag=1
第2趟	39	12	29	48	50	66	77	96	flag=1
第3趟	12	29	39	48	50	66	77	96	flag=0

图 10–8　冒泡排序过程示意图 2

【算法 10–4】Bubble。

输入：输入一个无序的记录序列。

输出：输出一个有序的记录序列。

代码如下：

```
Template  <class  Type>
void  Bubble(Type  a[],int n){
   int i,j,l;
   for(i=n;i<=2;i--){                    //共进行 n-1 趟冒泡排序
      l=0;                               //l 作为标志变量使用
      for(j=1;j<=i-1;j++){
        If(a[j]>a[j+1])   {t=a[j];a[j]=a[j+1];a[j+1]=t;}
                                         //大于时需交换
         l=1
      }
      If(l==0)  break;

   }
}//Bubble
```

效率分析：若初始序列按关键字有序排列，只需进行一趟排序；若初始序列按关键字逆序排列，总共要进行 n–1 趟冒泡，需进行 $n(n-1)/2$ 次比较，时间复杂度为 $O(n^2)$。

10.3.2　快速排序

快速排序是将待排序记录分成两组，保证关键字小一些的记录分在前一组，关键在大一些的记录分在后一组，形成部分有序的一趟快速排序结果，接下来在每组之内再继续进行快速排序，直至整个序列有序。它是对冒泡排序一对对记录进行比较的改进。具体做法是：首先以某个记录为支点（或称为枢轴），将待排序列分成两组，其中，一组所有记录的关键字大于或等于支点记录的关键字，另一组所有记录的关键字小于支点记录的关键字。将待排序列按关键字以支点记录分成两部分的过程，称为一趟快速排序。对各组不断进行快速排序，直到整个序列按关键字有序。

第一趟快速排序过程的具体方法为：先设两个指针 low 和 high，起始位置分别指向整个待排序记录序列的第一个记录和最后一个记录，假设第一个记录的关键字为枢轴 p 的值，先从 high 所指位置开始向前搜索找到第一个关键字小于 p 的记录，并和枢轴记录交换位置，然后从 low 所指位置开始向后搜索找到第一个关键字大于 p 的记录，并和枢轴记录交换位置，重复上述步骤，直至 low=high 为止。至此，将待排序记录分成两组，前面一组均比枢轴关键字小，后面一组均比枢轴关键字大。第一趟快速排序过程示意图如图 10-9 所示。

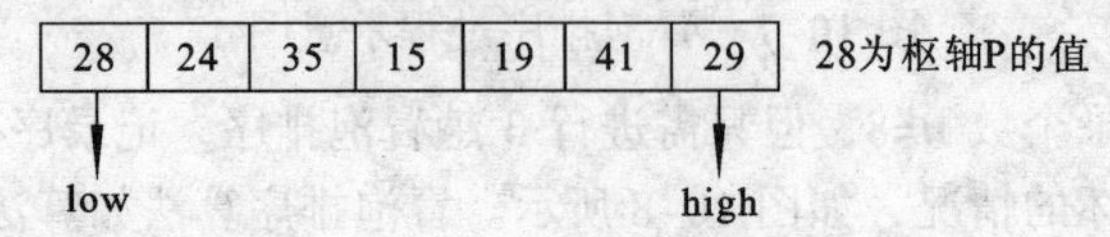

由于依次29，41>p，则high向左移指向19，19<p，则交换

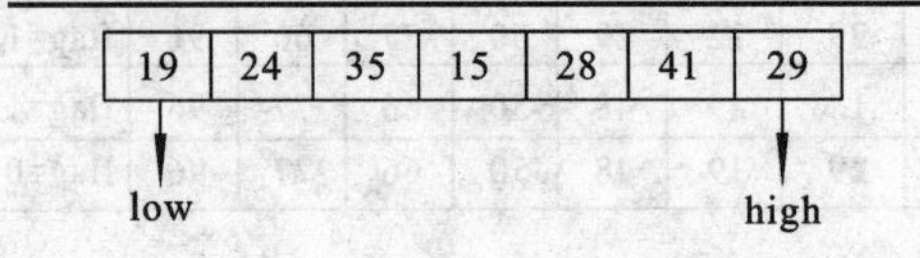

由于依次19，24<p，则low向右移指向35，35>p，则交换

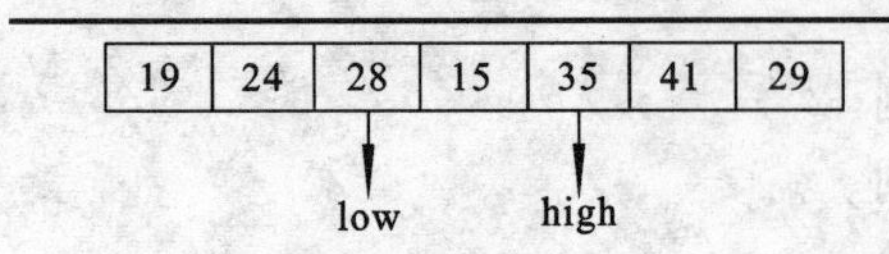

由于35>p，则high向左移指向15，15<p，则交换

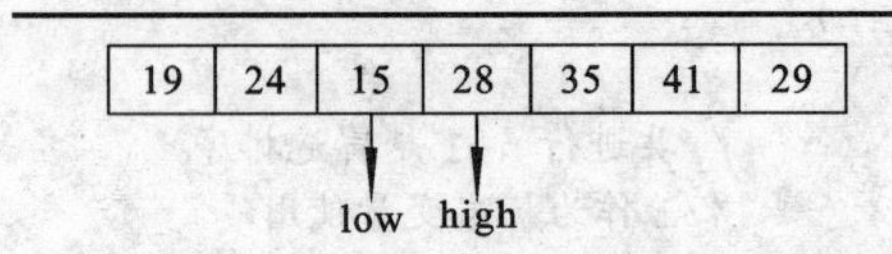

由于15<p，则low向右移指向28，low=high，第一趟结束

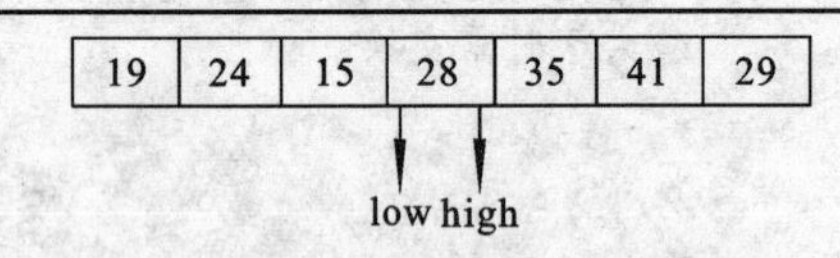

以low=high的位置为分界线，前面一组{19,24,15}中关键均小于p，后面一组{35,41,29}中关键字均大于p

图 10-9 快速排序过程示意图 1

在第一趟快速排序结束之后，分别在分成的两组中进行快速排序，直至整个序列按关键字有序排列，如图 10-10 所示。一趟快速排序算法如算法 10-5 所示。

{19	24	15}	28	{35	41	29}
{15}	19	{24}	28	{29}	35	{41}

图 10-10 快速排序过程示意图 2

【算法 10-5】Par。

输入：输入一个无序的记录序列。

输出：输出一个有序的记录序列。

代码如下：

```
template  <class  Type>
int  Par(Type  a[],int  low,int  high){
//交换顺序表a[low..high]的记录，使支点记录到位，并反回其所在位置
  p=a[low].key;                //用待排序记录序列的第一个记录关键字作为枢轴，或支点
  while(low<high){             //从low和high所指的两端进行比较交换
  while(low<high&&a[high].key>=p)--high;
     a[low]←→a[high];         //将比枢轴小的记录交换到前端
     while(low<high&&a[low].key<=p)++low;
     a[low]←→a[high];         //将比枢轴大的记录交换到后端
  }
  return  low;                 //返回一趟快速排序结束时枢轴的位置
}//Par
```

在算法 10-5 中，每一次交换记录需要进行 3 次记录移动操作，在排序过程对枢轴记录的赋值并不是枢轴记录的最终位置，在一趟快速排序结束时，即 low=high 的位置才是枢轴记录的最终位置，因此，上述一趟快速排序算法可以进行改进，如算法 10-6 所示。

【算法 10-6】Par。

输入：输入一个无序的记录序列。

输出：输出一个有序的记录序列。

代码如下：

```
template  <class  Type>
int  Par(Type  a[],int  low,int  high)  {
//交换顺序表a[low..high]的记录，使支点记录到位，并返回其所在位置
  a[0]=a[low];                 //将枢轴记录保存在0号单元
  p=a[low].key;                //用待排序记录序列的第一个记录关键字作为枢轴，或支点
  while(low<high)  {           //从low和high所指的两端进行比较交换
    while(low<high && a[high].key>=p)--high;
      a[low]=a[high];          //将比枢轴小的记录交换到前端
    while(low<high && a[low].key<=p)++low;
      a[high]=a[low]];         //将比枢轴大的记录交换到后端
  }
    a[low]=a[0];
    return  low;               //返回一趟快速排序结束时枢轴的位置
}                              //Par
```

递归的快速排序算法如算法 10-7 和算法 10-8 所示。

【算法 10-7】QSortPar。

输入：输入一个无序的记录序列。

输出：输出一个有序的记录序列。

代码如下：

```
template  <class  Type>
void  QSortPar(Type  a[],int  low,int  high){
```

```
    //对 a[low..high]其间的记录进行快速排序
      if(low<high){                          //排序记录个数大于 1，则进行分组
         p=Par(a,low,high);                  //将 a[low..high]其间的记录进行分组
         QSortPar(a,low,p-1);                //对枢轴前面一组进快速排序
             QSortPar(a,p+1,high);           //对枢轴后面一组进快速排序
       }
    }                                        //QSortPar
```

【算法 10-8】QuickSorPar。

输入：输入一个无序的记录序列。

输出：输出一个有序的记录序列。

代码如下：

```
template  <class  Type>
void  QuickSorPar(Type  a[],int n){      //对顺序表 a[]进行快速排序
   QSort Par(a,1,n);
}                                        //QuickSorPar
```

效率分析：时间效率在最坏情况下每次划分，只得到一个子序列，时效为 $O(n^2)$。平均时间效率为 $O(n\log_2 n)$，快速排序是通常被认为在同数量级（$O(n\log_2 n)$）的排序方法中平均性能最好的。快速排序是一种不稳定的排序方法。

10.4 选择排序

选择排序的主要做法是每一趟从待排序列的 $n-i+1$ 个记录中选取一个关键字最小的记录存放在 i 号位置。这样，由选取记录的顺序，便可得到按关键字有序的序列。

10.4.1 简单选择排序

操作方法：第一趟，从 n 个记录中找出关键字最小的记录与第一个记录交换；第二趟，从第二个记录开始的 $n-1$ 个记录中再选出关键字最小的记录与第二个记录交换；如此，第 i 趟，则从第 i 个记录开始的 $n-i+1$ 个记录中选出关键字最小的记录与第 i 个记录交换，直到整个序列按关键字有序。简单选择排序过程示意图如图 10-11 所示，简单选择排序算法如算法 10-9 所示。

初始	28	24	35	15	19	41	29
第1趟	15	24	35	28	19	41	29
第2趟	15	19	35	28	24	41	29
第3趟	15	19	24	28	35	41	29
第4趟	15	19	24	28	35	41	29
第5趟	15	19	24	28	29	41	35
第6趟	15	19	24	28	29	35	41

图 10-11 简单选择排序过程示意图

【算法 10-9】Select。

输入：输入一个无序的记录序列。

输出：输出一个有序的记录序列。

代码如下：

```
template  <class  Type>
void  Select(Type  a[],int n) {
for(i=1;i<n;++i) {                              //进行 n-1 趟选择排序
      t=i;                                      //挑选关键字第 i 小的记录
       for(j=i+1;j<=n;++j)
         if(a[t].key>a[j].key)  t=j;            //t 中存放关键字最小记录的下标
       if(t!=i)  a[t]←→a[i];                    //关键字第 i 小的记录与第 i 个记录交换
    }
}                                               //Select
```

效率分析：从算法中可看出，选择排序法的记录之间的比较与原始序列的状态无关。

简单选择排序移动记录的次数较少，但关键字的比较次数依然是 $n(n-1)/2$，所以时间复杂度仍为 $O(n^2)$。

10.4.2 堆排序

什么是堆呢？现假设有 n 个元素的序列 k_1，k_2，…，k_n，当且仅当满足下述关系 $k_i \leqslant k_{2i}$ 同时 $k_i \leqslant k_{2i+1}$，或者满足 $k_i \geqslant k_{2i}$，同时 $k_i \geqslant k_{2i+1}$（$i=1, 2, \cdots, \lfloor n/2 \rfloor$）两种条件之一时，都可称之为堆。

若将序列 k_1，k_2，…，k_n 看成是一棵完全二叉树时，则堆的定义表明完全二叉树中任一个非终端结点的关键字均不大于（或不小于）其左、右孩子结点的关键字，则该完全二叉树称为小顶堆（或大顶堆），完全二叉树的根结点是关键字最小（或最大）的结点。图 10-12 中的两个例子分别是大顶堆与小顶堆的实例。

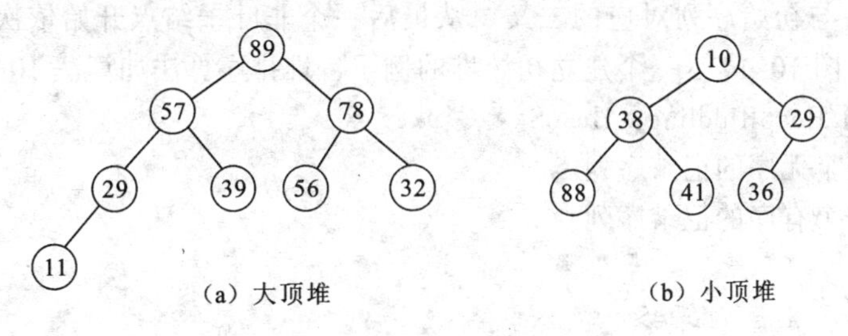

(a) 大顶堆　　(b) 小顶堆

图 10-12　两个堆示例

设有 n 个记录，首先将这 n 个记录按关键字建成堆，将堆顶元素输出，得到 n 个记录中关键字最小（或最大）的记录。然后，再对剩下的 n-1 个记录建成堆，输出堆顶记录，得到 n 个记录中关键字次小（或次大）的记录。如此反复，便得到一个按关键字有序的序列。称这个过程为堆排序（heap sort）。

因此，实现堆排序需进行以下步骤：

（1）将 n 个记录的初始序列按关键字建成堆。

（2）将堆的第一个记录与堆的最后一个记录交换位置（即“去掉”最大值元素）。

输出堆顶后，将“去掉”最大值记录后剩下的记录组成的子序列重新转换一个新的堆。

（3）重复上述过程的第（2）步 n-1 次。讨论输出堆顶记录后对剩余记录重新建成堆的调整过程（也称为筛选）。

调整方法：设有 m 个记录的堆，输出堆顶记录后，剩下 m-1 个记录。将堆底记录送入堆顶，堆被破坏。将根结点与左、右孩子中较小（或较大）的进行交换。若与左孩子交换，则需继续调整该左子树；若与右孩子交换，则需继续调整该右子树。堆被重新建成后，称这个自根结点到叶子结点的调整过程为一次筛选。图 10-13 举例说明了小顶堆的一次筛选的方法。

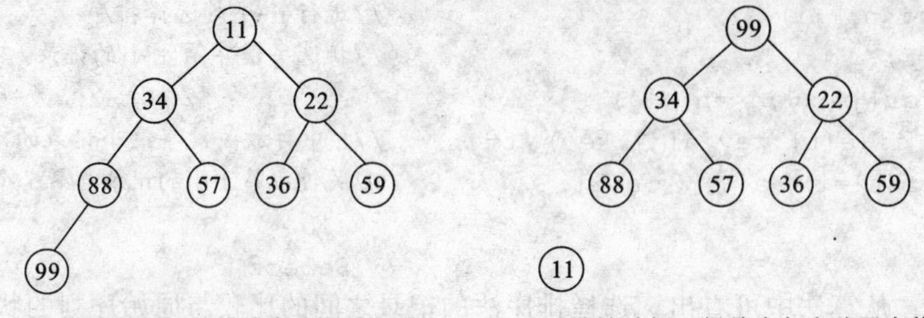

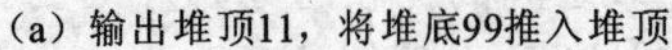

（a）输出堆顶11，将堆底99推入堆顶

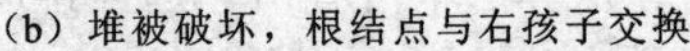

（b）堆被破坏，根结点与右孩子交换

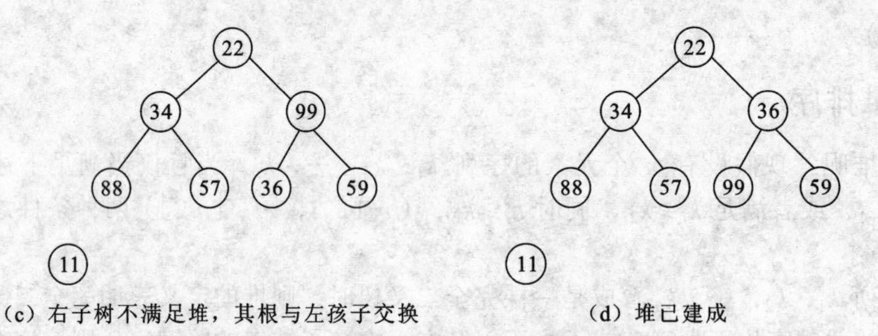

（c）右子树不满足堆，其根与左孩子交换　　（d）堆已建成

图 10-13　自堆顶到叶子的调整过程

再讨论对 n 个记录建初始堆的过程。

建堆方法：对与初始序列对应的二叉树从最后一个非叶子结点开始依次到根结点进行调整，使之成为堆。图 10-14 是一个建立初始堆的例子，堆排序算法如算法 10-10 所示。

【算法 10-10】HeapRiddling，HeapS。

输入：输入一个无序的记录序列。

输出：输出一个有序的记录序列。

代码如下：

```
template  <class  Type>
void  HeapRiddling(Type  a[],int m1,int m2) {
//对a[m1..m2]中的记录按关键字进行筛选，使其成为大顶堆
  r=a[m1];
  for(k=2*m1;k<=m2;k=k*2) {                          //沿关键字较大的孩子结点向下筛选
    if(k<m2&&a[k].key<a[k+1].key)   k=k+1;   //k为关键字较大的记录下标
    if(r.key>a[k].key)  break;                //r应插入在位置m1上
    a[m1]=a[k];m1=k;                          //使m1结点满足堆定义
  }
  a[m1]=r;                                           //插入
}                                                    //HeapRiddling
void HeapS(Type a[],int n) {
for(i=n/2;i>0;--i)                                   //将a[1..n]建成堆
  HeapRiddling(a,i,n);
  for(i=n;i>1;--i) {
```

```
        a[1]←→a[i];                     //堆顶与堆底记录交换
        HeapRiddling(a,1,i-1);          //将a[1..i-1]重新调整为堆
    }
}                               //HeapS
```

效率分析：在堆排序的算法中调用了 n−1 次筛选算法，堆排序的时间复杂度也为 $O(n\log_2 n)$。

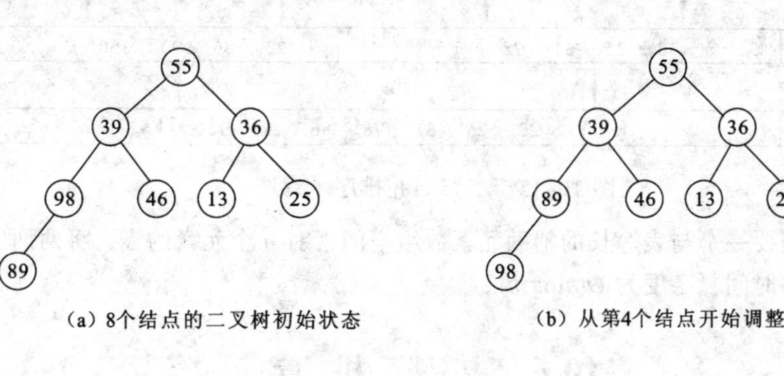

（a）8个结点的二叉树初始状态　　　　（b）从第4个结点开始调整

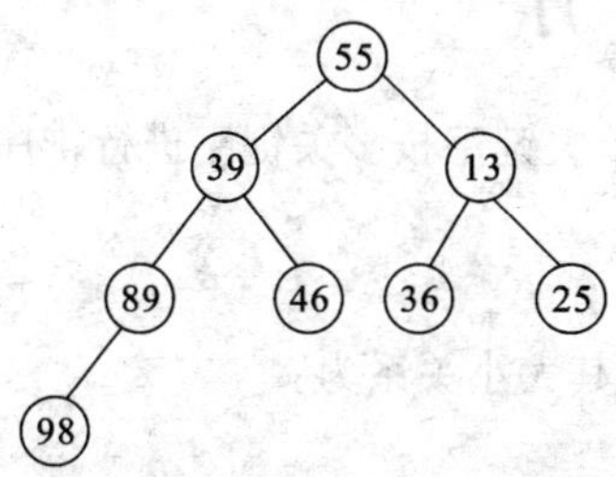

（c）从第3个结点开始调整

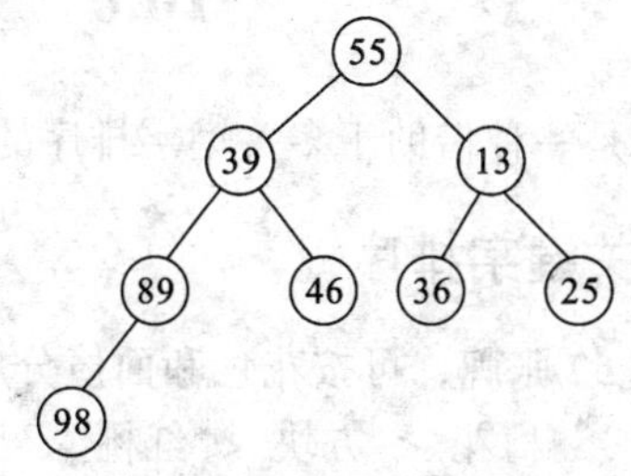

（d）从第2个结点开始调整

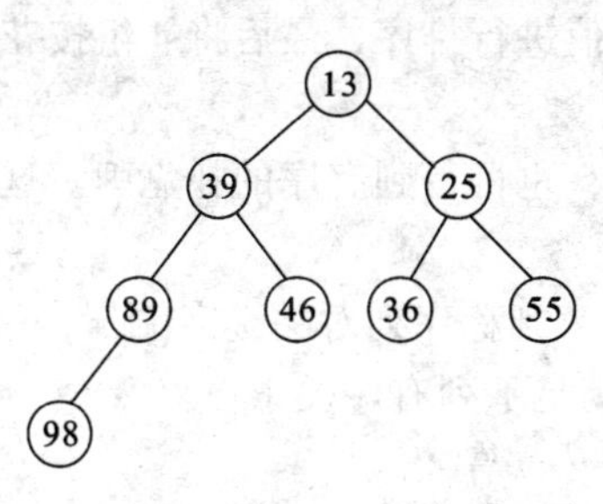

（e）从第1个结点开始调整

图 10-14　建堆示例

10.5　二路归并排序

二路归并排序就是将两个位置相邻并且各自按值有序的子序列合并为一个按值有序的子序列的过程。如已知有序子表{34,56,79,82,96}和有序子表{18,77,85}，归并为一个有序表为{18,34,56,77,79,82,85,96}。下面以初始关键字序列为{78,31,25,13,90,150,22,86}为例说明二路归并排序过程，初始关键字序列中关键字个数为 n，则起始建立 n 个有序序列，每个有序序列中只有一个关键字，然后进行邻近有序序列的二路归并，如图 10-15 所示。

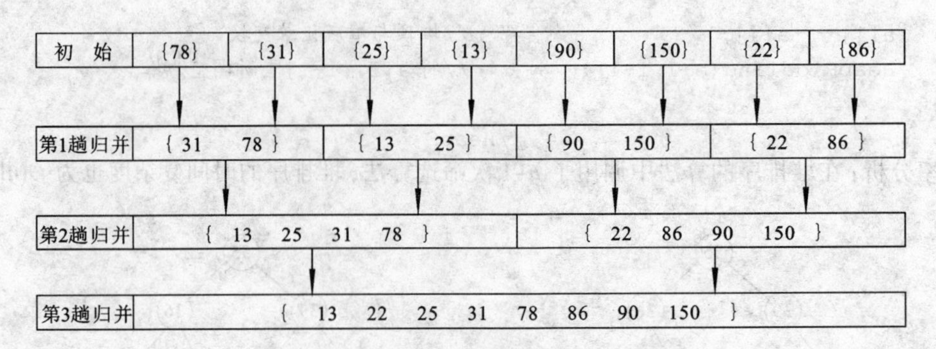

图 10-15 二路归并排序示意图

效率分析：需要一个与表等长的辅助元素数组空间，对 n 个元素的表，将两两归并生成子表，因此归并排序时间复杂度为 $O(n\log_2 n)$。

10.6 基 数 排 序

基数排序是一种借助于多关键字排序的思想，是将单关键字按多关键字进行排序的方法。

10.6.1 多关键字排序

扑克牌中 52 张牌，可按花色和面值分成两个字段，其大小关系为：

花色： 梅花 < 方块 < 红桃 < 黑桃

面值： 2 < 3 < 4 < 5 < 6 < 7 < 8 < 9 < 10 < J < Q < K < A

若对扑克牌先按花色分成 4 组，然后对每一组按面值进行排序，最后将 4 组按花色收集起来，便得到有序的扑克牌。

也可以先按面值进行分组，然后再按花色分成 4 组，也可得到有序的扑克牌。这便是多关键字排序的思想。一般情况下：

设 n 个元素的待排序列包含 d 个关键字$\{k^1,k^2,\cdots,k^d\}$，则称序列对关键字$\{k^1,k^2,\cdots,k^d\}$有序是指：对于序列中任两个记录 $r[i]$和 $r[j]$（$1\leqslant i\leqslant j\leqslant n$）都满足下列有序关系

$$(k_i^1,k_i^2,\cdots k_i^d)<(k_j^1,k_j^2,\cdots k_j^d)$$

其中：k^1 称为最主位关键字；k^d 称为最次位关键字。

多关键字排序按照从最主位关键字到最次位关键字或从最次位到最主位关键字的顺序逐次排序，分两种方法：

（1）最高位优先（most significant digit first，MSD 法）：先按 k^1 排序分组，同一组中记录，关键字 k^1 相等，再对各组按 k^2 排序分成子组，之后，对后面的关键字继续这样的排序分组，直到按最次位关键字 k^d 对各子组排序后，再将各组连接起来，便得到一个有序序列。

（2）最低位优先（least significant digit first，LSD 法）：先从 k^d 开始排序，再对 k^{d-1} 进行排序，依次重复，直到对 k^1 排序后便得到一个有序序列。

10.6.2 链式基数排序

将关键字拆分为若干项，每项作为一个“关键字”，则对单关键字的排序可按多关键字排序方法进行。关键字可能出现的符号个数为“基”，记作 RADIX。基数排序是借助“分配”和

“收集”两种操作对单关键字进行排序的方法，并且按 LSD 法排序较为方便。从最低位关键字起，按关键字的不同值将序列中的记录“分配”到 RADIX 个队列中，然后再“收集”之。如此重复 d 次即可。链式基数排序是用 RADIX 个链队列作为分配队列，关键字相同的记录存入同一个链队列中，收集则是将各链队列按关键字大小顺序链接起来。下面以静态链表存储待排记录，头指针指向第一个记录。链式基数排序过程如图 10-16 至图 10-18 所示。

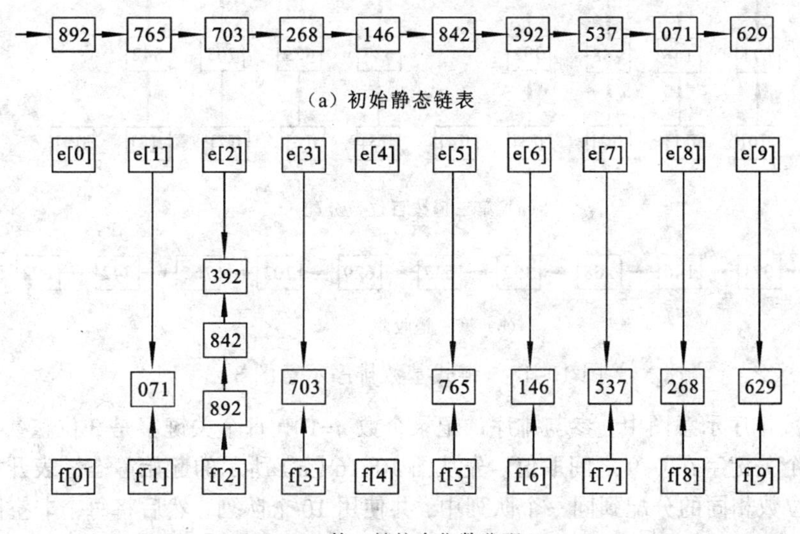

（a）初始静态链表

（b）第一趟按个位数分配

071 → 892 → 842 → 392 → 703 → 765 → 146 → 537 → 268 → 629

（c）第一趟收集

图 10-16 链式基数排序示意图 1

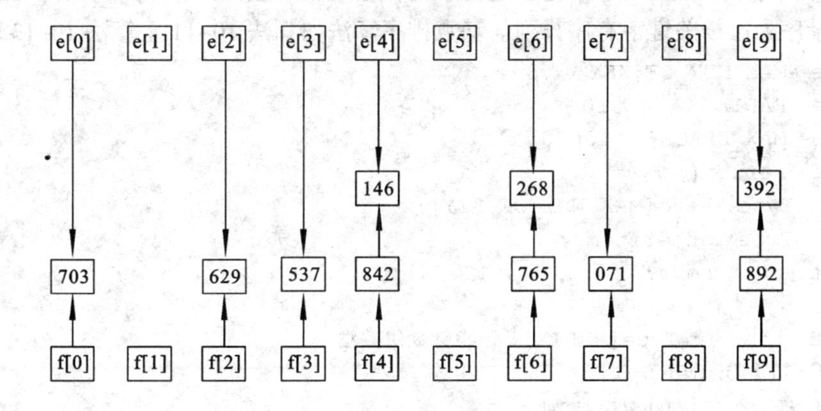

（a）第二趟按十位数分配

703 → 629 → 537 → 842 → 146 → 765 → 268 → 071 → 892 → 392

（b）第二趟收集

图 10-17 链式基数排序示意图 2

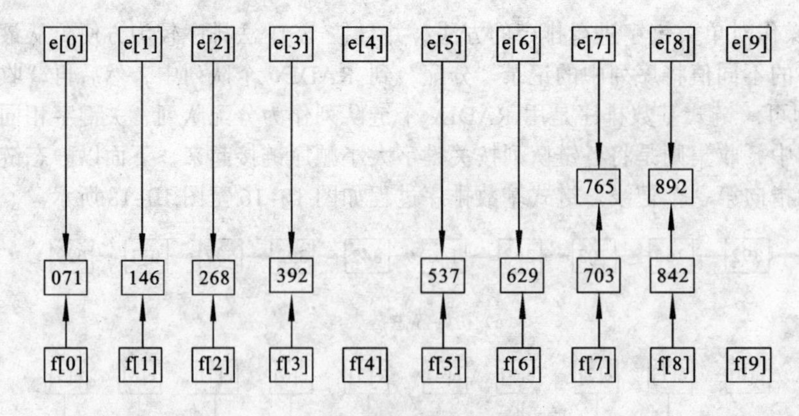

（a）第三趟按百位数分配

→071→146→268→392→537→629→703→765→842→892

（b）第三趟收集

图 10-18 链式基数排序示意图 3

在链式基数排序示意图中，参与排序的记录个数 n=10，每个关键字是 3 位整数，按 3 关键字来对待，每个关键字在 0~9 之间取值。先从图 10-16（a）所示的起始静态链表开始进行第一趟分配，将个位数相同的分配到同一个队列中，共使用 10 个队列，然后将每个非空队列中的记录进行第一次收集，形成图 10-16（c）所示的静态链表；然后从图 10-16（c）所示的静态链表开始进行第二趟分配，将十位数相同的记录分配到同一个队列中，共使用 10 个队列，然后将每个非空队列中的记录进行第二次收集，形成图 10-17（b）所示的静态链表；然后从图 10-17（b）所示的静态链表开始进行第三趟分配，将百位数相同的记录分配到同一个队列中，共使用 10 个队列，然后将每个非空队列中的记录进行第三次收集，形成图 10-18（b）所示的静态链表，至此整个记录序列已按关键字有序排列。基数排序算法如算法 10-11 至算法 10-13 所示。

```
#define  MAX_NUM_OF_KEY    8
#define  RADIX          10
#define  MAX_SPACE    10000
Typedef  struct{
    KeysType  keys[MAX_NUM_OF_KEY];
    InfoType  otheritems;
    Int       next;
}SLCell;
Typedef  int  ArrType[RADIX];//指针数组类型
```

【算法 10-11】 Distribute。

输入：输入一个无序的记录序列。

输出：输出一个有序的记录序列。

代码如下：

```
template  <class  Type>
Void  Distribute(Type  a[],int  i,ArrType  &fr,ArrType  &re)   {
   for(j=0;j<RADIX;++j)fr[j]=0;
   for(p=a[0].next;p;p=a[p].next)  {
       j=ord(a[p].keys[i]);
```

```
        if(!fr[j])    fr[j]=p;
        else a[re[j]].next=p;
        re[j]=p;
    }
}
```

【算法 10-12】Collect。

输入：输入一个无序的记录序列。

输出：输出一个有序的记录序列。

代码如下：

```
template  <class  Type>
void  Collect(Type  a[],int i,ArrType  fr,ArrType  re)   {
   for(j=0;!fr[j];j=succ(j));
   a[0].next=fr[j];t=re[j];
   while(j<RADIX)  {
     for(j=succ(j);j<RADIX-1&&!fr[j];j=succ(j));
      if(fr[j]){a[t].next=fr[j];t=re[j];}
   }
   a[t].next=0;
}
```

【算法 10-13】RadixSort。

输入：输入一个无序的记录序列。

输出：输出一个有序的记录序列。

代码如下：

```
  template  <class  Type>
  Void  RadixSort(Type  a[],int keyn,int recn)  {
    //keyn 记录的当前关键字个数
    //recn 记录静态链表的当前长度
    for(i=0;i<recn;++i)  a[i].next=i+1;
    r[recn].next=0;
    for(i=0;i<keyn;++i)  {
      Distribute(a,i,fr,re);
      Collect(a,i,fr,re);
   }
}
```

效率分析：设待排序列为 n 个记录，d 个关键字，关键字的取值范围为 radix，则进行链式基数排序的时间复杂度为 $O(d(n+\text{radix}))$，其中，一趟分配时间复杂度为 $O(n)$，一趟收集时间复杂度为 $O(\text{radix})$，共进行 d 趟分配和收集。

下面第一个实例以折半插入排序法为例，源程序实现如下（程序中记录只含一个数据项）：

```
#include <iostream>
using namespace std;
template  <class Type>
void  BinaS(Type  r[],int  n) {
    int i,j,low,mid,high;
    for(i=2;i<=n;i++) {
```

```
        r[0]=r[i];
        low=1;high=i-1;
        while(low<=high) {
            mid=(low+high)/2;
            if(r[0]<r[mid]) high=mid-1;
            else  low=mid+1;
        }
        for(j=i-1;j>=high+1;--j)r[j+1]=r[j];
          r[high+1]=r[0];
    }
}
void main(){
    int x[6],i;
    for(i=1;i<6;i++)          cin>>x[i];
    BinaS(x,6);
    for(i=1;i<6;i++)          cout<<x[i]<<"  ";
}
```

该程序运行结果如图 10-19 所示。

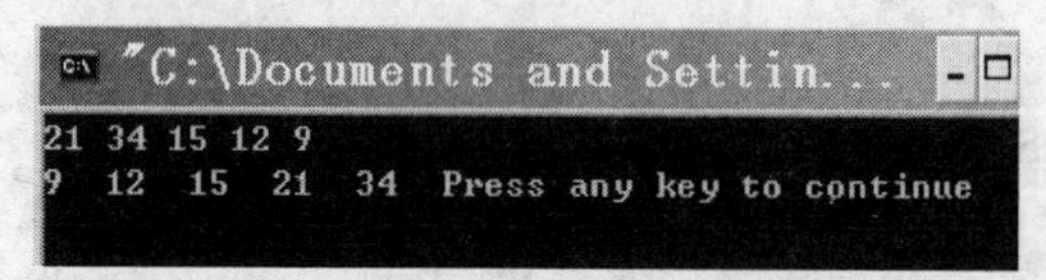

图 10-19　折半插入排序程序运行结果

下面第二个实例以快速排序法为例，源程序如下（程序中记录只含一个数据项）:

```
#include <iostream>
using namespace std;
template  <class Type>
int Partition(Type  r[],int  low,int  high) {
     int p;
     p=r[low];
     while(low<high) {
        while(low<high && r[high]>=p)    --high;
          r[low]=r[high];
        while(low<high  && r[low]<=p)   ++low;
         r[high]=r[low];
    }
    r[low]=p;
    return  low;
   }
template  <class  Type>
void  QSort(Type  r[],int low,int high) {
    int p;
    if(low<high)  {
        p=Partition(r,low,high);
        QSort(r,low,p-1);
        QSort(r,p+1,high);
```

```
    }
  }
template  <class  Type>
void  QuickSort(Type r[]){
    QSort(r,1,5);
  }
void main(){
    int x[6],i;
    for(i=1;i<6;i++)          cin>>x[i];
    QuickSort(x);
    for(i=1;i<6;i++)          cout<<x[i]<<"  ";
}
```

该程序运行结果如图 10-20 所示。

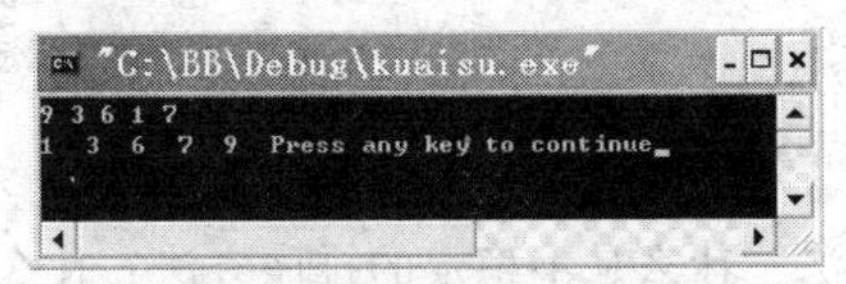

图 10-20 快速排序程序运行结果

10.6.3 各种排序方法的比较

综合比较各种排序方法的结果如表 10-2 所示。表 10-2 中简单排序包括除希尔排序之外的所有插入排序、起泡排序和简单选择排序。对于排序方法的稳定性，基数排序是稳定的排序方法，所有时间复杂度为 $O(n^2)$的简单排序法也是稳定的，然而，快速排序、堆排序、希尔排序是不稳定的，对于不稳定的排序方法举出一个反例即可。

表 10-2 各种内部排序方法的比较

排序方法	平均时间	最坏情况	辅助存储
简单排序	$O(n^2)$	$O(n^2)$	$O(1)$
快速排序	$O(n\log_2 n)$	$O(n^2)$	$O(n\log_2 n)$
堆排序	$O(n\log_2 n)$	$O(n\log_2 n)$	$O(1)$
归并排序	$O(n\log_2 n)$	$O(n\log_2 n)$	$O(n)$
基数排序	$O(d(n+\text{radix}))$	$O(d(n+\text{radix}))$	$O(\text{radix})$

比较的结论：

（1）从平均时间性能而言快速排序最佳，其所需时间最省，但快速排序在最坏情况下的时间性能不如堆排序和归并排序。而后两者的比较是：在 n 较大时，归并排序所需时间较堆排序省，但它所需的辅助存储量最多。

（2）简单排序包括除希尔排序之外的所有插入排序、起泡排序和简单选择排序。

（3）基数排序的时间复杂度也可写成 $O(d\times n)$，因此，它最适用于 n 值很大而关键字较小的序列。

（4）排序方法的稳定性。基数排序是稳定的内排序方法；所有时间复杂度为 $O(n^2)$的简单排序法也是稳定的；快速排序、堆排序和希尔排序等时间性能较好的排序方法都是不稳定的。

小 结

本章讲解了多种内排序方法的基本思路、算法与效率分析。第一类介绍了多种插入排序的方法、算法，其特点是将一个记录插入到已排好序的有序序列中，得到一个记录增加 1 的新的有序表，其中希尔排序方法属于教学难点。交换排序类中，快速排序方法属于递归算法，方法比较抽象、难理解。选择排序的基本特点是每一趟在 $n-i+1$（$i=1$，2，…，$n-1$）个记录中选择关键字最小的作为有序序列中第 i 个记录，其中堆排序属于教学难点，算法比较复杂。归并排序中主要以二路归并排序为主，"归并"的意思是将两个有序表组合成一个有序表。基数排序的作法是将多关键字的排序思路应用到单关键排序方法中，进行多趟分配与收集，最终达到整个序列有序，也是教学难点。时间性能较好的排序法算法都比较典型、复杂，比较难理解。

习 题

1. 什么是稳定的排序方法？什么是不稳定的排序方法？什么是内排序？什么是外排序？

2. 给出待排序的关键字序列为{18,5,19,40,39,11,13,30,9,17}，分别写出使用以下排序方法的每趟排序结构。

（1）直接插入排序；（2）希尔排序（增量为 5,2,1）；（3）冒泡排序。

3. 有一组关键字{16,35,8,28,8*,12}，写出快速排序的图示。

4. 判断关键字序列（14,16,18,34,30,19,20,50）是否为堆。如果不是，将其调整为堆，用图表示调整的过程。

5. 对关键字序列（22,81,19,39,13,25,68,38）进行二路归并排序，请画出其图示。